세계
지리,

세상과 통하다

세계 지리, 세상과 통하다 1

2014년 4월 29일 1판 1쇄
2024년 11월 20일 1판 12쇄

지은이 전국지리교사모임
편집 양은하 | **디자인** 간텍스트 | **그림** 허정은, 구은선 | **지도** 김경진
마케팅 김수진, 강효원, 백다희 | **제작** 박홍기 | **홍보** 조민희
인쇄 천일문화사 | **제본** J&D바인텍

펴낸이 강맑실 | **펴낸곳** (주)사계절출판사 등록 제406-2003-034호
주소 (우)10881 경기도 파주시 회동길 252
전화 031)955-8558, 8588 | **전송** 마케팅부 031)955-8595·편집부 031)955-8596
홈페이지 www.sakyejul.net | **전자우편** skj@sakyejul.com
블로그 blog.naver.com/skjmail | **페이스북** facebook.com/sakyejul
트위터 twitter.com/sakyejul

ⓒ 전국지리교사모임 2014

ISBN 978-89-5828-725-4 04980
ISBN 978-89-5828-727-8(세트)

세계 지리, 세상과 통하다

1 아시아에서 오세아니아까지

전국지리교사모임 지음

사□계절

지리에 대한 이해와 감성으로
지구촌 이웃과 더불어 살아가자

정말 글로벌 시대다. 우리가 입는 옷과 먹는 음식은 무늬만 국산일 뿐 이미 바다 건너 온 것들이 많고, 결혼을 하는 10명 중 1명은 외국인과 결혼하고 있으며, 대중가요는 케이팝(K-POP)이라는 이름으로 전 세계로 확산되고 있다. 밖으로 눈을 돌리면 전 세계 생산 및 서비스 망을 가진 초국적 기업들이 움직이고, 국경을 넘어 거대 단일 시장이 형성되고 있다. 또 국제 연합(UN), 국제 통화 기금(IMF), 세계 무역 기구(WTO) 등 국제 기구들이나, 그린피스(Greenpeace)와 국제 앰네스티(Amnesty International)와 같은 세계 규모의 비정부 단체(NGO)들의 활동 폭과 영향력은 갈수록 증대되고 있다. 글자 그대로 전 세계는 둥근 지구처럼 하나의 통일된 국가가 되고 있는 것이다.

이러한 시대에 세계에 대한 우리들의 이해와 감성은 어떠할까? 세계 여행이 보편화되면서 카페, 블로그, 페이스북 등 인터넷과 모바일 공간에는 세계 여러 지역의 여행 정보가 넘쳐나고 있다. 하지만 대부분은 상품화된 경관, 숙박업소, 먹을거리, 쇼핑에 대한 정보들뿐이다. 그 지역 사람들의 삶에 대한 공감과 이해의 손길은 찾아보기가 쉽지 않다. 세계 여행이 사람과 장소에 대한 이해보다는 하나의 상품 소비에 머물고 있는 것이다.

그렇다면 우리 청소년들은 어떠할까? 전국지리교사모임에서 조사한 바에 따르면, 사우디아라비아가 아프리카에 있다고 생각하는 고등학생이 51%이고, 5대양 6대륙을 쓸 수 있는 학생들은 겨우 28%에 지나지 않는다. 또 커피의 원료가 미국이나 유럽과 같은 선진국에서 생산된다고 알고 있는 학생들도 절반이 넘으며, 남극을 대륙이 아닌 바다로 알고 있는 학생도 절반이 넘는다.

이처럼 우리나라 고등학생의 지리적 문맹 수준은 매우 심각한 상황이다. 그도 그럴 것이 학교 현장에서는 세계 지리 교육이 갈수록 약화되고 있다. 대학수학능력시험에서 선택형 사회 탐구가 도입되자 학생들이 자신의 진로를 생각하고 시대적 소양을 기르기보다는 점수를 얻기 쉬운 과목으로 몰리면서, 상대적으로 공부 양이 많은 세계 지리는 점차 외면받게 되었다. 충분한 시간을 두고 조금씩 앎을 넓혀가기 어려운 상황에서 세계 여러 지역의 자연과 문화, 정치와 경제를 종합적으로 통찰하여 지역민의 삶의 문제에 접근하는 세계 지리는 학생들에게 어렵게 여겨질 수밖에 없다. 여기에다 대학 입시에서 사회 탐구 과목의 반영을 축소하자 상황은 더욱 악화되었다.

내셔널지오그래픽 협회 회장 존 페이는 "지리적 문맹은 다른 나라와의 관계에 영향을 끼치고, 우리를 세계로부터 고립시킨다. 지리적 지식이 없으면 젊은이들은 21세기의 도전에 대응할 수 없다."고 지적했다. 세계화, 글로벌, 지구촌이라는 단어가 이미 일상이 되어 버린 뉴 밀레니엄 시대, 인터넷과 모바일 기술의 발달로 언제 어디서나 세계 곳곳의 뉴스를 실시간 전송받을 수 있는 시대에 아이러니한 일이었다.

전국의 지리 교사들은 하나둘씩 세계 지리 교육의 문제점을 공유하고 이를 제자리로 돌릴 하나의 방안으로 청소년을 위한 세계 지리 교양서를 집필하기로 의견을 모았다. 그리고 집필 과정에서 최대한 많은 교사들과 함께하고자 하였다. 왜냐하면 세계 지리에 대한 교사들의 관심과 인식 수준이 높을수록 학생들의 세계에 대한 이해와 감성을 기를 가능성이 높아질 것이라는 믿음 때문이었다.

우리는 연구, 자료 수집, 집필, 검토 과정에서 40여 명의 지리 교사들과 함께했고, 연구 단위에서는 242명의 지리 교사들을 대상으로 방대한 양의 설문 조사를 실시했다. 또 주기적으로 토론회를 개최하여 많은 지리 교사들의 의견을 경청했다. 이러한 방식은 많은 에너지와 비용, 시간을 들이게 했지만, 그 과정에서 더 많은 전국의 지리 교사들에게 세계 지리의 중요성과 가치를 환기할 수가 있었다.

이러한 과정을 통해 우선 우리는 세계 지리 교육 목표를 새롭게 다듬었다. 기존의 지식 중심, 강대국 중심, 개발 중심 패러다임에서 가치 중심, 다양성과 공존 중심, 참여 중심 패러다임으로 재설정했다. 우리가 세운 세계 지리 교육 목표는 다음과 같다.

장소에 대한 이해와 감성으로 다양한 지역의 문화를 존중하고, 인간과 환경이 조화

롭게 공존하는 세계를 지향하며, 국제적인 문제 해결에 적극적으로 참여하는 세계 시민을 기른다.

둘째, 기존의 세계 지리 내용 구성에 대해 반성하며 대안을 제시했다. 기존의 지역 지리에 기반한 세계 지리는 지역을 보는 안목을 심어 주기 위해 학생들에게 지나치게 많은 사실적 지식을 주입해야 했고, 계통 지리에 기반한 세계 지리는 지리 탐구 능력을 기르기 위해 너무나 어려운 개념과 이론을 강요해야 했다. 그래서 우리는 기존의 계통 지리와 지역 지리가 갖고 있는 장점을 살리고 단점을 극복하고자 '지역-주제'에 기반한 세계 지리 내용을 구성했다. 곧 거시적으로 세계를 9개의 지역으로 구분하고 중첩되지 않도록 각 지역별로 주제를 선정하여 내용을 구성했다. 예컨대 동아시아는 교류와 협력, 동남 및 남아시아는 다양성과 공존, 아프리카는 생명력과 희망, 오세아니아는 환경과 관광 등이다.

셋째, 강대국 중심의 세계 지역 구분과 서술 방식에서 벗어나고자 했다. 우리가 익숙하게 사용한 5대양 6대륙 구분 방식에 문제를 제기하고, 우리의 입장에서 세계 지역을 새롭게 구분했다. 아시아는 동아시아, 동남 및 남아시아, 서남 및 중앙아시아로 세분하여 서술했고, 유럽을 북서·남부·동부 유럽 등 지나치게 세분화하여 서술하는 방식을 벗어나 하나의 유럽을 보여주고자 했다. 아프리카는 사하라 사막 이남 지역으로 축소시킨 기존의 문화적 구분에서 벗어나 북아프리카 지역도 통합하여 하나의 아프리카를 보여주고자 했으며, 아프리카를 신비하게만 여기거나 가난과 전쟁이 전부인 양 보는 시각에서 벗어나 아프리카의 생명력과 다양성을 중심으로 서술했다. 아메리카는 주류 지배 민족 중심의 앵글로아메리카와 라틴아메리카 구분 방식을 지양했고 미국을 하나의 대륙 규모로 취급했던 방식에서 벗어나고자 했다. 또 기존의 세계 지리 교육에서 간과했던 태평양의 여러 섬들, 남극과 북극 지방도 비중 있게 다루었다.

우리는 이 책을 통해 청소년들이 세계 여러 지역에서 펼쳐지는 다양한 삶을 이해하여 타인에 대한 배려와 이해의 폭을 넓히고 우리도 모르는 사이 마음속에 지니고 있는 선입견들로부터 벗어나길 바랐다. 또 지역 간 상호 의존과 사람들 간의 관계의 연결망을 이해하여 갈등과 분쟁, 불균등과 불평등의 문제 해결에 적극적으로 참여하는 세계 시민으로 거듭나기를 바랐다. 그래서 인류의 유일한 거주지인 지구에서 전 인류가 공동체를 이루며 평화롭게 공존하기를 바랐다. 더 이상 세계 지리가 어디에는 뭐가 난다는 식의 물산의 지리, 지배와 착취 그리고 왜곡된 상상을 가져다 준 탐험의 지리가 아닌, 타인의 삶을 통해 자신을 비판적으로 성찰하는 세계 지리, 그들과 함께 공존하는 방법을 탐구하는 미래 지향적인 세계 지리가 되길 바랐다.

그러나 이러한 의도가 이 책에 충분히 담겨 세계 지리의 새로운 장을 열어 줄 수 있을지 모르겠다. 첫 시도이니만큼 곳곳에 빈틈이 많을 것이다. 독자들의 많은 비판과 조언으로 그 틈을 메워 주시길 바란다. 그리고 이 책의 아쉬움을 자양분으로, 부족함을 디딤돌로 삼아 다양하고 개성 있는 세계 지리 책이 많이 나와 주길 기대한다.

끝으로 지난 7년 동안 전국을 돌며 펼쳤던 수많은 토론과 5차례 이상의 재집필이 있었음에도 올바른 세계 지리 교육에 대한 염원으로 묵묵히 인내해 주셨던 집필진, 특히 김승혜 선생님과 윤신원 선생님, 세계 지리의 교육적 가치를 공감하고 설문에 참여해 주시고 이 책의 집필을 성원해 주신 전국의 많은 지리 교사들에게 감사의 인사를 드린다. 그리고 긴긴 시간을 인내하고 막대한 인적·물적 투자를 아끼지 않은 사계절출판사에도 깊은 감사의 마음을 드린다. 이분들 덕분에 이 책이 세상에 나올 수 있었다. 앞으로 독자들의 관심과 애정, 아낌없는 비판과 지적을 바란다.

2014년 4월
집필진을 대표하여
김대훈

차 례

Ⅱ 다양한 문화가 살아 숨 쉬는 문명의 교차로 동남·남아시아

Ⅳ 남태평양의 보물섬 오세아니아

prologue

지리와 나 그리고 세계

세상에서 발생하는 사건과 현상들은 모두 우리의 일상과 연결되어 있다. 우리가 '지리'를 알아가는 것은 공간의 차이를 인식하는 것, 자기중심적인 시선을 거두어 들이고 더 넓은 세상에 관심을 갖는 것, 그래서 가슴으로도 타인을 이해하고 공감 하는 법을 배우는 것이다.

"여기가 어디지?"
지리는 이 단순한 질문으로부터 시작된다.

호모 지오그래피쿠스, 인간은 지리적 동물이다

사람은 누구나 '이상한 나라의 앨리스'가 된다

영국의 루이스 캐럴이 지은 소설 『이상한 나라의 앨리스』는 이렇게 시작한다. 언덕에서 책을 읽는 언니 옆에 무료하게 앉아 있던 앨리스는 지나가는 토끼를 쫓다가 그만 굴속으로 뛰어든다. 앨리스는 우물처럼 깊은 굴속으로 하염없이 떨어져 내려가다 문득 이런 생각을 한다.

'얼마나 아래로 떨어진 걸까? 틀림없이 지구 중심 가까이까지 왔을 거야. 어디 보자, 6000km쯤 내려온 것 같아. 그런데 이곳의 위도와 경도는 얼마쯤 될까? 이대로 끝까지 떨어져 내려가면, 지구를 꿰뚫고 지나가는 건 아닌지 몰라. 머리를 땅바닥에 대고 걷는 사람들 가운데로 튀어 나가면 얼마나 우스울까! 그곳을 대척점이라고 했던 것 같은데. 어쨌든 나는 그곳에 있는 사람들에게 여기가 어느 나라냐고 물어봐야 하겠지? 실례합니다. 아주머니, 여기가 뉴질랜드인가요? 오스트레일리아인가요?'

한 번도 가 본 적 없는 낯선 굴속으로 하염없이 떨어지는 막막한 상황에서 앨리스는 '여기가 어디일까?'라고 질문을 던진다. 비단 앨리스만이 아니다. 갑자기 정신을 잃고 낯선 곳으로 끌려온 영화 속 주인공들이 정신이 들자마자 자신이 있는 곳이 어디인지를 알아내려고 하는 장면은 우리에게 매우 익숙하다. 왜 사람들은 하나같이 삶과 죽음의 갈림길에서 자신이 있는 곳이 어디인지를 궁금해 할까? 그것은 호모 지오그래피쿠스, 인간은 지리적 동물이기 때문이다.

예를 들어, 우리가 폭풍우를 만나 바다를 표류하다 간신히 무인도에 도착했다고 하자. 정신을 차리고 나서 제일 먼저 무엇을 할까? 우선 주변을 살피러 나설 것이다. 낮에는 높은 곳에 올라가 섬의 지형을 파악하고 마실 물과 먹을 만한 생물이 어디에 있는지 살펴야 한다. 한낮의 그림자를 통해 태양의 고도와 기후대도 추론해 보아야 한다.

이처럼 문명이 미치지 않은 무인도에서는 주로 자연환경을 중심으로 우리가 위치한

사람은 누구나 태어나서 죽을 때까지 '공간'에 머물며
일정한 자리를 점유한다. 그래서 의식하든 그렇지 않든
일상생활에서 끊임없이 지리적인 사고와 행동을 하며 살아간다.

공간의 특징을 우선적으로 살펴보게 될 것이다.

그런데 만약 갑자기 낯선 외국에 가서 살아야 한다면 어떨까? 자연환경은 물론 인문환경도 더불어 살펴야 한다. 우선 그곳의 언어와 종교 그리고 의식주 문화에 익숙해져야 한다. 또 회사, 학교, 시장, 공원 등의 분포를 파악하고 그들과의 접근성을 고려하여 거주지를 결정해야 한다. 조금 적응했다면 그곳의 대중문화와 정치에도 관심을 가질 터이다. 그래야 그 공간에 적합한 생각과 행동을 하게 되어 사람들과 잘 어울려 지낼 수 있다.

그렇다면 인간의 지리적 본능은 꼭 생존을 다투는 긴박한 상황에서만 나타날까? 사람은 누구나 태어나서 죽을 때까지 '공간'에 머물며 일정한 자리를 점유한다. 그래서 의식하든 그렇지 않든 일상생활에서 끊임없이 지리적인 사고와 행동을 하며 살아간다.

사실 우리의 지리적 사고와 행동은 매순간 살아서 꿈틀댄다. 야구 시즌이 한창 열기를 더해 가는 6~7월의 야구장을 떠올려 보자. 뜨거운 햇살 아래서 관중들은 '어디에 앉아야 할까?'를 고민할 것이다. 경기가 잘 보이는 곳? 그늘이 있는 전광판 옆? 아니면, 전광판 옆에 앉았다가 해가 지면 잘 보이는 곳으로 내려올까?

야구장은 한 가지 예에 불과하다. 곰곰이 생각해 보면 우리는 항상 합리적인 의사 결정을 위해 지리적인 질문을 하고 공간을 선택한다. '어디에 있니?', '여기는 어디야?', '어디로 갈까?', '거기까지 어떻게 가야 해?', '여기와 저기는 무엇이 다른데?' 등.

이처럼 즐겁고 행복한 삶을 누리기 위해 지리적인 질문을 던지고 합리적으로 공간을 선택하는 것은 매일 그리고 평생 동안 계속되는 우리의 본질적인 모습인 것이다.

공간의 차이를 이해하는 것은 세상과 더불어 사는 지혜

어느 동네에 아주 지저분한 골목이 있었다. 담배꽁초와 몰래 버린 쓰레기가 수북이 쌓이는 곳이었다. 그런데 어느 날 그 공간이 믿기 어려울 정도로 깨끗해졌다. 아무리 법으로 금한다는 문구를 적어 놓아도, CCTV를 설치해도 줄지 않던 쓰레기가 왜 갑자기 사라졌을까? 그 공간에 화단을 만들고 벽화로 예쁘게 장식했기 때문이었다. 공간이 달라지자 사람들은 이전과 다른 행동을 선택한 것이다.

누구나 그렇다. 자신이 '어디에' 있느냐에 따라 다른 행동을 선택한다. 집에 있을 때와 학교에 있을 때, 교실에 있을 때와 교무실에 있을 때 나의 마음과 몸가짐은 같지 않다. 우리나라에 있을 때와 외국에 있을 때도 마찬가지이다. 우리는 항상 '여기가 어디인가'를 인식을 한 후에 비로소 '무엇을 해야겠다'는 실천을 하게 된다.

살아가는 공간이 다르면 사물에 대한 이해도, 살아가는 삶의 방식도 다를 수 있나.
'지리'를 알아 가는 것은 이러한 공간의 차이를 인식하는 것,
자기중심적인 시선을 거두어들이고 더 넓은 세상에 관심을 갖는 것,
그래서 가슴으로도 타인을 이해하고 공감하는 법을 배우는 것이다.

같은 이유로, 다른 사람들의 행동을 이해할 때도 그 사람이 어떤 곳에서 살아왔는지 파악하는 것이 정말 중요하다. 살아가는 공간이 다르면 좋아하고 싫어하는 행동이 다를 수 있고, 같은 대상을 보고도 다른 생각을 할 수 있기 때문이다. 하지만 이 사실을 알고 있어도 생각만큼 타인을 이해하는 일이 쉽지는 않다. 이해한다고 하면서도 마음속으로는 이런 말이 솟아오른다. '으윽, 왜 저래? 이상한 사람들이군.'

예를 들어, 케냐의 용맹한 부족인 마사이족의 인사법은 상대방에게 침을 뱉는 것이다. 그들이 사는 아프리카 동부는 메마른 초원 지대이고, 1년의 절반인 건기에는 기후가 사막과 비슷해서 물이 생명처럼 소중하다. 침은 곧 물이니 침을 뱉는 것은 내 소중한 물을 상대에게 준다는 것으로 '당신을 축복한다'는 의미가 담겨 있다.

그런데 케냐에 여행 가서 마사이족을 만나 본 사람들은 그들이 서로 침을 뱉는 장면을 보고 매우 불쾌하게 여기는 경우가 많다. 불쾌함의 밑바탕에는 자신과 자신이 속한 공간을 중심으로 세상을 바라보는 시선이 깔려 있다. 마사이족은 오랜 세월 동안 우리와는 다른 공간에서 살아왔는데 말이다.

마사이족뿐만 아니다. 뉴질랜드 마오리족은 서로 코를 맞대어 강한 호감을 표현하며, 타이(태국) 사람들은 불교의 영향으로 두 손을 모아 합장을 한다. 아랍 사람들은 서로의 입김이 느껴질 정도로 가까이에서 이야기하는 것을 좋아하지만, 미국 사람들은 그것을 위협으로 느낀다.

어디 인사법뿐이겠는가? 한 사회의 주거 방식, 음식 문화나 의복 문화, 종교, 집단의 가치관, 음악과 미술, 사회와 정치 제도 등은 오랜 세월 서로 다른 공간에서 주어진 환경에 적응한 결과물인 것이다.

살아가는 공간이 다르면 사물에 대한 그들의 이해도, 살아가는 삶의 방식도 다를 수 있다. 우리가 '지리'를 알아 가는 것은 이러한 공간의 차이를 인식하는 것, 자기중심적인 시선을 거두어들이고 더 넓은 세상에 관심을 갖는 것, 그래서 가슴으로도 타인을 이해하고 공감하는 법을 배우는 것이다.

이제 우리도 집, 학교의 좁고 답답한 울타리를 벗어나 더 넓은 공간 속에 자신을 놓아 보자. 이 책에서 만나는 지리는 기꺼이 우리를 좀 더 다양하고 넓은 세계로 안내해 줄 것이다.

우리는 대형 마트나 시장에서 돈만 내면 언제든 살 수 있는 먹거리를 두고
그것이 어디에서 온 것인지, 누가 만들었는지 고민하지 않는다.
일상에서 경험하는 것들에 '어디'라는 지리적 질문을 던지는 순간,
우리의 일상과 연결된 세계가 보인다.

일상에서 만나는 세계 지리

매일 밥상에 오르는 음식들은 어디에서 올까?

오늘 아침 여러분은 무엇을 먹었나? 밥과 김치에 국이나 찌개 혹은 나물이나 생선을 곁들이지 않았을까? 아니면 샌드위치나 바나나 혹은 주스나 커피로 아침을 해결했을 수도 있겠다.

그런데 매일 우리 밥상에 오르는 음식들이 어디에서 왔는지 생각해 본 적은 있는지? 요즘 우리의 식탁에 오르는 대부분의 음식은 무늬만 한식이다. 우리가 먹는 먹거리의 상당수는 바다 건너에서 수백, 수천 킬로미터를 이동해 온 것들이다. 김치의 매운 맛은 중국산 고춧가루와 마늘로 버무려지고, 된장국의 두부는 적도 넘어 오스트레일리아에서 온 콩으로 만든 것도 있다. 미역국에 들어간 쇠고기는 태평양 건너 미국에서, 동태나 고등어는 북쪽 러시아나 노르웨이에서 온 것이 많다. 그리고 음식을 감칠맛 나게 하는 각종 기름이나 양념의 원료는 주로 유럽이나 아메리카에서 건너온다.

청바지에 묻은 세계인의 손때

먹거리만 바다 건너에서 오는 것이 아니다. 우리들이 입는 옷 역시 대부분 바다 건너 다양한 지역에서 살아가는 사람들의 손때가 묻어 있다. 우리가 즐겨 입는 청바지가 만들어지는 과정을 살펴보자.

중앙아시아 카자흐스탄의 한 목화 농장에서 수확된 목화는 4800km 떨어진 터키에 도착하여 방적 공정을 거친 후 실로 만들어진다. 이 실은 다시 1만 200km를 달려 동아시아의 타이완(대만)에 도착한다. 이곳에서 실은 독일에서 수입된 인디고블루 염료를 사용하여 푸른색으로 염색된다. 파랗게 염색된 실은 유럽의 폴란드로 옮겨져 천으로 만들어진다.

이렇게 만들어진 천은 프랑스로 운송돼 물을 빼기 위한 특수 세척 과정을 거친 뒤 동남아시아의 필리핀으로 옮겨져 저임금 노동자들의 재봉질로 청바지의 모습을 갖추게

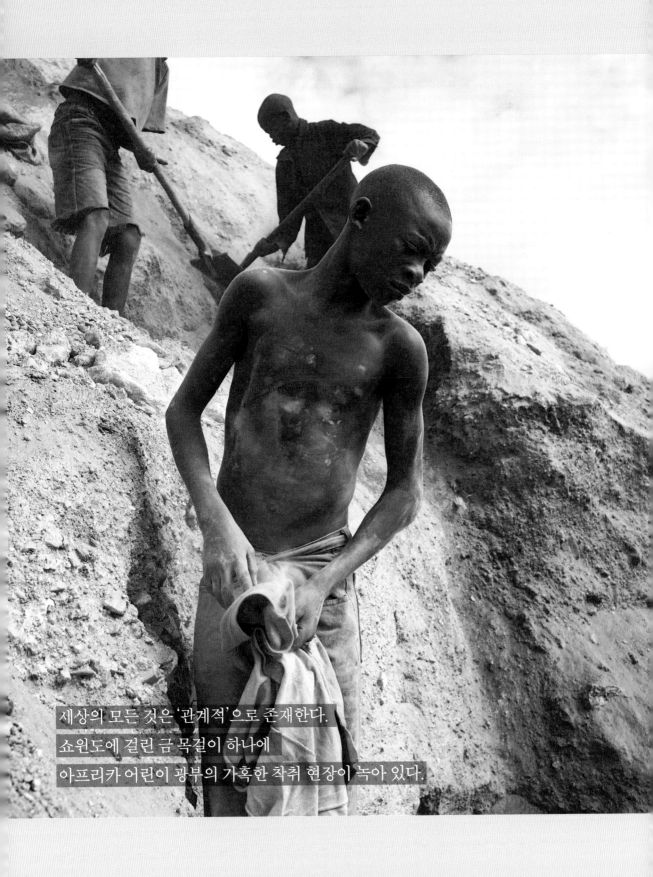

세상의 모든 것은 '관계적'으로 존재한다.
쇼윈도에 걸린 금 목걸이 하나에
아프리카 어린이 광부의 가혹한 착취 현장이 녹아 있다.

된다. 이탈리아에서 만든 금속 단추까지 매달고 난 뒤 완제품으로 포장된 청바지는 컨테이너에 실려 한국의 부산항에 도착한다. 화물 트럭들이 고속도로를 달려 전국의 백화점과 의류 매장으로 실어 나르고 마침내 소비자의 손에 들어간다.

청바지의 일생은 여기서 끝나지 않는다. 우리가 구매하여 수년간 입고 버린 청바지는 중고상이 수거하여 네덜란드의 중고 청바지 수집 회사로 보낸다. 거기에서 선별된 청바지들은 아프리카의 저개발 국가로 보내져 가난한 소년, 소녀들이 오랫동안 입은 뒤 생을 마감한다. 여기까지 청바지가 여행한 길은 무려 7만 7000km에 달한다.

이렇듯 우리의 일상은 우리도 모르는 사이에 세계 여러 지역과 관계를 맺고 있다. 음식을 먹고 옷을 입는 행위 역시 단순히 배고픔을 해결하고 아름다워지고 싶은 욕망을 채워 주는 데 머물지 않는다. 음식이나 옷 등 일상에서 경험하는 것들에 '어디'라는 지리적 질문을 던지는 순간, 우리는 우리 일상과 연결된 세계를 보게 되는 것이다.

일상에 숨겨진 또 하나의 세계 지리

그런데 우리의 일상과 연결된 세계는 텔레비전 광고가 보여주는 것처럼 그렇게 낭만적이고 순수한 것만은 아니다. 마트에 흔하게 쌓여 있는 바나나는 어디서 왔을까? 값싸게 먹을 수 있는 바나나가 온 곳을 따라가 보면 필리핀의 플랜테이션 노동자를 만나게 된다. 이들은 농약으로 오염된 몸을 치료할 엄두조차 못 내고 하루 일당 1~2달러로 가족의 생계를 이어 간다.

백화점 쇼윈도에 전시된 아름다운 금 목걸이가 온 곳을 따라가 보면 아프리카 니제르의 어린이 광부를 만나게 된다. 이곳의 어린이들은 40℃가 훌쩍 넘는 지하 80m 갱 속으로 밧줄을 타고 내려가 바위를 깨부순다.

전쟁의 잔혹함과 난민 그리고 수백만 명의 사상자를 낸 아프리카 콩고 내전을 살펴보자. 콩고 내전을 일으킨 반군들은 무기 살 자금을 구하기 위해 콜탄을 암시장에 거래하는데, 이 자원은 우리가 6개월이 멀다 하고 쓰다 버린 핸드폰의 주요 원료이다. 결국 우리가 핸드폰을 자주 바꿀수록 콜탄 가격은 상승하고, 그들은 더 많은 전쟁 무기를 손에 쥐게 될지도 모른다.

또 동아시아 지역에 점차 심해지고 있는 황사 문제를 들여다보면 중국의 삼림 파괴 현장을 목격하게 된다. 그런데 그 남벌된 나무 중 일부는 서해를 건너 우리가 컵라면이나

세계 지리를 공부한다는 것은 지구상에 어떤 곳이 있고
누가 사는지에 대한 호기심을 품고 상상하는 것이 전부가 아니다.
그곳과의 관계 속에서 나의 삶이 펼쳐진다는 것을,
나의 작은 행동 하나하나가 모여 그들의 삶에 영향을 준다는 것을 깨닫는 것이다.

자장면을 먹고 무심코 버리는 일회용 나무젓가락으로 만들어졌다.

이처럼 TV나 신문에 나오는 국제 뉴스들은 나와 전혀 상관없는 일이 아니다. 지구상에서 발생하는 사건과 현상들은 모두 우리 일상과 연결되어 있고, 거기에는 내가 전혀 알지도 못하는 사람들의 땀과 눈물이 배어 있다.

오늘날 우리가 무언가를 소비한다는 것은 단순히 욕구를 채우는 일이 아니다. 내가 알지 못하는 저 먼 곳에 사는 수많은 사람들과 관계를 맺는 일이며, 때로는 그들의 삶 속에 깊숙이 들어가는 일이기도 하다.

관계를 알면 희망이 보인다

인터넷의 발달과 세계화 속에서 우리는 눈에 보이진 않지만 지구 곳곳에 살고 있는 사람들과 다양한 관계를 맺으며 살고 있다. 가족이나 친구를 함부로 대할 수 없듯이, 관계는 서로 다른 두 세계를 연결하고 그곳에 사는 사람들에 대한 관심과 애정을 불러일으킨다. 나아가 하나로 이어진 관계망을 형성하여 지구촌 공동체를 만들어 가게 된다.

세계 지리를 공부한다는 것은 지구상에 어떤 곳이 있고 누가 사는지에 대한 호기심을 품고 상상하는 것이 전부가 아니다. 그곳과의 관계 속에서 나의 삶이 펼쳐진다는 것을, 나의 작은 행동 하나하나가 모여 그들의 삶에 영향을 준다는 것을 깨닫는 것이다.

그 깨달음은 인종과 민족 차별, 빈부 격차, 종교의 차이 등 수많은 이유로 분열되고 흩어진 세계를 연결하고, 상처 입은 자연을 치유하는 일에 앞장서도록 우리를 안내할 것이다. 이런 실천이 모이고 모인다면, 지구를 더 나은 삶의 터전으로 만들 수 있다는 희망을 품을 수 있지 않을까?

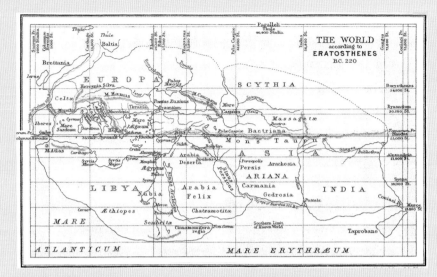

에라토스테네스의 세계 지도 에라토스테네스(B.C. 275~195)는 『지리학』이라는 책에서 지구가 둥근 형태라고 주장했다. 그러나 실제 지도를 그릴 때는 땅이 바다로 둘러싸인 모양으로 그렸다. 경위선이 표시되어 있으며 에우로파, 리비아, 아시아라는 지명이 보인다. 이 지도는 스트라본의 『지리학』에 서술된 내용을 바탕으로 19세기에 복원한 지도이다.

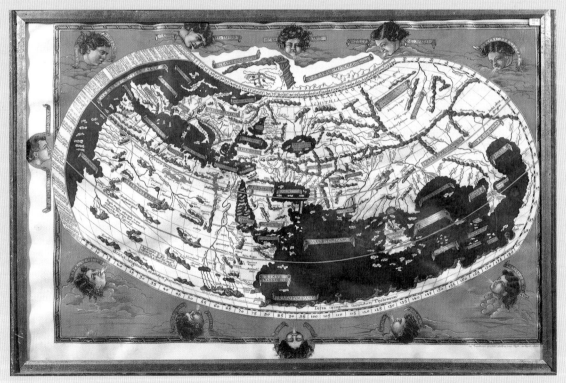

프톨레마이오스 세계 지도 프톨레마이오스(A.D. 100~170)는 둥근 지구를 표현하기 위해 투영법을 사용했고, 경위도도 구부러지게 표현했다. 북아프리카 해안에 '아프리카'라는 글자가 보이고, 터키 일대에 '소아시아'라는 글자가 보인다. 이 지도는 9세기 아랍어로 번역되었다가 15세기에 라틴어로 번역되어 세상에 알려지게 되었다. 위의 지도는 리스본 국립 해사 박물관에 소장된 사본(1480년)이다.

세계 지도에서 숨은 이야기 찾기

언제부터 각 대륙에 이름이 생겼을까?

'내가 그의 이름을 불러 주기 전에는 그는 다만 하나의 몸짓에 지나지 않았다. 내가 그의 이름을 불러 주었을 때 그는 나에게로 와서 꽃이 되었다'는 김춘수의 시 구절처럼, 어떤 존재에 이름을 붙이고 이름을 부른다는 것은 그것과 어떤 관계를 맺는다는 것을 의미한다. 그래서 아이가 태어나면 이름을 붙여 주듯이 땅에도 '지명'이라는 것을 붙여 주었다.

그런데 산과 강, 마을이나 지역처럼 규모가 작아 한눈에 들어오는 것들과는 달리, 대륙이나 대양은 사람들이 인식을 하고 관계를 맺는 데 꽤 긴 시간이 필요했을 것이다. 인류는 언제부터 세계를 대륙으로 구분하고, 그 대륙에 각각 '아시아, 아프리카, 유럽, 아메리카, 오세아니아'라는 이름을 붙여서 부르기 시작했을까? 잠시 타임머신을 타고 시간을 거슬러 올라가 보자.

고대 그리스·로마 시대에도 아시아와 유럽, 아프리카라는 지명이 있었다. 하지만 지금처럼 세계를 구분하는 대륙의 이름이 아니라 특정한 지방을 부르던 지명이었다. 당시 그리스 문명의 모체는 에게해였고, 이 바다의 동쪽 연안을 아시에, 서쪽 해안을 에우로페, 그리고 남쪽 해안을 리비에라고 불렀다. 로마인들은 이를 라틴어로 바꿔 아시아, 에우로파, 리비아라고 불렀고, 당시 로마의 속주(현재의 튀니지)를 아프리카라고 불렀다. 이러한 내용은 르네상스 이후 복원된 에라토스테네스의 세계 지도와 프톨레마이오스 세계 지도에서도 발견된다.

그러나 중세로 넘어오면서 이 지명들은 오늘날과 같이 하나의 대륙을 일컫는 명칭이 되었다. 중세 유럽에서는 성경이 유일한 진리였고, 신학이 절대적인 권력을 행사했다. 당시 생산된 모든 지식은 성경의 가르침을 바탕으로 구성되었으며, 지리학도 예외가 아니었다.

구약성서 창세기에 의하면, 모든 인류는 노아의 후손들이다. 노아에게는 셈·야벳·함이라는 세 아들이 있었고, 이들은 각자 자기 민족을 이끌고 서로 다른 방향으로 이동하여 정착했다고 한다.●중세의 지리학자들은 이러한 성경의 내용을 기존의 지리적 지식

크리스트교적 세계관에 따라 만들어진 티오 지도 티오 지도는 성경의 구절대로 노아의
세 아들이 나누어 가진 세계를 묘사했다. 지도의 위쪽이 동쪽으로, 아시아가 위치한다.

발트제뮐러 세계 지도(1507) 아메리카 이름이 들어간 최초의 세계 지도이다. 왼쪽에 홀쭉한 모습으로 아메리카가 그려져 있으며, 지도 위에는 아메리고 베
스푸치가 컴퍼스를 들고 있다. 현재 이 지도는 단 한 장만이 남아 있는데, 2003년 미국 의회 도서관이 1000만 달러에 이 지도를 구입했다.

과 결합시켜 세계를 세 지역으로 구분했고, 고대 그리스·로마 시대의 용어를 가져와 각 지역의 이름을 붙였다. 아시아, 아프리카, 유럽 대륙은 이렇게 탄생했다. 중세의 티오(T-O) 지도는 이를 뚜렷하게 보여준다.

티오 지도는 지중해를 가로축, 나일 강을 세로축으로 한 'T'와, 대륙을 에워싼 바다를 나타내는 'O'를 기본 요소로 한다. 중세 시대 최고의 성지인 예루살렘은 세상의 중심인 T의 한가운데 그려졌고, 성경의 구절대로 노아의 세 아들이 나누어 가진 세계인 아시아(셈), 유럽(야벳), 아프리카(함)을 나타냈다. 그리고 해가 뜨는 아시아 동쪽 끝에 천국(에덴동산)이 있다고 믿었기 때문에 오늘날의 지도와 달리 지도의 위쪽을 동쪽으로 표시했다. '오리엔트(Orient, 동쪽, 방향을 정하다)'라는 단어의 의미에서도 알 수 있듯이 당시에는 동쪽을 기준으로 방향을 설정했다.

그 후 유럽인들은 지리상의 발견과 정복의 시대를 거치면서 대서양 건너에서 또 하나의 대륙을 발견한다. 물론 유럽인들이 발견했다는 대륙에는 이미 1만 2000년 전에 아시아에서 건너간 사람들이 살고 있었다. 하지만 당시 유럽인들은 이들을 자신과 같은 부류의 인간으로 인정하지 않았기 때문에 아메리카 대륙은 인류 역사상 최초로 유럽인이 발견한 '신대륙'이 되었다.

신대륙에 처음 도착한 유럽인은 이탈리아의 탐험가 콜럼버스였지만, 그는 죽는 날까지 그곳을 아시아의 일부로 생각했다. 반면 아메리고 베스푸치는 아마존 하구를 거쳐 대륙의 남쪽 끝 파타고니아까지 항해하면서 이 대륙이 신세계임을 확신했다. 프랑스 지도학자 발트제뮐러는 아메리고 베스푸치의 탐험 결과를 반영하여 세계 지도를 만들었고, 새로운 대륙 이름을 그의 이름을 따서 '아메리카'로 명명했다. 이렇게 하여 4번째 대륙인 아메리카가 탄생했고, 세계는 유럽, 아시아, 아프리카 세 부분으로 구분된다는 생각은 종말을 고하게 되었다.

마지막으로 지구상에 남은 나머지 지역, 즉 오스트레일리아와 뉴질랜드 그리고 태평양의 여러 섬들은 19세기에 비로소 하나로 묶여 대양(Ocean)을 뜻하는 '오세아니아'라

● **성경에 등장하는 노아와 세 아들 이야기**

창세기에 의하면, 술에 취해 벌거벗고 자는 아버지 노아를 보고 큰아들 셈과 셋째 아들 야벳은 옷을 갖고 뒷걸음으로 들어가 아버지의 하체를 덮어 주었다. 하지만 둘째아들 함은 이를 비웃었다. 잠에서 깬 노아는 크게 노하며 함에게 벌을 내려 형제들의 종이 되게 했다. 이러한 중세의 크리스트교적 세계관에 따라 함은 곧 아프리카 대륙과 동일시되었고, 이후 유럽인들은 이를 아프리카인들에 대한 자신들의 차별을 정당화하는 근거로 삼았다.

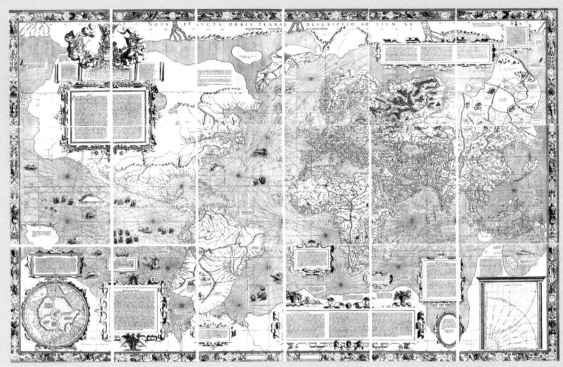

메르카토르 세계 지도(1569) 네덜란드의 지리학자인 메르카토르가 만든 세계 지도로, 근대 지도 제작의 기초를 마련했다고 평가받는다. 메르카토르 도법은 적도를 중심으로 지구본을 평면으로 펴 놓은 형태이기 때문에 적도에 위치한 지역의 면적은 정확하지만 고위도로 갈수록 면적이 넓어진다는 단점이 있다. 지도 책의 다른 이름으로 많이 사용되고 있는 '아틀라스'도 메르카토르가 처음 사용했다.

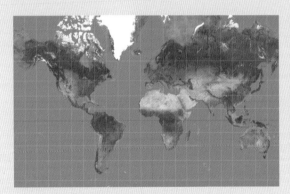

메르카토르 도법에 의한 세계 지도 유럽이 지도의 중앙부에 위치하고 다른 대륙은 유럽의 주변에 분포한다. 면적에서도 유럽은 남아메리카와 비슷하며, 아프리카는 북아메리카보다 더 작다.

페터스 도법에 의한 세계 지도 반식민주의자였던 페터스는 메르카토르 지도가 보여주는 왜곡을 비판하고 면적과 위치를 정확하게 표현한 지도를 만들었다.

는 역설적인 이름으로 대륙의 반열에 오르게 되었다.

세계 지도에 숨겨진 또 다른 유럽 중심주의

아시아, 아프리카, 유럽, 아메리카, 오세아니아. 유럽인들에 의한 이러한 세계 지역 구분 방식은 메르카토르, 오르텔리우스 등 당시의 지도학자들에 의해 한 장의 평면 지도에 일목요연하게 표현되었다. 이 지도는 벽걸이 지도와 지도첩으로 만들어져 식민지 정복과 경제적 수탈, 선교사들의 포교 활동을 통해 전 세계로 확산되어 오늘날까지 굳어지게 되었다.

하지만 이 지도에서 우리가 놓치지 말아야 할 것이 있다. 여기에 또 하나의 유럽 중심주의가 숨겨져 있다는 사실이다. 당시 유럽은 항로를 개척하고 탐험과 무역을 확대하던 시기로, 항해용 지도는 안전하고 빠른 항해에 필수적인 도구였다. 이런 분위기 속에서 등장한 메르카토르의 지도는 항해사들이 나침반의 방향을 바꾸지 않고도 목적지에 쉽게 도착할 수 있었기 때문에 유럽인들에게 최고의 선물이었다. 그리하여 이 지도는 빠른 속도로 보급되었다.

그러나 유럽인들의 항해용 지도로 제작된 메르카토르 지도는 많은 부분에서 왜곡되었다. 실제 지구상의 위치와는 달리 유럽은 지도의 중앙부 위편에 자리 잡았으며, 실제보다 상당히 확대되어 표현되었다. 반면 그들이 주로 식민지 쟁탈전을 벌였던 남아메리카, 아프리카, 동남 및 남아시아는 실제보다 축소되어 표현되었고, 주로 지도의 아래쪽에 그려졌다.

더욱 문제가 되는 것은 메르카토르 도법이 보편화되고 유럽의 영향력이 강화되면서 지도에 그려진 세계의 모습이 실제 세계의 모습인 양 믿게 되었다는 것이다. 즉 유럽은 원래부터 세계의 중심이며 우월하기 때문에 주변부의 열등한 지역을 지배하는 것은 당연하다는 것이다. 이러한 논리 속에서 유럽인에 의한 세계의 대륙 구분도 자연스럽게 정당화되었다.

독창적이고 주체적인 세계관이 돋보이는 지도들

중세 유럽의 크리스트교적 세계 구분도, 유럽인의 식민지 쟁탈전도 이미 오래 전에 사라졌지만, 그들의 세계관은 하나의 유산이 되어 오늘날에도 계속 남아 있다. 세계 지도는 이러한 유럽인들의 세계관을 정당화하고 보편화하는 데 핵심적인 역할을 해 왔다.

혼일강리역대국도지도(1402) 새로이 개창된 조선의 왕권을 확립하고 국가의 권위를 만천하에 과시하려는 의도에서 만들어진 지도로, 동아시아를 넘어 인도, 서남아시아, 유럽, 심지어 아프리카까지 그려져 있다. 당시 동서양을 막론하고 가장 뛰어난 지도로 평가받고 있다. 또한 현존하는 동아시아 최초의 세계 지도이자, 아프리카를 현재처럼 바다에 둘러싸인 완전한 대륙의 모습으로 표현한 최초의 세계 지도이다.

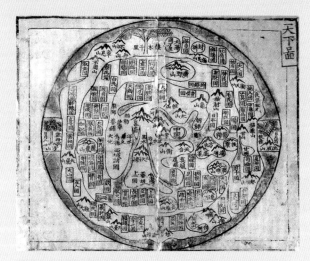

천하도(조선 중기 이후) 우리나라에서만 발견되는 독특한 세계 지도로 '내대륙-내해-외대륙-외해'가 동심원으로 표현되었다. 중국, 조선, 일본, 유구 등 실재하는 지명도 있지만, 『산해경』에 나오는 상상적 지명이 압도적으로 많다.

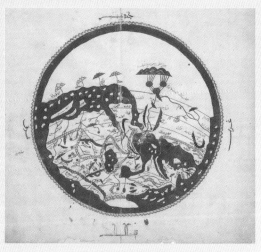

알 이드리시 세계 지도(1154) 이슬람 지리학의 대표적인 학자인 알 이드리시가 아랍 지리학의 성과와 고대 그리스 지리학에서 얻은 지식을 담아 만든 지도이다. 지역 세부도에는 우리나라(당시 신라)가 그려져 있다.

만약 유럽인에 의한 식민지 정복 전쟁, 경제적 착취, 선교 활동이 없었다면 오늘날 우리들의 세계관은 어떠했을까? 아마 지역마다 독자적인 세계관을 갖고 있었을지도 모른다. 우리나라의 혼일강리역대국도지도와 천하도에서 그 단초를 발견할 수 있다. 이 두 지도는 유럽인의 세계관이 본격적으로 수입되기 이전에 그려진 세계 지도로, 우리 조상들의 독창적이고 주체적인 세계관이 잘 드러나 있다. 혼일강리역대국도지도는 중국을 세상의 중심에 두고 있지만, 한반도를 실제보다 크게 그리고 일본은 작게 그렸으며, 유럽·인도·서남아시아·아프리카 등 다른 지역을 조선의 입장에서 해석하여 그렸다.

조선 중기 이후에 민간에서 가장 널리 유포된 천하도 역시 세상의 중심은 중국이란 점에서 중화사상을 벗어나지는 못했지만, 여인국(女人國), 소인국(小人國), 눈이 하나인 사람들이 사는 일목국(一目國) 등 당시 사람들이 상상하던 다양한 지명을 원판의 지구 위에 펼쳐 놓았다. 당시는 서양의 지리 지식들이 조선에 전해지던 시기로, 조선인들은 서양의 지도에 등장하는 발음도 안 되고 뜻도 모르는 나라 이름들을 걷어내고, 대신 중국에서 가장 오래된 지리서 『산해경』과 같은 동양 고전에 나오는 익숙한 땅 이름들을 지도 위에 배치한 것이다. 천하도는 중국과 일본에서는 발견되지 않는 매우 독창적인 지도이다.

그리고 우리의 시선을 잡아끄는 또 한 장의 지도가 있다. 모로코 출신 알 이드리시가 그린 세계 지도이다. 이 지도는 중세의 지도 중 가장 정확한 세계 지도로 유럽, 아시아, 북아프리카를 표현했다. 가장 큰 특징은 이슬람교의 성지인 메카를 지도의 중심에 두었고, 지도의 위쪽을 남쪽으로 설정했다는 것이다. 따라서 위쪽에는 드넓은 아프리카가 그려져 있고 유럽은 아래 오른쪽에, 아시아는 아래 왼쪽에 그려져 있다. 또 지구를 7개 기후 지역으로 구분했고, 산은 자주색, 강은 녹색, 바다는 청색을 사용하는 등 색채감이 뛰어나며 정교하고도 아름다운 기호를 사용했다.

15년에 걸쳐 제작된 이 지도는 1매의 원형 세계 지도와 70매에 이르는 지역 세부도가 첨부될 정도로 방대한 지리 정보를 담았다. 이런 지도가 나올 수 있었던 데는 당시 이슬람 상인들의 활발한 해상 교역 활동이 뒷받침되었을 것이다. 유럽 중심의 사고에 가려져 평가절하되었던 아랍 문명의 진가를 일깨우는 지도임에 분명하다.

전 세계가 하나로 연결된 지구촌 시대에
세계를 몇 개의 지역으로 구분하는 것이 과연 타당한가?
그렇다면 우리는 세계를 어떻게 이해해야 할까?

바람직한 지역 구분의 대안을 찾아

세계는 정말 5대양 6대륙일까?

인류는 오랜 세월 세계의 여러 지역에 독특한 삶의 풍경을 만들어 놓았다. 이러한 풍경을 하늘 위에서 내려다본다면 세계는 인간이 지구 위에 만들어 놓은 거대한 모자이크라 할 수 있다.

지리학자들은 이렇듯 수많은 조각으로 이루어진 세계를 좀 더 체계적으로 살펴보기 위해 일정한 기준을 설정하여 세계를 몇 개의 지역으로 구분한다. 그중 우리에게 가장 익숙한 구분법이 5대양 6대륙이다. 5대양 6대륙은 세계의 바다를 태평양, 대서양, 인도양, 남극해, 북극해로 구분하고, 육지를 아시아, 유럽, 아프리카, 북아메리카, 남아메리카, 오세아니아로 구분하는 방식이다.

오늘날 우리가 사용하는 대부분의 세계 지역 구분은 이러한 5대양 6대륙을 기반으로 문화의 다양성, 경제 수준, 기후 차이, 지형 조건 등에 따라 약간의 변형을 가하면서 적절히 조화시킨 것들이다. 5대양 6대륙에 기초한 지역 구분 방식은 오늘날 교과서나 각종 도서는 말할 것도 없고 신문이나 그림, 심지어 노래에서까지 자주 사용되고 있다.

그런데 세계는 정말 5대양 6대륙일까? 보통 대륙은 바다에 의해 분리된 거대한 땅덩어리를, 대양은 대륙에 의해 분리된 거대한 바다를 말한다. 그런데 지구본을 살펴보면 아시아는 유럽과 하나의 대륙이고, 아프리카와도 좁지만 하나의 육지로 연결되어 있다. 이른바 아프로·유라시아(Afro-Eurasia)이다.

북아메리카와 남아메리카도 서로 연결된 하나의 대륙이다. 오세아니아는 오스트레일리아를 제외하면 대륙이라기보다 섬들이 모인 것에 불과하며, 명칭 또한 '큰 바다'를 의미하기에 대륙의 이름으로도 부적절하다. 남극 대륙은 유럽이나 오세아니아보다 훨씬 크지만 대륙의 반열에서 곧잘 잊힌다.

좀 더 세부적으로 보면 재미있는 점이 더욱 많다. 러시아는 하나의 국가인데 두개의 대륙으로 구분된다. 심지어 러시아보다 몇 십 배 영토가 작은 뉴기니 섬은 아시아와 오세아니아로 구분된다. 터키는 아이슬란드보다 유럽과 지리적으로 더 가깝고 역사적으

절대적인 세계 지역 구분은 존재하지 않는다.
공간을 읽고 세계를 이해할 때
우리는 지역 구분과 서술 방식에 대해
부단히 비판하고 성찰해야 한다.

로도 교류가 더 많았지만 유럽이 아닌 아시아에 포함된다. 베게너의 대륙 이동설에서 보듯이, 대륙 지각의 관점에서 보면 동부 시베리아는 아시아 판이 아니라 북아메리카 판의 연장이다. 또 같은 아시아라고 해도 서남아시아는 아시아의 일부라기보다는 '중동'이라는 명칭으로 불리면서 아시아와 구분되기도 한다.

인도(인구 약 12억 명)는 아시아에 포함된 하나의 나라이지만 유럽 전체(인구 약 7억 명)보다 인구가 많고, 세계 4대 문명의 발상지이자 불교와 힌두교의 발원지로, 문화와 역사, 지리적으로도 유럽에 속한 나라들과 비교가 되지 않는다. 미국은 아메리카라는 대륙 이름을 자신의 나라 이름으로 쓰고 있다.

그렇다면 다른 나라에서는 세계 지역을 어떻게 구분할까? 대다수의 영어권 국가에서는 북아메리카와 남아메리카를 구분하지만 다수의 남유럽과 남아메리카 국가들은 하나의 아메리카로 취급한다. 러시아나 터키는 유럽과 아시아를 구분하지 않고 유라시아로 통합하여 세계를 구분한다. 또 세계인의 스포츠 축제인 올림픽에서는 5개의 원으로 그려진 오륜기에서 보듯이 세계를 6대륙이 아닌 5대륙으로 구분한다.

그런데도 왜 우리는 6대륙을 기반으로 세계를 구분해야 한다는 고정관념을 갖고 있는 것일까? 앞에서 세계 지도를 통해 살펴본 것처럼, '대륙'이라는 이름은 자연적으로 분리된 지점을 찾아 경계를 긋고 이름을 붙인 것이 아니라 온전히 사람들의 세계관이나 사고 습관의 산물이다. 특히 유럽이라는 특정한 지역에 사는 사람들이 세계를 바라보는 하나의 방식일지도 모른다.

5대양 6대륙 또한 단지 우리가 어릴 적부터 받아 온 학교 교육이나 사회 교육을 통해 익숙해진 구분 방식일 뿐인지도 모른다. 그러므로 우리는 세계의 경계와 지역 구분에 대해 좀 더 유연하게 사고해야 한다. 또한 특정한 지역 구분 방식이 강조될 때, 그 배후에 숨겨진 관점이 무엇인지 주목할 필요가 있다.

절대적인 지역 구분은 존재할까?

과학 기술과 자본주의가 발달하면서 세계는 급속도로 변화하고 있다. 대표적으로 인터넷과 모바일 기술의 발달은 세계 여러 지역을 가상의 세계에서 하나로 묶으며 국경의 의미를 무색하게 만들고 있다. 우리 주변에서 다른 나라 국적을 지닌 사람들을 만나는 것이 어렵지 않을 만큼 세계는 이미 '지구촌'이라는 개념에 익숙해져 있다.

오늘날 각종 도서와 매체를 살펴보면 기존의 지역들에서도 변화의 흐름이 감지되고 있다. 아시아는 한국, 중국, 일본의 성장과 동남아시아 국가 연합(ASEAN)의 영향 때문인지 점차 아시아의 동쪽 지역으로 축소되는 느낌이다. 서남아시아와 중앙아시아는 점차 아시아로부터 이탈하여 독자적인 지역으로 변화하거나 일부 국가는 유럽으로 편입되는 듯하다. 유럽은 유럽 연합(EU)의 등장과 세력 확대를 통해, 아프리카는 아프리카 연합(AU)의 출범으로 인해 그 정체성이 강화되고 있다. 오세아니아는 각종 스포츠 경기의 조편성에서나 국제 통계 자료의 지역 구분에서 보듯이 아시아로 흡수되는 느낌이다.

그렇다면 앞으로 세계 지역의 미래는 어떻게 될까? 전 세계가 하나로 연결된 지구촌 시대, 하지만 어느 때보다 더 자주 갈등하고 충돌하는 아이러니한 시대. 이러한 시대에 세계를 몇 개의 지역으로 구분하는 것이 과연 타당한가? 그렇다면 우리는 세계를 어떻게 이해해야 할까?

다른 시선으로 세계 읽기

우리가 세계를 이해하고자 할 때 세상을 단지 지역 간 사람과 물자의 연결만으로 바라본다면 아마 지나치게 복잡하고 유동적일 것이다. 또 특정한 주제별로 세계를 이해한다면 지역의 속성을 종합적으로 파악하지 못해 그곳에서 살아가는 사람들의 삶을 총체적으로 이해하기 어려울 수 있다.

이러한 이유로 우리는 지역을 통해 세계를 이해하는 틀로 다시 돌아오기로 한다. 그러나 과거 유럽인들처럼 세상을 지배하고 이용하기 위해 세계를 쪼개고 선을 긋는 것은 아니다. 오히려 세계의 다양한 지역들 간의 차이를 인정하고 존중하여 모든 지구인이 평화롭게 공존하며 살기 위함이다. 따라서 이 책에서는 기존의 서구적 시각에서 세계를 구분했던 단점을 줄이고 변화하는 세계와 지역의 흐름을 최대한 반영하려고 노력했다.

먼저 다른 대륙에 비해 훨씬 거대하고 다양한 아시아는 기존의 구분처럼 하나의 아시아로 통합하여 다루지 않고 세 개의 지역으로 세분했다. 그리고 각 지역들을 유럽이나 오세아니아만큼 비중 있게 다루었다.

유럽은 북서·남부·동부 유럽 등 다른 지역에 비해 지나치게 세분화되어 다루어졌던 방식에서 벗어나 하나의 유럽을 보여주고자 했으며, 문화·역사지리적으로 비슷한 점이 많은 러시아를 유럽과 함께 다루었다.

아프리카는 사하라 사막 이남 지역으로 축소하여 흑인 혹은 미개 지역과 아프리카를 동일시했던 기존의 방식에서 벗어나 북아프리카 지역도 포함시켜 아프리카의 다양한 자연과 문화를 보여주고자 노력했다.

반면 아메리카는 주류 지배 민족을 중심으로 앵글로아메리카와 라틴아메리카로 구분했던 기존의 방식을 지양했다. 또 미국을 하나의 대륙 수준에서 다루었던 기존의 관점에서도 벗어나고자 했다.

오세아니아는 오스트레일리아 중심의 서술에서 벗어나 뉴질랜드와 태평양의 여러 섬들도 비중 있게 다루었다.

마지막으로 남극과 북극은 분량상의 이유로 전혀 이질적인 오세아니아에 통합시켜 다루거나 아예 제외했던 방식에서 벗어나 독립 단원으로 구성했다.

그러나 이러한 구분 방식 역시 이 책을 구성한 저자들만의 세계관이며, 또 하나의 지역 구분 방식일 뿐이다. 어떤 장소와 그곳에 살고 있는 누군가는 은폐되거나 소외될 수밖에 없는 것도 부인할 수 없는 사실이다. 하지만 이것은 지역 구분 자체의 문제라기보다는 지역 구분 기준을 한 가지로 절대시했던 것에 대한 문제 제기이며, 이것으로부터 벗어나기 위한 노력의 일환으로 이해되길 바란다.

절대적인 세계 지역 구분은 존재하지 않으며, 그것은 결코 순수하고 중립적이지는 않다는 것을 잊지 말아야 한다. 공간을 읽고 세계를 이해할 때 우리는 지역 구분과 서술 방식에 대해 부단히 비판하고 성찰하는 자세가 요구된다.

이제 세계를 읽고 공감하며 소통할 준비가 되었다면 본격적으로 세계 지리 여행을 떠나 보자.

I

21세기 세계의 중심으로 떠오른

동아시아

21세기는 '아시아·태평양의 시대'라고 말하는 이들이 많다. 일본, 한국에 이어 중국 경제가 급성장하여, 세계인들은 연일 국제 뉴스를 보며 '동아시아 시대'를 실감하고 있다. 인구 100만 명이 넘는 대도시가 가장 많이 인접해 있고, 경제적 역동성, 저력을 지닌 민족성 등이 결합해 활력이 넘치는 지역, 동아시아의 현재와 미래는 어떤 모습일까?

중국 상하이 시. 중앙에 있는 탑이 상하이의 랜드마크인 동방명주탑이다.

몽골의 전통 축제인 나담 축제에서 말타기 경주를 하고 있는 몽골 아이들

일본의 후지산과 고속철도 신칸센

1 동아시아의 자연환경과 생활 속 문화

동아시아는 대체로 계절풍의 영향을 받아 벼농사가 발달했다. 건조한 몽골에서는 농사 대신 유목 생활을 한다. 아열대에서 냉대, 고산, 건조 기후까지 나타나는 중국은 기후만큼이나 다양한 삶의 방식이 존재한다. 환경에 적응하며 살아온 동아시아 사람들의 삶을 통해 자연과 인간이 어떻게 공존해 왔는지 살펴본다.

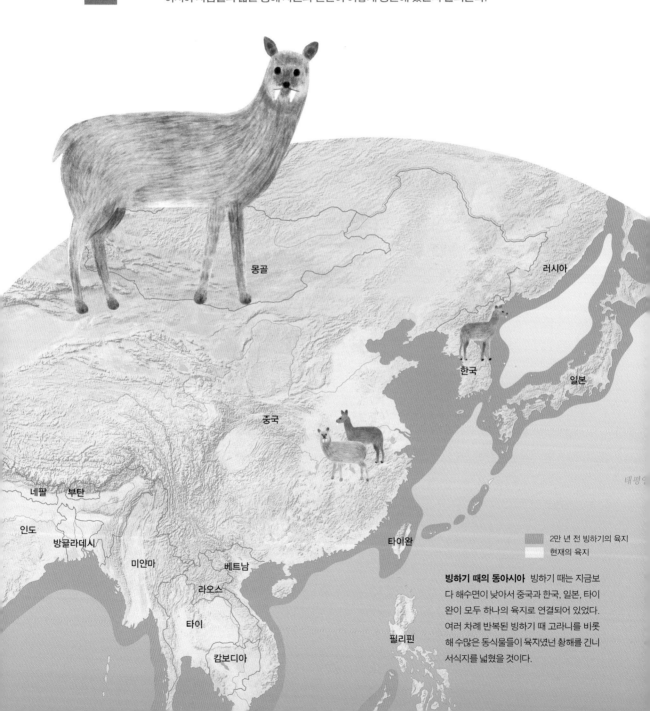

몽골

러시아

한국

일본

중국

네팔 부탄

인도

방글라데시

미얀마

베트남

라오스

타이완

태평양

타이

필리핀

캄보디아

■ 2만 년 전 빙하기의 육지
□ 현재의 육지

빙하기 때의 동아시아 빙하기 때는 지금보다 해수면이 낮아서 중국과 한국, 일본, 타이완이 모두 하나의 육지로 연결되어 있었다. 여러 차례 반복된 빙하기 때 고라니를 비롯해 수많은 동식물들이 육지였던 황해를 긴 서식지를 넓혔을 것이다.

하늘에서 내려다본 동아시아의 자연

중국, 한국, 일본, 타이완이 하나의 땅이었다?

우리나라에서 흔히 볼 수 있는 동물, 고라니는 전세계적으로 딱 두 종류만이 존재한다. 한반도와 중국 창장 강(양쯔 강) 하류 유역에 서식하는 한국고라니와 중국고라니가 그 주인공으로, 유럽 일부 지역에 서식하는 것은 중국고라니가 수출된 것이다. 연구 결과, 이 두 종류의 고라니는 유전학적으로 볼 때 2% 정도만 차이가 난다고 밝혀졌다. 이 차이란 것도 원래는 유전적으로 같은 종이었으나, 오랫동안 교배가 이루어지지 않아서 생긴 것이라고 한다. 그런데 이상하지 않은가. 넓은 바다 황해가 가로막고 있는데 어떻게 같은 종의 고라니가 중국과 한반도에서 따로 떨어져 살게 됐을까?

지리적 상상력을 발휘해 보자. 지난 250만 년 동안 지구에는 빙하기와 간빙기가 여러 차례 반복되어 나타나 자연환경에 큰 영향을 미쳤다. 빙하기에는 지구의 기온이 내려가고, 빙하가 확장되면서 바닷물이 줄어들어 해수면이 낮아진다. 반대로 간빙기에는 지구의 기온이 올라가고, 빙하가 녹으면서 바닷물이 늘어나 해수면이 높아진다. 마지막 빙하기는 약 1만 년 전까지 이어졌는데, 최전성기였던 약 2만~1만 8000년 전에는 지표면의 약 30%가 빙하로 덮여 있었다. 당시 해수면은 현재보다 100m 정도 낮아

져 중국 대륙과 한반도, 일본 열도, 타이완이 모두 하나의 육지로 연결되어 있었다.

이와 같은 빙하기 때 많은 동식물들은 육지였던 황해와 대한해협을 건너 서식지를 넓혀 나갔다. 고라니 역시 과거 어느 빙하기에 황해를 건넜고, 이후 차오른 바다에 의해 격리돼 중국고라니와 한국고라니로 진화하지 않았을까?

사실 황해를 건너간 것은 동식물만이 아니다. 빙하기의 혹독한 환경은 인간에게도 생존을 건 큰 위기였다. 마지막 빙하기에 동아시아인들의 조상들도 살 만한 터전을 찾아 이동하며 곳곳에 정착한 것으로 보인다. 중국 대륙으로 이동했던 동남아시아인들 중 일부가 한반도를 거쳐 일본으로 이동했다. 아시아 대륙과 알래스카도 연결되어 있어서 인류는 이 시기에 저 멀리 아메리카 대륙까지 건너갈 수 있었다. 마지막 빙하기가 끝나고 해수면이 점점 차오르면서 아시아와 북아메리카 대륙 사이에는 베링해가, 한국과 중국 사이에는 황해가 가로막았고, 일본과 타이완은 다시 섬이 되었다.

서고동저 지형 중국, 판의 경계 일본·타이완

동아시아에서 가장 넓은 면적을 차지하고 있는 나라는 단연 중국이다. 중국은 서부 지역은 높고 동부 지역은 낮은 서고동저형 지형이다. 황허·창장 강 등 대부분의 하천이 동쪽으로 흘러 동부는 넓은 평야 지역을 이루고 있다. 반면 남서부의 티베트는 평균 해발 고도가 4000m 이상인 고원 지대로 곳곳

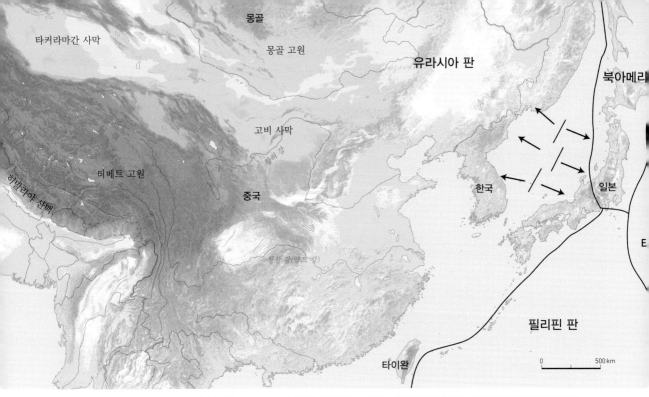

타커라마간 사막

몽골

몽골 고원

유라시아 판

북아메리

고비 사막

티베트 고원

중국

히말라야 산맥

한국

일본

창장 강(양쯔 강)

E

필리핀 판

타이완

0   500 km

동아시아의 판과 지형도 판과 판이 부딪치면서 산맥이 형성된다. 이러한 판의 움직임으로 중국은 서고동저, 우리나라는 동고서저의 지형이 형성되었다.

에 만년설이 나타나며, 남쪽으로 히말라야 산맥에 다다르면 대륙 빙하를 만날 수 있다.

바다로부터 멀리 떨어진 북부와 북서부 내륙에는 고비 사막과 타커라마간(타클라마칸) 사막이 펼쳐져 있다. 이곳에 사는 중국인과 몽골인들은 황량하고 혹독한 자연환경과 맞서며 생활하고 있다.

한편 유라시아 판*과 태평양 판, 필리핀 판이 충돌하면서 만들어진 일본과 타이완의 섬들에는 산악 지대가 많다. 또한 환태평양 조산대에 속해 있어 지진 활동도 활발하다.

한반도는 이들 판의 경계에서 다소 떨어져 있지만 지각 변동이 없었던 것은 아니다. 동해의 지각이 확장하는 과정에서 동쪽과 북쪽 땅이 솟아올라 동쪽은 높고 서쪽은 낮은 지형이 만들어졌고, 그 때문에 대부분의 하천이 흘러 내려가는 서해안에

는 평야가 발달했다.

동아시아는 열대 기후에 가까운 온대 기후부터 냉대 기후, 내륙의 고산 기후, 건조 기후까지 다양한 기후대를 보인다. 계절풍의 영향을 받아 바다와 인접한 평야 지대에서는 누렇게 익어 가는 벼를 볼 수 있지만, 내륙 깊숙한 곳에서는 겨울철 시베리아에서 불어오는 찬 북서 계절풍의 영향으로 영하 40℃ 이하의 혹독한 추위를 겪어야 한다. 이런 자연환경 속에서 동아시아 사람들의 독특한 생활 문화가 형성되었다.

● 판이란?

지구의 표면은 판이라 불리는 크고 작은 조각들로 구성되어 있다. 수십억 년 동안 이 판들이 이동하고 부딪쳐 합쳐지거나 쪼개져서 만들어진 것이 지구의 모습이다. 현재 지구 표면에는 10여 개의 크고 작은 판들이 있는데, 이 판들은 1년에 수 cm씩 움직인다.

같은 듯 다른 동아시아 각국의 음식 문화

한·중·일의 젓가락이 닮았다?

우리에게 젓가락은 식사 때마다 없어서는 안 되는 유용한 도구이다. 지금은 동아시아 사람들뿐만 아니라 동남아시아에서도 젓가락을 많이 사용하지만, 젓가락의 종주국은 한국·중국·일본 3국이다.

엄밀히 말하면 젓가락은 중국에서 사용하기 시작해 한국으로, 다시 일본으로 전해졌다. 각 지역마다 음식 문화가 다르다 보니 자연스레 젓가락도 제각각 다른 형태를 띠게 되었다.

중국인의 밥상 하면 대가족이 모인 넓은 식탁이 떠오른다. 상차림은 큼지막한 접시에 담긴 뜨거운 볶음이나 튀김 요리가 주를 이룬다. 그래서 젓가락은 음식을 요리하기도 좋고 집어먹기도 좋은 길고 끝이 뭉툭한 나무젓가락을 사용한다.

반면 해양 국가인 일본의 밥상 하면 도시락이나 개인마다 주는 작은 상차림이 떠오른다. 상 위에는 주로 생선 요리가 올라오고, 가시를 발라먹어야 하니 젓가락은 끝이 뾰족하다. 또 일본 사람들은 밥을 먹을 때 그릇을 들고 먹는 습관이 있어서

위부터 일본, 한국, 중국 젓가락

젓가락 길이가 짧다. 나무가 많고 습한 환경인 일본은 예부터 나무젓가락을 사용해 왔다.

한국의 밥상을 보자. 밥과 국은 개인마다 주지만 함께 먹는 여러 가지 반찬이 놓인다. 따라서 상이 크지도 작지도 않으므로 젓가락의 길이가 길지도 짧지도 않다. 기름진 고기나 생선보다 나물을 많이 먹기 때문에 젓가락 끝이 뭉툭하지도 뾰족하지도 않다. 또한 금속을 다루는 문화가 발달해 수저도 쇠로 만들었다. 이처럼 한·중·일의 젓가락 문화는 '닮았지만 다른' 동아시아 사람들의 삶의 모습을 보여준다.

국수의 다양한 변신

젓가락과 가장 잘 어울리는 음식은 뭐니 뭐니 해도 국수가 아닐까? 젓가락을 들고 후루룩 먹는 국수 요리는 오래전부터 동아시아 사람들의 한 끼 식사로 자리 잡았다.

특히 베이징을 중심으로 중국의 북부 지역 사람들은 면을 주식처럼 먹는데, 이는 기후 조건과 밀접한 관련이 있다. 이 지역은 남부에 비해 상대적으로 한랭 건조하여 밀이 잘 자라기 때문에 일찍부터 다양한 면 요리가 발달했다. 그에 비해 고온 다습한 화중과 화남 지역에서는 벼가 잘 자라 쌀을 주식으로 하고 면을 간식으로 먹는다.

우리가 즐겨 먹는 면 요리는 중국을 통해 한국, 일본으로 전해진 '닮았지만 다른 꼴' 음식이다. 한국의 '중국집'에서 가장 많이 팔리는 자장면과 짬

뽕 역시 중국 산둥 성에서 건너왔다. 100여 년 전 일제강점기, 인천 개항 이후에 이곳에 들어온 중국인 노동자들이 차이나타운을 형성하며 국수에 춘장을 비벼 팔기 시작한 음식이 한국 자장면의 시초이다. 비슷한 시기, 인천 차이나타운을 통해 전해진 기름기 많은 중국 초마면은 한국인들의 입맛에 맞게 얼큰한 매운맛으로 거듭나면서 오늘날의 짬뽕이 되었다.

중국의 면 문화는 이웃 나라 일본에도 전해져 지금의 우동이 되었다. 우동은 메밀로 만든 소바와 함께 일본을 대표하는 국수 요리로 사랑받고 있다. 특이한 점은 오사카를 중심으로 한 서부(간사이

지방)에서는 우동을 즐기고, 도쿄를 중심으로 간토 지방에서는 소바를 즐긴다는 점이다. 높고 가파른 '일본 알프스' 산맥이 우동과 소바의 지역 경계가 된 셈이다.

면에 대한 일본 사람의 사랑은 라멘으로 이어졌다. 2차 세계 대전이 끝나고 먹을 것이 부족하던 시절, 일본에서는 기름에 튀긴 인스턴트 라멘이 개발되었다. 이것이 1960년대에 한국으로 전해져 '라면'으로 변모했고, 그것이 다시 해외로 퍼져 나가고 있다. 이처럼 동아시아의 음식 교류는 지금도 계속되고 있다.

**닮았지만 다른 꼴 음식,
동아시아의 다양한 국수**

하얼빈

베이징

산둥 성

자장면

인천 · 서울

라면

일본 알프스

도쿄

오사카

차오미엔

우동

소바

선전

중국에서 맛보는 다양한 아침 식사

중국의 자연환경

유교 문화권인 동아시아 대부분의 나라는 '설날'을 최대의 명절로 지낸다. 일본의 설(오쇼가츠)은 양력 1월 1일이고, 몽골 설(차강사르)과 중국 설(춘절)은 우리처럼 음력 1월 1일이다.

특히 중국은 설날에 한쪽에서는 얼음을 조각해 만든 작품을 전시하는 빙등 축제가 열리고, 한쪽에서는 화사한 꽃시장 축제가 열린다. 국토가 얼마나 넓으면 이런 다양한 풍경이 펼쳐질까? 동아시아 지도를 보면 중국이란 나라의 규모를 한눈에 알 수 있다.

중국의 면적은 러시아와 캐나다에 이어 세계에서 세 번째로 넓다. 한반도 면적의 43배, 남한 면적의 97배에 달한다. 국경을 마주하고 있는 나라만 북한, 러시아, 몽골, 카자흐스탄, 키르기스스탄, 타지키스탄, 아프가니스탄, 파키스탄, 인도, 네팔, 부탄, 미얀마, 라오스, 베트남 등 총 14개국이다.

중국은 동서 간의 경도 차이가 62도에 이르러 4시간의 시차가 나지만 베이징 기준의 단일 시간 체계를 고집하고 있다. 이 넓은 땅에 120°E(동경 120도)를 기준으로 하는 '황제 시각'만을 인정하다 보니, 서쪽 끝 신장웨이우얼 자치구의 카슈가르는 아침 9시가 되어도 해가 뜨지 않아 어둑어둑하다.

하지만 아무리 중앙 정부가 시계 바늘을 하나로 맞춘다고 해도 생활 모습은 그야말로 각양각색이다. 남쪽에서부터 아열대와 온대, 냉대 기후와 내륙의 고산, 건조 기후까지 다양한 기후가 펼쳐지니

중국의 전혀 다른 춘절 풍경 중국은 땅덩어리가 워낙 넓다 보니 음력설인 춘절에 한쪽에선 빙등 축제가 열리고, 다른 한쪽에선 꽃시장 축제가 열린다. 매년 1월 5일부터 한 달간 열리는 하얼빈의 빙등제(맨 위)와 설날 3일 전부터 열리는 선전 시의 꽃시장 풍경(위).

그에 따른 문화 역시 복잡하고 다양할 수밖에 없다. 한 예로, 13억 5000만 명이 넘는 중국인 가운데 45% 이상이 표준어를 알아듣지 못하는 방언 사용자여서, 그들을 배려해 중국의 거의 모든 TV 프로그램에서 자막을 넣는다.

이처럼 한 나라 안에서도 너무나 다른 삶이 공존하는 중국을 이해하려면 중국의 땅과 사람, 문화의 다양성을 이해해야 한다. 그 첫걸음으로 중국인의 아침 식탁에 올라오는 먹거리를 살펴보도록 하자.

중국 사람들의 주식은 쌀밥일까?

동아시아는 대체로 계절풍의 영향을 받는다. 여름에는 고온 다습한 남동·남서 계절풍이 불어와 일찍이 벼농사가 발달했다. 기후가 건조한 몽골을 제외하고 동아시아의 모든 나라가 벼농사를 짓는다. 그러므로 중국 사람들의 주식도 쌀밥이 아닐까?

중국의 농업 지도를 보면 크게 벼농사 지역, 밭농사 지역, 목축업 지역, 이렇게 세 지역으로 나뉘는 것을 알 수 있다.

벼농사 지역은 1월 평균 기온이 0℃ 이상인 지역으로, 겨울철에도 땅이 푸르다. 연 강수량도 800mm가 넘어 벼 재배에 유리하고, 농작물이 자랄 수 있는 생육 기간도 226일이 넘어 벼의 이모작이 가능하다. 창장 강 유역의 화중 지방과 시장 강 유역의 화남 지방이 여기에 속한다.

그에 비해 밭농사 지역은 비교적 건조하고, 연 강수량이 800mm를 넘지 않아 벼를 재배하는 것이 어렵다. 1월에는 기온이 영하로 내려가 식물이 자라지 못하는 지역으로, 밀·옥수수·조·콩 등 밭

중국의 시간 체계

경도가 15도씩 변경될 때마다 1시간씩 시차가 발생한다. 국토가 넓은 중국 대륙은 서쪽에서 동쪽까지 5개의 다른 시간대에 걸쳐 있지만, 이들을 인정하지 않고 동경 120도의 베이징 시간대(황제 시각)를 표준시로 지정했다.

기름에 볶고 튀기는 북방의 음식 문화 중국의 북부 지역에서는 추운 날씨 탓에 주로 센 불에 기름을 이용한 요리가 발달했다. 이렇게 만들어진 음식은 열량이 높고 쉽게상하지 않아 장시간 보관이 가능하다.

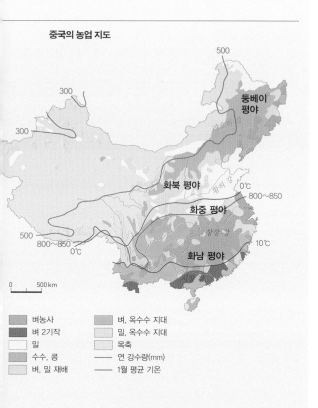

중국의 농업 지도

- 벼농사
- 벼 2기작
- 밀
- 수수, 콩
- 벼, 밀 재배
- 벼, 옥수수 지대
- 밀, 옥수수 지대
- 목축
- ━━ 연 강수량(mm)
- ━━ 1월 평균 기온

둥베이 평야
화북 평야
화중 평야
화남 평야

중국의 전통 음식 유조(요티아오) 밀가루 반죽을 기름에 튀겨 낸 유조는 꽈배기와 비슷하게 생긴 빵이다. 많은 중국인들이 유조와 콩물로 간단히 아침을 때우고 출근한다.

작물을 재배한다. 황허 강이 흐르는 화북 지방과 둥베이(동북) 지방이 여기에 속한다.

그래도 밭을 갈아서 농사를 지을 수 있는 지역은 혜택받은 땅이다. 서부 내륙으로 갈수록 강수량이 줄어들어, 넓은 사막 주변과 고원 지대에는 연 강수량이 500mm 이하인 건조 기후가 나타나 농사를 짓는 것이 어렵다. 이곳에 사는 사람들이 선택할 수 있는 것은 양과 야크 등을 기르는 가축 유목이 대부분이다.

이처럼 각 지역마다 주요 농산물이 다르기 때문에 주식 역시 다양하다. 쌀밥이 주식인 지역도 있지만 국수나 만터우(소가 없는 찐빵), 교자(한국의 만두 같은 것), 전병 등 밀가루 음식을 주식으로 하는 지역도 있고, 양고기를 주식으로 먹는 지역도 있다.

추운 북부, 하얼빈에서의 아침 식사

하얼빈의 아침 시장에서 우리는 유난히 커다란 음식들을 만날 수 있다. 왕만두 한 개의 무게가 보통 200g이고, 밀가루를 기름에 길게 튀겨 낸 '유조'라는 음식은 길이가 50cm나 되는 것도 있다. 이처럼 커다란 쟁반에 큼지막한 음식들을 푸짐하게 담는 것이 북방 음식 문화의 특징이다. 이것은 척박한 대지, 추운 기후와 관련이 깊다.

북방은 적은 식재료로 춥고 긴 겨울을 나야 하고, 거친 환경에서 허기진 배를 빨리 채워야 하기 때문에 든든한 고열량 요리가 필요하다. 그래서 이 지역에서는 기름에 볶고 튀기고 굽는 요리가 많다. 강력한 화력에 기름을 사용하면 짧은 시간에 조리할 수 있고, 기름 층이 온기가 달아나는 것을 막아 주어 추운 겨울에 안성맞춤이며, 더운 여름에도 잘 상하지 않아 장시간 보관이 가능하다.

건조 기후인 서부 위구르족의 낭과 양

중국 서부, 내륙 깊이 자리한 카슈가르(카스)에서 아침 식사를 준비해 보자. 이곳은 중국의 소수 민족인 위구르족이 살고 있는 신장웨이우얼 자치구의 대표 도시이다. 우선 시장인 '바자르'에 나가 음식 재료를 찾아보자. 가장 눈에 띄는 것이 '낭'과 양고기이고, 이것이 위구르족의 주식이다.

낭은 화덕에서 구워 낸 밀가루 빵인데, 빵에 수분이 적어서 한 달 넘게 보관할 수도 있다. 건조한 환경에 맞게 만들어진 낭은 유목민인 위구르족의 조상들에게 없어서는 안 될 귀한 식량이었다.

"집을 나서 멀리 돌아다니게 될 때면 낭을 한 자루 등에 지고 다니다가 물을 만나면 불려 먹고 불

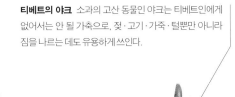

티베트의 야크 소과의 고산 동물인 야크는 티베트인에게 없어서는 안 될 가축으로, 젖·고기·가죽·털뿐만 아니라 짐을 나르는 데도 유용하게 쓰인다.

을 만나면 구워 먹으면 된다. 물도 없고 불도 없는 사막에서는 모래 구덩이 속에 잠시 묻어 두면 금세 먹기 좋게 말랑말랑해진다."(『중국의 문화지리를 읽는다』 중에서)

양고기는 바자르에서 가장 많이 거래되는 육류로, 위구르인들은 향신료를 듬뿍 뿌린 양고기 꼬치구이를 즐겨 먹는다. 이슬람교를 믿는 이들은 쿠란의 계율에 따라 돼지고기를 먹지 않는다. 이는 돼지고기를 비롯해 아무 고기나 잘 먹는 중국의 한족과는 분명히 다른 문화이다.

서남부 고지대 티베트인이 즐겨 마시는 수유차

중국 사람들은 누구나 차를 즐겨 마신다. 기름지고 달고 짠 중국 음식은 몸을 산성화하는데, 차는 알칼리성이어서 건강을 유지하는 데 도움이 된다. 육류를 주로 먹는 위구르인들도 식사 때 차를 거르는 법이 없다. 그들은 아침 식사 시간을 '차 마시는 시간'이라 말할 정도로 차를 좋아한다.

히말라야에 접한 중국 서남부 고지대에서 살고 있는 티베트인들은 야크나 양고기, 참파(쌀보리가루)를 주식으로 먹는다. 티베트는 채소나 과일이 흔치 않아 비타민 C를 보충하고 육류의 소화를 돕기 위해 하루 수십 잔의 차를 마신다.

이들은 찻물에 야크 젖으로 만든 버터를 섞어 끓인 따끈한 수유차를 마시는데, 수유차는 열량이 매우 높아 4000m가 넘는 고원 지대의 추위를 견디게 해 준다. 티베트에는 "차는 피요, 살이요, 생명이다"라는 속담이 있는데, 이는 수유차를 두고 하는 말이다.

1 위구르의 바자르에서 파는 다양한 종류의 낭
2 티베트의 야크 젖으로 만든 버터
3 야크 버터를 넣어 만든 수유차

55

척박한 자연에서 살아온 몽골인의 천막집 '게르'

푸른 초원의 나라, 유목하는 사람들

러시아와 중국에 둘러싸인 내륙국인 몽골은 평균 해발 고도가 약 1600m에 이른다. 북서부에는 만년 설이 덮여 있는 알타이 산맥 등 산지가 분포해 있고, 남부에는 고비 사막이 가로놓여 있다. 몽골어로 '고비'는 '풀이 자라지 않는 거친 땅'이란 뜻으로, 이곳을 제외한 대부분의 지역은 푸른 초원이다.

가도 가도 끝이 보이지 않는 초원에서 말을 타고 달리며 양을 기르는 몽골 사람들을 상상해 보자. 이들이 수천 년 전부터 이곳저곳 떠돌면서 가축을 기르는 것은 자유롭거나 낭만적인 삶을 위해서가 아니다. 바로 척박한 대지와 혹독한 기후에서 살아남기 위한 최선의 방법이었다.

몽골은 전형적인 대륙성 기후로 여름 한낮에는

몽골의 전통 가옥 게르 1년에 4~5번 이사하는 몽골 유목민들에게 안성맞춤인 이동식 집이다.

35℃ 내외로 무더운 날씨이지만 건조하고, 보통 4~5월까지 계속되는 겨울은 영하 40℃ 이하로 내려가는 날이 많다.

2010년 겨울에는 영하 50℃까지 내려가는 혹한이 계속되면서 재난 사태가 선포되기도 했다. 당시 몽골 전역에서 가축 820만 마리가 얼어 죽었는데, 이는 전체의 5분의 1에 해당하는 숫자였다.

최근 들어 이런 기상 이변이 많아지면서 몽골의 총인구 290만 명 중 3분의 1을 차지하는 유목민이 큰 타격을 받았다. 살 길을 잃은 유목민들이 수도 울란바토르에 몰려들어 변두리에 이동식 천막집 '게르(유르트)'를 짓고 머물러 새로운 사회 문제가 되었다.

전통 가옥 '게르'에 숨어 있는 과학

게르는 몽골인들이 가축의 먹이를 찾아 초원을 이동할 때마다 들고 다닐 수 있게 고안한 천막집이다. 원통형 벽에 둥근 지붕을 얹은 게르는 보통 지름 4~5m, 높이 2.5m로 1~2시간 안에 쉽게 분해하고 조립할 수 있다.

나무로 된 기둥과 지붕틀을 세우고 그 위에 양털로 짠 펠트를 덮으면 된다. 여름에는 펠트의 아랫자락을 걷어올려 바람이 통하게 하는데, 이때 흰색 펠트를 사용하여 햇빛을 반사시킨다. 겨울에는 강한 바람이 게르의 둥근 벽을 타고 지나가고, 집 안 한가운데 놓인 난로의 열기를 펠트가 잡아 주어 겨울을 따뜻하게 날 수 있다.

말과 함께 생활하는 몽골 아이들

"말은 나의 분신!"

안녕? 나는 열여섯 살, 이름은 '네르구이'라고 해. 이름이 없다는 뜻인데, 동생인 '가하이 자브(돼지 자식)'보다는 낫지. 유아 사망률이 높은 몽골에서는 귀신이 쓸모 있는 사람을 잡아간다고 믿는단다. 그래서 아이가 태어나면 건강하게 오래 살라고 귀신이 거들떠보지 않는 이름을 지어 주는 거지.

이곳 초원 마을에 아이가 태어나서 돌이 되면 망아지 한 마리를 선물로 받아. 나도 걷기도 전에 망아지 등에 올라타고 놀며 자랐어. 일곱 살이 되어 학교에 가게 되었을 때 내 분신 같은 말과 떨어지는 게 가장 슬펐지. 내가 사는 초원에는 학교가 없어서 도시에 있는 학교 기숙사로 들어가야 했거든.

우리는 초등학교, 중학교, 고등학교 구분 없이 한 학교에서 12년 동안 의무 교육을 받아. 너무 추운 겨울에는 초원에 나갈 수 없기 때문에 겨울방학이 짧고, 대신 6~8월 3개월 동안 긴 여름방학을 보내지. 나는 내 말과 함께 초원에서 거침없이 달리며 가축을 돌보는 일이 좋아. 말이 없었다면 초원에서 먼 거리를 이동하기도, 무거운 짐을 나르기도, 우유를 얻기도 어려웠을 거야.

이번 방학 기간엔 축제 준비로 매일 비지땀을 흘리고 있어. 나는 씨름을, 동생은 경마를 연습하고 있단다. 우리나라에서는 몽골 혁명 기념일인 7월 11일부터 3일간 가장 큰 전통 축제인 나담 축제가 열리는데, 여기에서 씨름과 경마, 활쏘기 세 종목이 진행되거든. 초원에서 살아가는 유목민들의 용기와 힘을 시험하는 전통에서 유래한 축제야.

가장 흥미진진한 종목은 경마인데, 다섯 살부터 열두 살까지의 어린이들만 참가할 수 있어. 말의 나이에 따라 달리는 거리가 12~35km로 달라지는데, 시속 60~70km로 달려야 해서 말의 머리털과 꼬리털을 묶기도 해. 바람의 저항을 줄이기 위해서지. 우승한 말에게는 '1만 마리 중 뛰어난 으뜸 말'이라는 칭호가 내려지고, 우승한 아이는 가문의 영광이 되는 거야. 칭기즈 칸의 후예답게 흙먼지를 날리며 달려서 동생이 꼭 우승했으면 좋겠어.

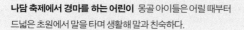

나담 축제에서 경마를 하는 어린이 몽골 아이들은 어릴 때부터 드넓은 초원에서 말을 타며 생활해 말과 친숙하다.

화산·지진과 더불어 사는 법을 찾는 일본

몽골 제국은 왜 일본 정복에 실패했을까?

몽골이 가장 전성기를 누리던 시절은 13세기로, 칭기즈 칸의 손자인 쿠빌라이 칸이 원나라 황제로 있던 때이다.

당시 기마병을 중심으로 기세가 등등했던 몽골군은 고려군과 함께 연합군을 꾸려 1281년 2차 일본 원정을 떠났지만 결과는 참혹했다. 완강하게 저항하는 일본 막부와 교전하며 공격을 준비하던 중에 바다에서 거친 바람을 만난 것이다. 강풍이 불어오자 고려·몽골 연합군 병사 10만 명은 미처 싸워 보기도 전에 물에 빠져 죽고, 남은 자들은 퇴각할 수밖에 없었다.

일본에서는 이 바람을 '가미카제(신의 바람)'라 부르는데, 그 시기가 8월인 것을 감안하면 이 바람

2011년 9월 일본을 강타한 태풍 로키의 위성 사진 당시 일본에서는 '110만 명 대피령'이 내려졌다.

의 정체는 태풍임이 분명하다. 내륙에 위치한 몽골은 태풍의 성질에 대해 잘 알지 못했고, 섬나라인 일본은 몽골군의 침략에 정복당하지 않은 나라로 자부심을 갖게 되었다.

몽골을 제외한 동아시아 국가들은 해마다 7~10월이면 20여 차례 북상하는 태풍에 몸살을 앓는다. 태풍으로 인한 강풍과 집중 호우, 그로 인한 산사태나 홍수 등은 동아시아 사람들의 오랜 근심거리 중 하나이다. 그래서 태풍의 진로가 어느 나라 쪽으로 향할지는 동아시아 사람들의 공통 관심사이다.

일본 사람들이 가장 무서워하는 자연재해, 지진

옛날부터 전해 오는 일본 속담에 "지진, 번개, 화재, 아버지"라는 말이 있다. 이는 일본 사람들이 가장 무서워하는 것을 순서대로 나열한 것이다. 그만큼 일본 사람들에게 지진은 무서운 존재이다.

1923년 9월 1일, 리히터 규모 7.9의 강력한 지진이 일본의 간토 평야를 강타했다. 땅이 솟아오르고, 길이 갈라지고, 무너진 목조 가옥은 '불타는 관'으로 변해 버렸다. 사망자 수만 14만 3000여 명으로 기록된 이 '간토(관동) 대지진'은 조선인에 대한 테러와 학살로 이어진 사건으로 우리에게 잘 알려져 있다. 당시 혼란한 틈을 타 조선인들이 우물에 독을 탔다는 거짓 소문이 돌면서 일본 사람들이 조선인들에게 집단 폭력으로 화풀이를 한 것이다.

일본의 대규모 지진은 오늘날까지 이어지고 있다. 1995년 고베에서는 7.3 규모의 강진이 발생해

6433명이 죽고 도시 전체가 파괴되었다. 진앙이 대도시 근처였고 새벽에 발생해 피해가 더욱 컸다.

일본에서 유독 지진이 자주 일어나는 이유

전 세계에서 일어나는 규모 6.0 이상 지진 중 20%가 일본에서 발생한다. 일본에서는 매년 7500회 정도의 약한 지진이 발생하고 있으며, 도쿄에서만 150회가 일어난다. 이렇듯 일본에서 유독 지진이 많이 발생하는 이유는 무엇일까?

일본은 4개의 지각판, 즉 유라시아 판·북아메리카 판·태평양 판·필리핀 판이 부딪치는 곳에 위치해 지반이 매우 불안정하기 때문이다. 또한 땅속의 마그마가 용암으로 분출되면서 곳곳에서 화산 활동이 나타난다. 전 세계 화산의 10%가 일본 열도에 분포하고 있으며, 활화산도 86개에 이른다.

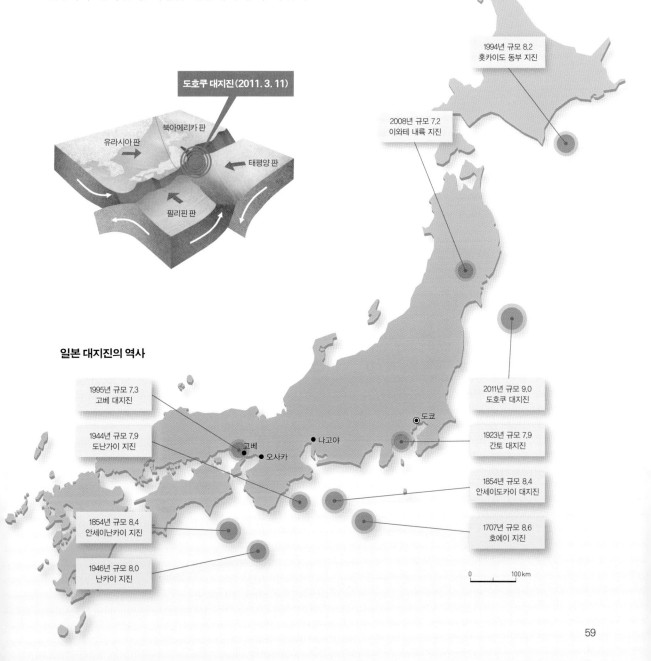

도호쿠 대지진(2011. 3. 11)

북아메리카 판

유라시아 판

태평양 판

필리핀 판

1994년 규모 8.2
홋카이도 동부 지진

2008년 규모 7.2
이와테 내륙 지진

일본 대지진의 역사

1995년 규모 7.3
고베 대지진

1944년 규모 7.9
도난가이 지진

고베

오사카

나고야

도쿄

2011년 규모 9.0
도호쿠 대지진

1923년 규모 7.9
간토 대지진

1854년 규모 8.4
안세이도카이 대지진

1854년 규모 8.4
안세이난카이 지진

1707년 규모 8.6
호에이 지진

1946년 규모 8.0
난카이 지진

0   100 km

건물마다 표시된 빨간 역삼각형 역삼각형 표시는 비상구를 의미한다. 화재 시 탈출구이자 소방관의 진입로로서, 이 창문 부근에는 절대 물건을 놓아 두지 않는다.

천재지변에 대처하는 일본인의 자세

화산과 지진이 많은 땅에서 일본 사람들은 어떻게 살아갈까? 그들은 천재지변을 막을 수는 없지만 피해를 최소화할 수 있다고 말한다. 그만큼 자연재해에 철저히 대비하고 있는 것이다.

우선 건물이나 교량이 지진에 견딜 수 있도록 내진 설계를 강화하여 규모 5.0 이하의 지진에는 거의 피해가 없도록 대비했다. 또한 지진계 등 첨단 장비를 육지와 바다 곳곳에 설치하여 최초의 지진파를 감지하자마자 곧바로 경보가 울리도록 하는 '지진 속보 시스템'을 구축했다. 빠른 경보는 즉시 방송을 통해 알려지고, 가스 회사는 바로 가스 공급을 끊고, 국민들은 책상 아래로 대피하는 등 즉각적으로 대처하는 것이다.

매년 전 국민을 대상으로 방재 훈련도 실시하고 있다. 예를 들어 도쿄에서는 지층이 위아래로 흔들리는 강력한 지진이 일어났을 경우 수도권에 거주하는 수많은 사람들이 무사히 대피하여 피해를 최소화하는 훈련을 주기적으로 실시한다. 만일의 사태에 대비해 집집마다 비상식량과 소화기 등을 비치해 두는 것은 기본이다.

2009년 시즈오카 현에서 규모 6.5의 지진이 발생했을 때 사망자는 단 1명에 불과했다. 일본에서는 집 안에서 가구나 물건이 떨어지지 않도록 얼마나 고정시켰는가를 알아보는 '가구 고정률'이라는 것이 있는데, 시즈오카 현의 경우 가구 고정률이 63%로 전국 최고 수준이었다. 그동안의 수많은 지진 피해에서 얻은 값비싼 교훈 덕분이었다.

일본에서는 자연재해 현장을 교육과 관광 자원으로 활용하기도 한다. 나가사키 현에서는 1991년 운젠 국립 공원의 화산 폭발로 주민 43명이 목숨을 잃고, 주택 1692채가 용암에 매몰되었다. 지방 정부는 이 대재앙의 현장을 생생히 보존하기 위해 그 자리에 재해 기념관을 지었다. 기념관에는 "재해가 일어난다고 이곳을 떠날 수 없는 주민들은 화산이 주는 풍요로운 자원을 살리면서 화산과 함께 살아가는 법을 찾아 나가고 있다"고 적고 있다.

인간의 능력을 넘어서는 대자연 앞에서 배운다

2011년 3월 11일, 전 세계가 경악한 사상 초유의 사태가 일어났다. 일본 동북부 해저에서 규모 9.0의 강진이 발생하고, 이어서 높이 10m가 넘는 대형 쓰나미(지진 해일)가 동북 지역의 해안을 덮친 것이다. 차량과 건물, 선박이 역류하는 바닷물에 휩쓸리며 마을 전체가 그야말로 아비규환의 현장이었다. 이 도호쿠(동북) 대지진은 일본 관측 기록상 최대 규모의 지진으로, 사망·실종자가 2만여 명에 달하며 천문학적인 피해가 발생했다.

게다가 쓰나미로 인해 후쿠시마 원자력 발전소에 문제가 생기면서 폭발로 이어져 방사능이 누출되었다. 폭발한 후쿠시마 원전 1호기를 중심으로 반경 20km 안쪽은 사람이 살 수 없는 땅이 되었다.

지진 발생 후 1년이 지난 시점에도 임시 주거 단지에서 살고 있는 이재민 수만 34만 명에 이르렀고, 지역 수산업과 수많은 기업이 문을 닫아 일자리를 찾기도 어렵다. 더 큰 문제는 규슈를 제외한 일본 전역으로 확산된 방사성 물질이다. 눈에 보이지 않지만 세슘 등 방사성 물질로 인한 피해는 여전히 현재 진행형이다.

전 세계를 방사능 공포로 몰고 간 도호쿠 대지진과 쓰나미는 자연 앞에서 인간이 얼마나 보잘것없는지를 보여 주면서, 대자연 앞에서 인류가 겸손해야 함을 다시금 일깨우는 계기가 되었다.

지진이 발생하고 반년이 지나 일본 도쿄에서는 6만여 명이 모여 대규모 원전 반대 시위를 벌이기도 했다. 일본 사람들은 자연의 혹독함 속에서 주저앉지 않고 다시 지혜를 모으고 있다.

대재앙, 그 이후 1 운젠 화산 폭발 피해 현장에 보호각을 씌워 놓은 재해 기념관 **2** 2011년 도호쿠 대지진의 여파로 폭발한 후쿠시마 제1원전 **3** 도호쿠 대지진 2주년을 기념해 도쿄에서 열린 반핵 시위

2 달라지는 중국·일본의 경제

지난 40년간 일본이 누려 온 '세계 제2 경제 대국'이란 지위는 중국으로 넘어갔다. 일본 기업들은 과거 경제 성장의 주축이었던 가공 무역에 대한 미련을 버리고, 부가가치가 높은 부품·소재 산업에 주력하고 있다. 중국 경제는 고속 성장을 이루었지만 이면에는 가난한 서민들의 불만이 쌓여 간다.

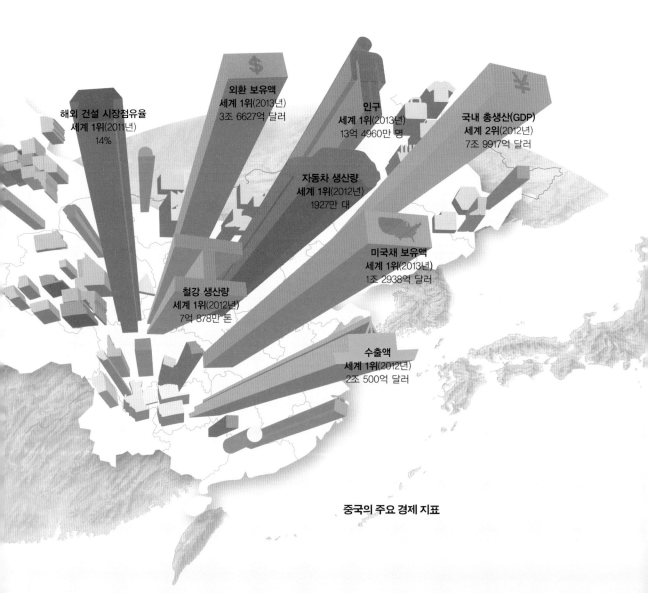

해외 건설 시장점유율
세계 1위(2011년)
14%

외환 보유액
세계 1위(2013년)
3조 6627억 달러

인구
세계 1위(2013년)
13억 4960만 명

국내 총생산(GDP)
세계 2위(2012년)
7조 9917억 달러

자동차 생산량
세계 1위(2012년)
1927만 대

미국채 보유액
세계 1위(2013년)
1조 2938억 달러

철강 생산량
세계 1위(2012년)
7억 878만 톤

수출액
세계 1위(2012년)
2조 500억 달러

중국의 주요 경제 지표

한국의 가정에서 사용하는 '메이드 인 차이나' 물건들 우리가 일상생활에서 '먹고, 입고, 쓰는' 생필품의 상당수가 중국산이다. 심지어 90% 이상까지도 중국산인 경우가 많다.

 ## 한·중·일 3국의 경제적 삼각관계

한국 전쟁을 발판으로 일어선 일본

'메이드 인 재팬' 하면 사람들은 어떤 이미지를 떠올릴까? 지금은 세계 시장에서 일본 제품이 좋은 평가를 받고 있지만, 1950~1960년대까지만 해도 형편없는 품질에 값싼 제품으로 취급받았다.

2차 세계 대전에서 패한 후 경제·정치적으로 허우적대던 일본에게 기사회생의 발판이 되어 준 것은 다름 아닌 이웃 나라 한국이었다. 1950년 한국 전쟁이 터지자 일본은 전쟁 물자를 팔아 큰 이익을 남겼고, 이를 발판으로 급속하게 성장했다.

1970년대 이후, 워크맨으로 통칭되던 미니 카세트 플레이어와 카메라, 전기밥솥 등 기술력을 앞세운 우수한 제품으로 한국 소비자들의 마음을 사로잡

은 일본은 미국을 제치고 한국의 제1 수입국 자리에 올랐다.

세계인의 일상에 파고드는 '메이드 인 차이나'

오늘날 중국은 전 세계 제조업의 절반 이상을 담당할 정도로 세계의 공장 노릇을 톡톡히 한다. '메이드 인 차이나' 상품이 낮은 가격을 무기로 세계 시장을 싹쓸이하고 있는 것이다.

'메이드 인 차이나'는 짝퉁, 불량품, 유해 화학 물질 사용으로 소비자에게 의심과 공포의 대상이 되기도 한다. 2008년, 멜라민 성분이 함유된 중국산 분유를 먹은 수만 명의 아기가 신상 질환을 일으켜 세계가 발칵 뒤집힌 사건이 대표적인 사례이다.

과거에 한국에서 기술을 이전해 갔던 중국 기업

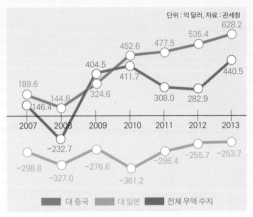

한국의 무역 수지 동향

단위 : 억 달러, 자료 : 관세청

대중국: 189.6 (2007), 144.6 (2008), 324.6 (2009), 411.7 (2010), 308.0 (2011), 282.9 (2012), 440.5 (2013)

전체 무역 수지: 146.4 (2007), 404.5 (2009), 452.6 (2010), 477.5 (2011), 535.4 (2012), 628.2 (2013)

-232.7 (2008)

대일본: -298.8 (2007), -327.0 (2008), -276.6 (2009), -361.2 (2010), -286.4 (2011), -255.7 (2012), -253.7 (2013)

■ 대중국 ■ 대일본 ■ 전체 무역 수지

한·중·일 교역 현황

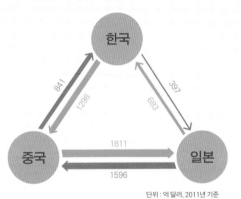

한국 — 중국: 841 / 1298
한국 — 일본: 397 / 683
중국 — 일본: 1811 / 1596

단위 : 억 달러, 2011년 기준

2013년 한국의 10대 수출 국가 및 수출액 비중

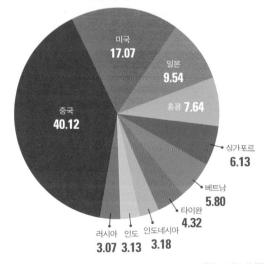

중국 40.12
미국 17.07
일본 9.54
홍콩 7.64
싱가포르 6.13
베트남 5.80
타이완 4.32
인도네시아 3.18
인도 3.13
러시아 3.07

단위 : %, 자료 : 관세청

들은 낮은 가격은 물론 기술 경쟁력까지 갖추고 국내 소비 시장을 빠르게 잠식하고 있다. 한국 산업 기술 재단은 중저가 생활용품에서 한국과 중국 간 기술력의 차이가 점점 줄어서 2015년쯤에는 같아질 것이라고 경고했다. 중국은 이미 2007년 일본을 제치고 한국의 제1 수입국으로 떠올랐다.

중국의 성장, 한국에겐 기회일까, 위협일까?

2009년, 세계가 경제 위기의 늪에서 허우적대던 해에 중국은 8.7%의 높은 경제 성장률을 기록했고, 독일을 제치고 세계 최대의 수출국이 되었다.

1992년 한·중 수교 당시 한국의 대 중국 수출은 26억 5000달러에 불과했지만, 2010년 한국 제품은 중국 수입 시장의 약 10%를 차지하며 일본(약 13%)에 이어 2대 수입국으로 자리 잡았다. 현재 한국의 최대 무역 파트너는 중국이다. 한국은 일본을 상대로 한 무역 수지에서는 적자를 내고, 중국을 상대로 한 무역 수지에서는 흑자를 내고 있다. '중국에서 남긴 돈을 일본에 건네는 무역 구조'인 셈이다.

중국이 세계 무역 기구(WTO)에 가입한 뒤 한·중·일 3국의 교류가 활발해지면서 상호 영향력도 더욱 커지고 있다. 특히 국내 총생산(GDP) 순위에서 세계 2위가 된 중국은 미국과 함께 '주요 2개국(G2)'으로 주목을 받으며, 세계 경제·정치 지형도를 바꿀 만큼 영향력을 키우고 있다. 지난 40년간 일본이 누려 온 '세계 제2 경제 대국'이란 지위는 중국으로 넘어갔다. 이것이 우리가 중국의 경제에 주목해야 하는 이유이다.

중국은 가는 곳마다 거대한 공사장

전국에서 진행 중인 국토 개발 프로젝트

중국이 '세계의 공장'에 이어 '세계의 공사장'으로 불리는 이유는 무엇일까? 베이징 올림픽과 상하이 엑스포 등 대규모 국제 행사에 맞추어 대형 공사가 진행되었기 때문일까?

단지 그 이유 때문만은 아니다. 최근 중국은 서부 내륙 개발에 속도를 내고 있고, 낙후된 동북 3성(헤이룽장 성, 지린 성, 랴오닝 성) 개발에도 힘을 쏟고 있다. 또한 동부 지역의 성장세를 유지하기 위해 다롄–톈진–칭다오–상하이–샤먼–선전–광저우를 연결하는 포트 벨트(Port Belt)를 구축하기 위한 항만 증설 공사가 한창이다.

이처럼 광활한 국토를 개발하기 위한 다양한 프로젝트가 곳곳에서 진행되고 있어 중국 전역에서 망치질 소리가 끊이질 않고 있다. 만리장성을 진나라 시황제 때(B.C. 208) 쌓기 시작해서 1500여 년 후인 명나라 때 완성했듯이, 21세기에 새로운 중국을 건설하는 공사가 진행되고 있는 셈이다.

물의 만리장성을 쌓다

중국은 산업화와 공업화로 물 수요가 급증하여 약 3억 명에 가까운 인구가 물 부족에 시달리고 있다. 특히 황허 강 등 북부 지역과 서부 내륙에 자리한 주요 강의 수량이 해마다 줄어들어 수자원 총량이 전국의 12%에 불과하다. 중국 성부는 이 고민을 해결하기 위해 수자원의 80%를 차지하는 남부의 창장 강 물을 북부의 황허 강으로 끌어들이는 '남수북조(南水北調)' 공정을 시작했다.

중국의 수자원 관련 공사 중에 빼놓을 수 없는 것이 있다. 50여 년의 탐사 기간과 30여 년에 걸친 설계 과정, 13년의 공사 끝에 길이 700여 km, 폭 1.1km의 '거대 호수'를 탄생시킨 싼샤 댐 공사이다. 이 댐의 건설로 창장 강 유역의 고질병으로 꼽히던 홍수 문제가 해결되었고, 전력 생산과 수운을 활용한 물류 증가 등 많은 이득을 얻었다. 여기서 생산된 전기는 전력이 부족한 동부 지역에 주로 공급되는데, 이는 서쪽의 남는 전력을 동쪽으로 보내는 '서전동송(西電東送)' 공정의 일부이다.

하지만 이로 인한 부작용도 심각하다. 싼샤 댐이 완성되면서 물의 흐름이 급격히 줄어 황토와 모래가 댐 안쪽에 쌓였다. 그러자 하천의 정화 기능이 약해지고 수질 오염이 심해졌다. 심각한 안개도 문

'세계의 공사장' 중국 중국은 현재 전국 곳곳에서 국토 개발이 진행되어 건설 현장에서는 한밤중에도 망치질 소리가 끊이지 않는다.

남수북조 프로젝트 3개 노선 중국의 수자원 확보 정책인 남수북조 프로젝트(2002~2050년)는 남쪽의 풍부한 물을 북쪽의 물이 부족한 지역으로 보내는 사업이다.

제지만, 반경 20km 이내에서 기온과 강수량에 변화가 나타나고 있다. 또한 엄청난 양의 물을 가두면서 수압이 높아지고, 공사로 지형이 바뀌는 바람에 산사태와 지진도 많이 발생했다.

이런 문제들이 드러나자 중국 정부는 "우리 기술만으로 얼마든지 처리할 수 있다"고 큰소리치지만 해외 전문가들은 "싼샤 댐이 가져올 부작용은 시간이 흐를수록 커질 것"이라 경고하고 있다.

서쪽의 보물창고를 열어라!

서부와 동부를 연결하는 공정은 여기에서 끝이 아니다. 서부의 풍부한 천연가스를 상하이까지 수송

하는 '서기동수(西氣東輸)' 1기 공정이 끝나고 2009년에 2기 공정이 시작되었다.

1965년 정식으로 중국의 자치구가 되면서 티베트는 시짱 자치구로 불린다. 시짱(西藏), 곧 '서쪽의 보물창고'라는 이름처럼 지하자원이 풍부한 티베트를 개발하기 위해 중국 정부는 2001년 칭짱철도 건설 계획을 발표했다. 그러나 철도가 지나갈 고원 지대는 대부분 땅속 깊이 얼음이 얼어 있는 영구 동토층이었다. 땅속 얼음이 녹으면 순식간에 큰 구덩이가 생길 정도로 지표면이 불안정한 게 문제였다. 결국 콘크리트 다리를 놓고 그 위에 철로를 놓는 고육지책으로 하늘길을 달리는 1956km

하늘길을 달리는 칭짱 철도 칭짱 철도가 티베트를 변화시키고 있다. 라싸 인근에 사는 티베트 주민들이 철도 옆 들녘에서 휴식을 취하고 있다.

투르크메니스탄 가스전
우루무치
룬난
거얼무
란저우
시짱 자치구
시닝
베이징
라싸
시안
정저우
상하이
강토크
난창
선전

━━ 칭짱 철도
━━ 기존 철도
━━ 계획 중(중국-인도) 구간
─── 서기동수 1기
----- 서기동수 2기

0   1,000 km

중국의 '서기동수' 가스관 사업

의 칭짱 철도가 완공되었다.

중국의 『열자(列子)』라는 책에 '우공이산(愚公移山)'이란 제목의 이야기가 나온다. 우공이란 사람이 자신의 집에 드나드는 데 방해가 되는 두 개의 산을 옮긴다는 이야기이다. 그는 주변 사람들에게 비웃음을 당하면서도 "내가 못 이루면 아들이, 아들이 못하면 손자가 이을 것"이라며 산 옮기는 일을 멈추지 않았다.

현재 중국이 추진하고 있는 공정들은 바로 이 '우공이산'의 도전 정신을 닮았다. 그러나 무분별한 개발로 인해 사막화와 산성비 피해 지역이 증가하고 하천의 오염과 생태계 파괴도 심해지고 있다.

중국이 '고도 성장'의 이면에서 독버섯처럼 싹트는 환경 재앙을 너무 가볍게 여기는 것은 아닐까?

중국 경제의 대동맥은 어디인가?

중국은 영토가 넓고 지역마다 처한 상황이 복잡해 중앙 정부가 22개의 성(省)과 5개의 자치구를 통해서 국가를 관리해 왔다. 성은 중국인들의 실질적인 생활권이자 문화권의 경계이며, 한 개의 성이 웬만한 나라보다 더 크고 지역 간 차이도 엄청나다. 지도와 함께 중국의 경제 개발 방향에 대해 살펴보자.

고대 중국의 중심지는 북부 지역인 황허 강 유역

카자흐스탄

아라산커우

몽골

헤이룽장 성

지린 성

신장웨이우얼 자치구

간쑤 성

네이멍구 자치구

황 허 강

선양

허베이 성

베이징

라오닝 성

닝샤후이족
자치구

산시 성

텐진 보하이 만

다롄

칭하이 성

산시 성

산둥 성

칭다오

시짱 자치구

시안

허난 성

장쑤 성

야둥

창 장 강

쓰촨 성

청두

충칭

후베이 성

우한

허페이

안후이 성

쑤저우

난퉁

쿤산

상하이

항저우

저장 성

네팔

부탄

인도

시킴

방글라데시

미얀마

윈난 성

징훙

구이저우 성

후난 성

장시 성

푸젠 성

광둥 성

동관

광저우

선전

라오스

베트남

둥싱

광시좡족 자치구

마카오

홍콩

타이

0   500 km

경제 개발 방향

경제 중심지

주요 국경 무역

주장 삼각주 지역

중국 국경 무역과 경제 개발 방향

중국 경제의 중심 도시들

1980년대

선전 경제특구 특구 지정 후 이 지역은 저렴한 노동력을
바탕으로 세계 최대의 공업 지역으로 급성장했다.

1990년대

상하이 금융과 무역의 중심지로 탈바꿈한 상하이 푸둥
지구에 자본주의의 물결이 출렁인다.

2000년대

텐진 중국은 보하이 만 일대인 베이징과 텐진을 중심으
범수도권 개발을 본격화하고 있다.

이었다. 당시의 낮은 생산력 수준으로도 밭농사 지대는 대규모로 개발할 수 있었기 때문이다. 반면 남부 지역은 지대가 낮아 홍수가 나면 물에 잠기는 곳이 많아 농경지로 이용하기가 쉽지 않았다.

그렇다면 현대 중국의 경제 중심지는 어디일까? 1978년 중국 정부는 개방 정책을 실시하면서 가장 먼저 광둥성에 위치한 선전을 개방했다.

사회주의 중국에서 자본주의 시장경제를 도입하는 것은 큰 모험이었다. 따라서 수도 베이징과 멀리 떨어져 있으면서 화교 자본을 비롯한 외국의 자본과 기술을 유치하기 쉬운 태평양 연안의 남부 지역을 경제특구로 고려한 것이다.

당시 서구 세계의 통로 역할을 하던 홍콩과 가까운 위치인 광저우와 주장 삼각주(주장 강 어귀에 펼쳐진 충적 평야) 일대는 경제특구로 안성맞춤이었다. 특구 지정 후 이 지역은 저렴한 노동력을 바탕으로 세계적인 공업 지역으로 급성장했다.

선전이 1980년대 경제의 중심지였다면, 1990년대엔 중심지의 명성이 상하이로 옮겨 갔다. 중국 정부가 대륙과 해양을 연결하는 요충지인 상하이를 금융과 무역의 중심지로 건설한 것이다. 이에 따라 푸둥 지구는 갈대밭에서 초고층 빌딩 숲으로 놀랍게 변신했다.

그렇다면 2000년대 중국의 경제 중심지는 어디일까? 중국 정부는 한반도와 가까운 보하이 만(발해만) 일대로 결정했다. 수도인 베이징과 톈진 시를 중심으로 범수도권 개발을 본격화하겠다는 의도이다. 이미 베이징은 정치·문화의 중심지를 넘어서 현대적인 국제도시로 거듭 변신하고 있다.

내륙으로, 국경으로… 중국의 이유 있는 팽창

동부 연안 지역에 비해 낙후된 중부·서부 지역을 개발하는 '서부 대개발'이 본격화되면서 중국 내륙에 자리한 도시들이 크게 성장했다. 그중 시안-충칭-청두를 잇는 서삼각 경제권의 중심으로 시안이 주목받고 있다. 중국 고대사의 중심지가 21세기 산업 시대의 중심지로 탈바꿈하고 있는 것이다.

중국이 이렇듯 서부 내륙 개발에 공을 들이는 이유는 내수 시장을 활성화하고 내륙의 자원을 개발하려는 뜻도 있지만, 더 나아가 주변국에 대한 경제적 영향력을 확대하고 장차 유라시아 대륙 전역으로 뻗어 나가는 물류 거점을 확보하려는 의지가 담겨 있다.

한편 중국은 국경 지역의 도로 공사를 확대하면서 베트남, 카자흐스탄, 북한 등 주변국과의 국경 무역에도 힘을 쏟고 있다. 중국과 국경을 마주하는 지역의 주민들은 이미 중국산 상품을 주요 생필품으로 쓰고 있으며, 주변국들의 천연자원은 중국으로 속속 넘어오고 있다.

베트남-중국 국경에서는 베트남산 농산물과 중국산 공산물의 교역이 활발하다. 중국 상품이 넘쳐나는 카자흐스탄 접경 지역에서는 우라늄 등 지하자원이 중국으로 들어가고 있으며, 광산물이 많은 북한의 경우도 다르지 않다. 이렇듯 중국의 경제 국경은 이미 영토 국경을 넘어서 주변국의 생활 깊숙이 파고든 지 오래이다.

중국 고속 성장 이면의 어두운 그늘

"세상이 너무 불공평하다"

중국 경제의 비약적인 발전을 상징하는 마천루, 그 밑바닥에는 불평등한 사회에 대한 분노가 잠재되어 있다. 중국 정부는 "2020년까지 더불어 잘사는 샤오캉(小康, 비교적 넉넉한 생활 수준) 사회를 달성하겠다"고 말하지만 시간이 흐를수록 계층 간, 지역 간, 도·농 간 소득 격차는 더욱 벌어지고 있다.

2009년에는 100만 달러를 넘게 소유한 재벌이 31만 명이면서 하루 1달러로 사는 빈민층이 2억 400만 명에 이르렀다. 중국은 지금 '양극화'라는 홍역을 앓고 있다.

가난한 서민들이 값싼 제품을 찾으면서 중국 시장은 무분별한 '짝퉁 천국'으로 변했다. 이는 공산품뿐만 아니라 식품류로까지 번져 나갔다. 중·일 간 외교 문제로 비화되었던 중국산 '농약 만두' 사건, 전 세계를 경악케 했던 멜라민 분유 사건 등, 중국의 농산물과 식품류에 대한 세계인의 불신은 높다. 유럽 연합(EU)에서 정한 유해 화학 물질 사용 제한 규정을 가장 많이 위반한 나라도 중국이다. 중국 정부는 짝퉁의 범람과 유해 식품 문제를 개인의 범죄로 몰아가지만, 이를 '저임금과 고용 불안'으로 인한 사회적 문제로 보는 시각이 더 많다.

수도 베이징과 경제 수도 상하이, 광둥 성 광저우, 경제특구 선전 등 4곳의 1인당 국내 총생산은 1만 달러를 넘어선 데 비해 낙후된 서부 지역과 농촌 지역은 여기에 1/3도 못 미칠 만큼 지역 간 소득

중국의 도·농 간 소득 격차

도시 지역
3374

3000

2000

1623

1000
1079

499
농촌 지역

0

2005 2006 2007 2008 2009 2010 2011

1인당 연간 순소득 기준, 단위: 달러, 자료: 중국 국가통계국

양극화의 냉혹한 현실 중국 경제가 비약적으로 성장하면서 빈부의 격차는 더욱더 벌어지고 있다.

격차가 심각한 수치를 보이고 있다. 도·농 간 소득 격차 역시 3배 이상 벌어져 농민들의 박탈감이 커지고 있는데, 이는 도시로 일자리를 찾아 떠나는 농민공(농촌 출신 일용직 노동자)들이 하루가 다르게 늘어가는 원인이기도 하다.

호구 제도가 만든 도시의 유랑민, 농민공

개혁 개방 과정에서 나타난 특이한 계층이 바로 농민공이다. 중국은 1958년부터 거주 이전의 자유를 막는 호구 제도를 도입하여 농촌에 살면 농민 호구를, 도시에 살면 비농민 호구를 받게 된다. 도·농 간 격차가 커지면서 도시로 이주하고 싶어 하는 농민들이 많아졌지만 그들은 도시의 호구를 얻을 수 없다. 이들은 도시에서 일을 해도 여전히 농민 호구를 갖는데, 이런 사람을 '농민공'이라 부른다.

농민공은 주택, 의료, 교육 등 국가에서 주는 혜택을 받지 못한다. 이들은 대부분 공사장의 막일이나 인력거꾼, 파출부 등 힘든 업종에 종사하며, 실업과 임금 체불, 산업 재해와 직업병 등에 고스란히 노출되어 있다. 그럼에도 농민공들은 지속적으로 늘어나 2012년 말에 2억 6261만 명에 이르렀다.

최근 농민공들 사이에서도 변화의 바람이 불고 있다. '바링허우(1980년대 이후 태어난 신세대) 농민공'들이 과거와 같은 장시간 저임금 노동을 거부하며 자신들의 목소리를 내기 시작한 것이다.

'2등 시민' 취급을 받으면서도 돈을 벌어 농촌으로 보내는 농민공. 그들이 일을 하지 않으면 농촌의 소비가 줄고, 이는 전체 내수 시장의 축소로 이어진다. 이런 상황을 인식한 중국 정부는 현재 농민공들이 처한 문제를 해결하기 위해 고심하고 있다.

거리에서 허기를 채우는 농민공 인부들 도시로 몰려온 농민공들에게 지금은 공사장 인부 일자리도 하늘의 별따기이다.

선택과 집중으로 첨단 · 문화 산업을 키우는 일본

1960~1970년대 균형 개발 정책의 실패

2차 세계 대전으로 패망한 일본의 경제를 살린 것은 1950년에 일어난 한국 전쟁이었다. 그 동력을 발판 삼아 일본은 1960~1970년대 고도 성장기에 올라섰다. 자동차, 전자 산업 등 제조업을 중심으로 수출 호황을 이루면서 단박에 세계 2위의 경제 대국이 되었다. 그러나 그 과정에서 일본의 국토는 균형적으로 발전했을까? 결과적으로는 그렇지 않다.

물론 경제 발전을 추진하면서 일본 정부는 일관되게 국토 균형 발전을 추구해 왔다. 대도시로의 인구 집중을 막기 위해 1959년 수도권에 공장과 대학 개발을 규제하는 법안을 만든 것이 한 예이다.

그리고 1960년 일본 정부는 향후 10년간 소득을 2배로 높이겠다며 기존의 4대 공업 지대인 게이힌 · 주쿄 · 한신 · 기타큐슈뿐 아니라 태평양 연안 전체 지역을 개발하는 '태평양 벨트'를 추진하겠다고 발표했다. 그러자 1년 만에 이 지역 땅값이 42.5%나 뛰어올랐다. 이후 태평양 연안 도시들을 연결하기 위해 고속 철도가 구상되었고, 1964년 세계 최초의 고속 철도인 도카이도 신칸센(도쿄-신오사카)이 성공적으로 개통되었다.

1964년 개통된 세계 최초의 고속 철도, 도카이도 신칸센

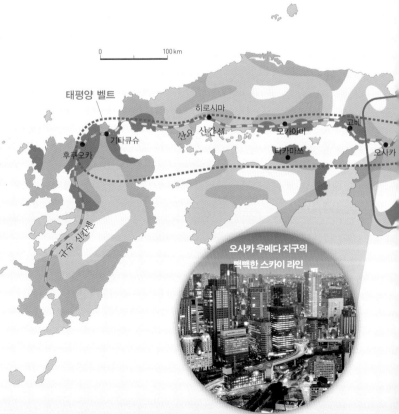

오사카 우메다 지구의 빽빽한 스카이 라인

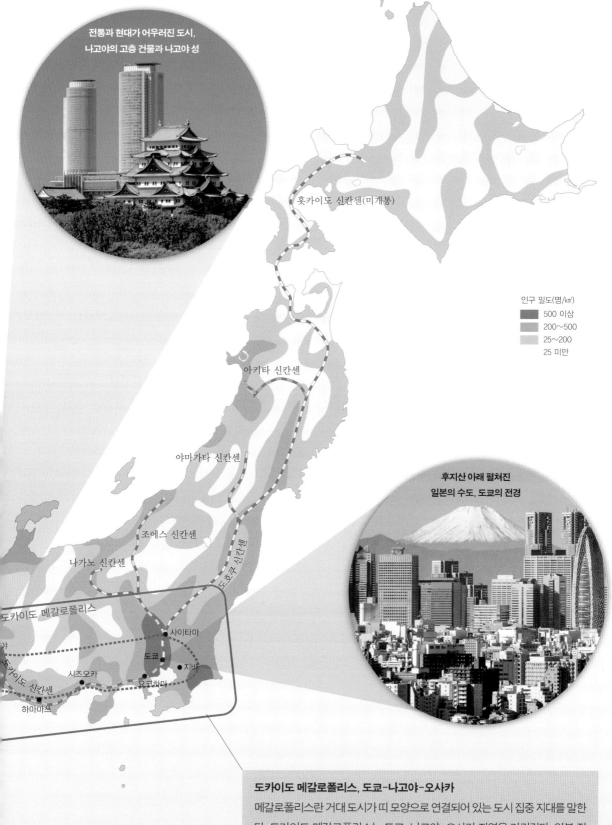

전통과 현대가 어우러진 도시,
나고야의 고층 건물과 나고야 성

홋카이도 신칸센(미개통)

인구 밀도(명/km²)
- 500 이상
- 200~500
- 25~200
- 25 미만

아키타 신칸센

야마가타 신칸센

조에스 신칸센

나가노 신칸센

도호쿠 신칸센

후지산 아래 펼쳐진
일본의 수도, 도쿄의 전경

도카이도 메갈로폴리스

사이타마

도쿄

지바

시즈오카

요코하마

도카이도 신칸센

하마마쓰

도카이도 메갈로폴리스, 도쿄-나고야-오사카
메갈로폴리스란 거대 도시가 띠 모양으로 연결되어 있는 도시 집중 지대를 말한
다. 도카이도 메갈로폴리스는 도쿄-나고야-오사카 지역을 가리킨다. 일본 전
체에 고속도로와 신칸센을 놓아 태평양 벨트 지대에 집중된 인구와 시설을 지방
으로 분산하려던 일본의 구상은 실패로 끝났다.

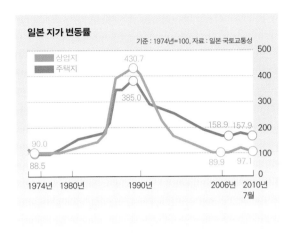

일본 지가 변동률

기준 : 1974년=100, 자료 : 일본 국토교통성

- 상업지
- 주택지

430.7
385.0
158.9 157.9
90.0
88.5
89.9 97.1

1974년 1980년 1990년 2006년 2010년 7월

일본 국가 채무 추이

단위 : 엔, 자료 : 일본 재무성

904조
772억
838조
50억
813조
1830억
871조
5104억
670조
1212억
582조
4556억

2001년 2003년 2005년 2007년 2009년 2010년
12월 말 12월 말 12월 말 12월 말 12월 말 6월 말

또 1972년 일본 정부는 도쿄, 나고야 등 태평양 벨트 지대에 집중된 개발을 낙후 지역으로 이전하겠다는 '일본 열도 개조론'을 폈다. 이는 일본 전체에 고속도로와 신칸센을 놓고, 인구와 산업을 지방으로 분산시켜 국토를 균형적으로 이용한다는 구상이었다.

그러나 정부의 개발 계획에 거론된 지방의 땅값이 오르면서 전국의 땅값이 연달아 급등하는 부작용을 낳고 말았다. 게다가 서비스 산업인 금융업이 도쿄로 집중되면서 일본 정부가 야심차게 추진한 경제의 지방 분산은 실패했다.

'뻥' 터져 버린 부동산 거품과 사상 최고의 나랏빚

1980년대 초 일본의 무역 흑자가 급증하자 미국이 발끈하고 나섰다. 1985년 9월, 선진 5개국(미국·영국·독일·일본·프랑스)의 재무 장관들이 미국 뉴욕에 있는 플라자 호텔에 모여 환율에 관한 합의를 했는데, 이것이 일명 '플라자 합의'이다.

이후 일본은 사상 최대의 엔고 현상(엔화의 가치가 높아지는 현상)을 겪으면서 수출은 줄고 수입이 늘어나기 시작했다. 일본 정부가 위기에 처한 수출 업계를 구제하기 위해 저금리 정책을 펴자 막대한 자금이 주식과 부동산 시장으로 몰려들었고, 도쿄·오사카·삿포로·나고야 등의 땅값이 200~900%나 뛰어올랐다. 1991년에는 도쿄 23구의 땅값을 합치면 미국 본토 전체를 사고도 남을 정도였다.

그렇게 한없이 부풀어 오르던 거품은 결국 정점에서 터지고 말았다. 10년 새 집값이 평균 60%나 하락했고, 갑자기 터져 버린 거품 경제의 후유증을 치유하는 데만 10년이란 세월이 필요했다.

현재 일본이 안고 있는 가장 큰 문제는 국가 부채이다. 일본의 부채는 계속 늘어 2010년에는 900조 엔, 우리나라 돈으로 1경 2400조 원을 넘어섰다. 이는 일본 국내 총생산의 218%에 달하는 돈으로, 일본 국민 1인당 약 9000만 원의 빚을 지고 있는 셈이다. 일본은 왜 이렇게 큰 빚을 졌을까?

거품 경제 붕괴 후 일본 정부는 대형 토목 공사 등 각종 경기 부양책을 쏟아 내며 막대한 재정을 투입했다. 또한 고령 인구가 늘어나 사회 복지에도 지출이 증가했다. 세입은 줄고 세출은 늘어나니 국채(국가에서 세입 부족을 보충하기 위해 발행하는 채권)를 발행해 그 빚으로 나라 살림을 꾸려 온 것이다.

일본이 풀어야 할 또 하나의 문제는 심각한 고용 불안이다. 2008년 현재 전체 노동력의 34%가 비정규직이며, 아무리 일해도 가난을 벗어날 수 없는 '워킹 푸어(일하는 빈곤층)' 봉급 생활자도 1000만 명을 넘었다. 이렇다 보니 고도 성장기에 경제 활동을 한 노인들에 비해 현재 일본 젊은이들은 앞날에 대한 불안감이 더욱 크다.

일본의 저력, 부품·소재 산업과 로봇 산업

'일본' 하면 자동차, 반도체, 닌텐도 같은 상품들이 떠오른다. 자원이 부족한 일본은 동력 자원과 원자재를 수입해 이처럼 기술 집약적 상품을 만들어 수

일본에서 개발한 로봇 '아시모' 2000년 일본 혼다사가 14년간의 연구 끝에 내놓은 세계 최초의 휴머노이드 로봇. 인간처럼 걷고, 달리고, 물체를 인식할 수 있다. 최근에는 사람의 조작 없이도 인간의 의사를 판단해 반응할 수 있는 기능을 갖추는 등 계속 진화하고 있다.

백댄서와 춤추는 휴머노이드 로봇 2010년 일본 도쿄에서 열린 디지털 콘텐츠 엑스포에서 로봇 'HRP-4C'가 백댄서들과 멋진 공연을 선보이고 있다.

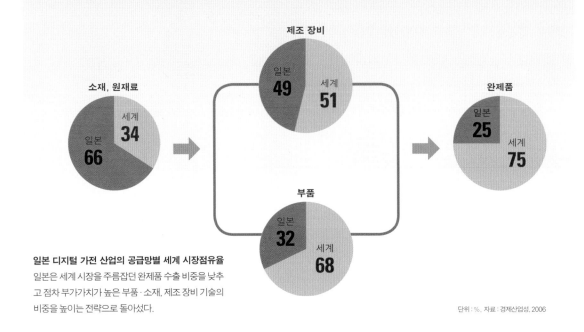

일본 디지털 가전 산업의 공급망별 세계 시장점유율
일본은 세계 시장을 주름잡던 완제품 수출 비중을 낮추
고 점차 부가가치가 높은 부품·소재, 제조 장비 기술의
비중을 높이는 전략으로 돌아섰다.

단위 : %, 자료 : 경제산업성, 2006

출해 온 '가공 무역'의 강국이다.

하지만 1980년대까지 세계 시장을 석권했던 일
본 제품들이 최근 들어 고전을 면치 못하고 있다.
대표적인 사례가 2010년 도요타 자동차 리콜 사태
이다. 이를 두고 한편에서는 '일본 쇠퇴론'을 말하
지만 섣부른 판단이라는 반론도 만만치 않다. 일본
의 전략, 그들의 저력을 모르고 하는 소리라는 것
이다.

1990년대 경기 침체라는 어두운 터널을 뚫고 나
온 일본은 21세기로 들어서며 '선택과 집중'이라
는 구호를 전면에 내걸있다.

일본 기업들은 과거 경제 성장의 주축이었던 가
공 무역의 완제품에 대한 미련을 버리고, 부가가치
가 높은 부품·소재 산업에 주력하고 있다. 가공 조
립 부문은 인건비가 저렴한 중국이나 동남아 국가

로 넘기고 고부가가치의 부품·소재, 기계 장비 기
술을 확보하는 전략으로 돌아선 것이다. 한국과 타
이완이 아무리 많은 완제품을 팔아도 일본과의 무
역에서 적자를 보게 되는 이유도 여기에 있다.

일본의 21세기 5대 전략 산업 중 가장 눈에 띄는
것은 로봇 산업이다. 현재 세계 공장에서 가동 중
인 산업용 로봇의 약 60%가 일본산이다.

일본은 외로운 남자들을 위한 여성 휴머노이드
로봇, 노인들의 뇌 건강을 위해 말상대가 되어 주
는 로봇, 장애인 보조 로봇, 심지어 초밥 만드는 로
봇까지 개발했고, 애완용 로봇이나 인명 구조 로
봇, 수족관 청소 로봇 등 앞으로 개발할 아이템도
무궁무진하다. 경제 전문가들 사이에서 미래의 제
조업 역시 일본이 이끌고 나갈 것이라는 전망이 나
오는 것은 바로 이런 이유 때문이다.

세계에서 사랑받는 일본의 애니메이션

일본은 '만화의 왕국'이다. 한 해 출판되는 책 가운데 3분의 1이 만화책일 정도이다. 『은하철도 999』, 『마징가 Z』, 『건담』, 『케로로 중사』, 『드래곤 볼』, 『명탐정 코난』, 『유희왕』, 『원피스』 등 우리에게도 익숙한 만화들이 넘쳐난다.

일본 정부는 경제 부처에 콘텐츠 산업 전담 부서를 만들고 '국제 만화상'을 제정하는 등 대중문화 산업에 대한 지원을 아끼지 않는다. 그 결과 현재 일본 만화는 세계 만화 시장의 60%를 차지하고 있다.

일본 최초의 TV 애니메이션은 1960년에 방영된 〈무쇠 팔 아톰〉이다. 이 작품은 우리나라에 〈우주 소년 아톰〉이라는 제목으로 소개되어 큰 인기를 누렸다. 주인공 아톰은 일본의 로봇 산업에도 큰 영향을 미쳤다. 일본에서 개발된 인간형 로봇들은 인간에게 협조적이고 착한 이미지를 갖고 있는데, 이런 흐름은 아톰 캐릭터와 비슷하다. 로봇으로서 할 일을 척척 해내면서도 웃음을 잃지 않는 아톰의 모습은 2차 세계 대전 후 실의에 빠져 있던 수많은 일본 사람들에게 희망을 심어 주었고, 만화 산업의 성공 가능성을 보여 주었다.

일본 만화는 소재가 다양하고 표현 방식이 자유롭다. 연애나 학교 생활부터 요리, 바둑, 스포츠 같은 전문적인 소재까지 만화로 그려져 일본에서는 아이들뿐 아니라 어른들도 만화를 즐겨 읽는다. 대표적으로 초밥을 소재로 한 『미스터 초밥왕』은 우리나라에도 번역 출간되었고, 카드 게임을 소재로 한 『유희왕』은 TV 만화로도 제작되어 큰 인기를 누렸다.

이처럼 일본 만화는 TV 만화, 극장 애니메이션, 게임, 캐릭터 상품 등 다양한 형태로 확대, 발전해 나가는 성공적인 문화 산업으로 정착했다. 세계 어린이와 청소년들이 처음엔 일본 만화에 빠져들다가 점차 일본 문화에 호감을 갖게 되었고, 나중엔 국가 이미지도 좋아졌다는 국제 여론 조사 결과는 의미하는 바가 크다.

3 동아시아 사람들의 공존과 갈등

동아시아 지역은 21세기 세계 경제와 정치의 새로운 중심지로 떠오르고 있다. 그러나 중국의 소수 민족 문제, 남북한의 갈등, 일본의 해상 영토 분쟁 등이 실타래처럼 얽혀 있어 건강한 공존에 걸림돌이 되고 있다. 이러한 갈등을 딛고 동아시아가 나아갈 미래는 어떤 모습일까?

랴오닝 성
만주족(1068만 명)

네이멍구 자치구
몽골족(581만 명)

신장웨이우얼 자치구
위구르족(840만 명)

옌볜조선족 자치주
조선족(192만 명)

닝샤후이족 자치구
후이족(982만 명)

언스투자족 자치주
투자족(803만 명)

시짱 자치구
티베트족(542만 명)

구이저우 성 먀오족 자치주
먀오족(894만 명)

광시좡족 자치구
좡족(1618만 명)

0   500 km

2010년 기준, 자료 : 중국 통계 연감

중국의 주요 소수 민족 인구 현황

먼바족

투자족

위구르족

마주족

소수 민족과 한족의 평화 속 공존, 그 속사정은?

중국 사회 '문화 모자이크'의 원동력

중국은 56개의 민족이 모여 사는 다민족 국가이다. 그중 가장 큰 비중을 차지하는 민족은 단연 한족(漢族)으로, 2010년 기준 전체 인구의 91.5%나 된다. 한(漢)이라는 이름은 기원전 206년 중국을 통일하여 400년 동안 지속되었던 한나라에서 유래한다.

중국은 다수인 한족을 중심으로 55개의 소수 민족이 하나의 국가로 통합되어 있다. 중국의 소수 민족은 전체 인구의 8.5% 정도인 1억여 명에 불과하지만, 거주 지역은 중국 영토의 약 64%에 걸쳐 있다.

중국의 소수 민족들은 한족에 동화되지 않고 자신들만의 고유한 종교, 언어, 관습을 지키며 살아간다. 이들은 한족에 견주어도 결코 손색이 없는 문화와 전통을 갖고 있으며, 이로 인해 만들어진 중국 사회의 '문화 모자이크'는 외국인들에게 매우 흥미로운 관광의 대상이다.

소수 민족의 정체성과 자연환경

한족은 오랫동안 거대한 중국 대륙의 중심지 역할을 해 온 베이징과 황허·창장·주장 강 유역의 곡창 지대, 동남부 해안 지대에 주로 살고 있다.

이에 비해 소수 민족은 산간이나 사막, 초원 지대에 넓게 분포한다. 지리적으로 고립된 산간 지대, 또 유목의 전통을 지켜온 사막과 초원 지대에서는 여러 소수 민족들이 한족과는 다른 전통을 유지하고 계승할 수 있었다. 오랜 세월 자신들만의 민족 정체성을 유지할 수 있도록 자연환경이 든든한 방패 역할을 해 주었기 때문이다.

또한 중국의 소수 민족은 대체로 변방 지역에 자리 잡고 있다. 중심 지역으로부터 멀어질수록 중국 문화권의 영향력이 약해져 한족의 문화에 동화되지 않을 수 있었다.

야오족

티베트족

한편 변방은 중심 문화와 주변 문화의 점이지대이기도 하다. 따라서 중국 변방의 소수 민족 가운데 일부는 건조 문화권, 동남아시아 문화권에 더 가까운 문화적 특성을 보이기도 한다.

한족의 소수 민족 동화 정책

중국 정부는 소수 민족 중 민족 정체성이 강하고 인구 규모가 큰 민족의 거주 지역을 자치구로 지정했다. 곧 네이멍구 자치구의 몽골족, 신장웨이우얼 자치구의 위구르족, 광시좡족 자치구의 좡족, 닝샤후이족 자치구의 후이족, 시짱 자치구의 티베트족, 이렇게 다섯 민족의 자치권을 인정하고 있다.

또한 헌법에 소수 민족이 다수를 차지하는 모든 지역에서 그들의 자치를 보장하고, 고유의 언어와 문자를 사용하도록 하며, 문화와 풍습을 유지·발전시킬 수 있도록 한다고 명시했다.

이렇듯 겉으로만 보면 중국은 소수 민족과 한족이 평화 속 공존을 유지하는 것처럼 보인다. 하지만 1949년 중화 인민 공화국이 세워진 이래 소수 민족의 독립 운동과 중국 정부의 탄압이 수없이 반복되고 있다.

소수 민족 문제가 걷잡을 수 없이 커진 가장 큰 원인은 중국 정부의 소수 민족 동화 정책이다. 중국 정부는 헌법에 명시한 것과는 달리 한족에 의한 자치구 통치 정책을 꾸준히 시행해 왔다. 특히 소수 민족 자치구로 한족을 이주시켜 이들에게 경제적 특혜를 주어 소수 민족과 한족 간의 문화적·심리적 충돌을 부추긴다는 의심마저 받고 있다.

소수 민족과 한족의 풀리지 않는 갈등 2009년 7월 중국 군인들이 신장웨이우얼 자치구의 중심 도시 우루무치에서 위구르족의 분리 독립 시위로 인한 무력 충돌에 대비하고 있다. 위구르족은 그동안 소수 민족 탄압을 겪어 오며 분리 독립을 계속 요구해 왔다.

중국의 화약고가 된 시짱 · 신장웨이우얼 자치구

라싸와 우루무치에서 일어난 유혈 사태

2008년 3월, 시짱 자치구의 중심 도시인 라싸에서는 티베트의 분리를 요구하며 대규모 시위가 일어났다. 중국 정부는 이 시위를 불법으로 규정하고 강제 진압해 130여 명의 사망자와 1000여 명의 부상자 등 최악의 사상자를 냈다.

시짱 자치구가 중국 제1의 화약고라면, 제2의 화약고는 신장웨이우얼 자치구이다. 2009년 7월, 신장웨이우얼 자치구의 중심 도시 우루무치에서도 한족과 위구르족 간의 갈등으로 빚어진 시위를 중국 정부가 무력으로 진압하여 140여 명의 사망자와 800여 명의 부상자가 발생했다.

두 자치구에서 일어난 대규모 유혈 사태는 자치구 안에서 한족과 소수 민족 간 갈등의 뿌리가 깊고, 한족의 소수 민족에 대한 차별이 매우 심각한 상황임을 보여준다.

티베트족과 위구르족은 각각 오랜 역사적 전통을 지닌 민족들이다. 두 민족은 고유의 종교와 언어는 달라도 최근의 시위에서 같은 구호가 등장하고 있다. "우리는 중국 정부로부터 독립을 원한다!"

사막의 독립국을 꿈꾸는 위구르족

위구르족은 동투르키스탄 지역에 거주하는 터키계 무슬림(이슬람교를 믿는 사람)들이다. 이들이

"우리는 독립을 원한다!" 2008년 라싸의 시위를 중국 정부가 강경 진압하자 이에 항의하여 다수의 티베트 사람들이 워싱턴의 중국 대사관 앞에 모여 시위를 벌이고 있다.

티베트의 정치와 종교의 중심지인 포탈라 궁

살고 있는 지역은 실크로드가 통과하던 곳으로, 중국의 모든 왕조가 '서역'이라고 부르던 바로 그곳이다. 타커라마간 사막이 자리 잡고 있는 이 지역은 동양과 서양의 관문에 위치하며, 예로부터 상업이 발달했다.

이 지역은 13세기 몽골에 정복당한 이후 티무르 제국, 청에 의해 차례로 지배를 받았다. 청이 붕괴한 뒤 신장은 군사력을 기반으로 실질적인 권력을 행사하는 군벌의 지배 아래 놓였다가 1949년 중국 공산당의 통치를 받았으며, 1955년 신장웨이우얼 자치구가 되었다.

위구르족은 20세기에 들어 자신들의 고유한 민족성을 자각하기 시작했고, 본격적인 독립 운동을 전개했다. 독일 뮌헨에 본부를 두고 세계 각국의 위구르 조직을 연결하고 이끌어 나가는 세계 위구르 회의(WUC)와, 미국 워싱턴에 있는 동투르키스탄 망명 정부가 이들의 대표적인 독립 운동 단체이다.

한편 중국 정부는 한족 이주 정책과 전통 문화의 파괴를 통해 이들의 민족의식과 정체성을 희석시키는 데 주력해 왔다. 특히 이 지역에 많은 양의 석유와 천연가스가 매장되어 있다는 것이 확인되면서부터는 위구르족의 움직임에 더욱 강경하게 대응하고 있다.

위구르족의 분리 독립 운동은 그동안 반복해 온 무력 시위가 테러로 비쳐져 국제적인 지지를 받지 못하고 있다. 게다가 주변 이슬람 국가들까지 중국 정부의 경제적 압력을 의식해서 위구르족의 입장을 적극적으로 지지하지 않는다.

티베트의 14대 달라이 라마 텐진 갸초

최근 신장웨이우얼 자치구는 중국 정부의 자원 개발과 실크로드 부활 사업 추진으로 인해 다시 한번 큰 변화를 겪고 있다.

달라이 라마를 중심으로 결속하는 티베트족

티베트 불교를 신봉하는 티베트족은 종교적 결속력과 민족적 동질성이 아주 강하다. 과거 청 왕조 통치기에는 자신들의 정신적 지도자인 달라이 라마를 군주로 섬기면서 형식적으로만 청의 지배를 받았다.

청 왕조가 붕괴한 19세기 말 이후부터 줄곧 독립을 시도했지만, 열강들의 이권 다툼에 휘말려 좌절되었다. 결국 2차 세계 대전 후 중국 공산당에 점령되었다가 1951년 중국의 자치구로 편입된 것이다.

중국 정부의 압박이 거세지자, 티베트의 정신적 지도자인 14대 달라이 라마 텐진 갸초는 1959년 인도의 다람살라에 망명 정부를 세우고 현재까지 독립 운동을 계속하고 있다. 티베트의 평화적인 독립 운동을 지휘한 공로로 1989년엔 노벨 평화상을 수상하기도 했다. 티베트의 자유에 대한 서양의 관심과 지지는 지금도 계속 확산되고 있다.

티베트 망명 정부는 독립이 아니면 완전한 자치를 달라고 요구하고 있으나 중국 정부는 이에 응하지 않고 있다. 티베트의 요구를 들어줄 경우 나머지 55개 소수 민족에 대응하기 어렵다는 점이 협상을 더욱 어렵게 만들고 있다. 티베트와 중국 정부의 첨예한 인식 차이가 좁혀지지 않는 한 앞으로도 이 지역의 분쟁과 갈등은 지속될 수밖에 없다.

'하나의 중국'을 위한 일국양제, 타이완의 입장은?

같은 나라 안에 다른 체제를 인정하는 일국양제

2010년 광저우 아시안 게임이 한창이던 무렵, 메달 순위 표를 보던 많은 사람들이 고개를 갸우뚱하며 이런 의문을 품었다. '왜 중국의 특별 행정구인 홍콩과 마카오는 중국에 속하지 않고 메달을 따로 집계할까?'

그 이유는 중국의 일국양제 정책 때문이었다. '일국양제'는 한 나라 안에 두 개의 체제를 허용한다는 뜻으로, 중국에 통일된 영토들이 외교·국방을 제외하고는 기존 체제를 그대로 유지하는 통일 방식을 말한다. 중국의 개혁·개방을 이끈 덩샤오핑이 구상한 개념이다.

일국양제는 1980년대 경제 개방 정책을 추진하면서 선전 경제특구 건설에 처음 적용되었다. 일국양제가 본격적으로 적용된 것은 1997년 영국으로부터 홍콩을 반환받고 1999년 포르투갈로부터 마카오를 반환받을 때였다. 중국은 두 곳에서 기존의 정치·경제·사회 체제를 유지하고 50년간 홍콩인, 마카오인에 의한 통치를 보장하기로 약속했다.

최근 중국 광동 성과 홍콩, 마카오 정부가 6개 도시 간 협력을 통해 주장 삼각주를 2시간 내에 도달 가능한 단일 생활권으로 묶어 경제·문화·관광 허브로 만들겠다고 밝혔다. 홍콩과 선전은 금융과 물류·무역을 맡고, 광저우와 포산은 공업, 마카오와 주하이는 관광·투자 유치를 맡는 등, 역할 분담과 협력을 통해 지역 성장을 주도하겠다는 것이다.

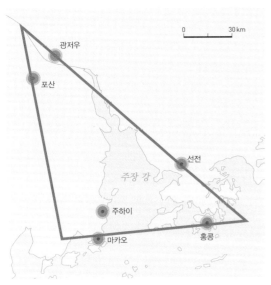

주장 삼각주 지역 중국 광동 성과 홍콩, 마카오 정부는 6개 도시 간 협력을 통해 주장 삼각주에 경제·문화·관광 허브를 만들기로 했다.

중국·타이완의 경제 협력 기본 협정(ECFA) 체결 2010년 6월 29일 중국 충칭에서 중국과 타이완의 경제 협력 기본 협정이 체결되었다.

홍콩과 마카오에 일국양제를 허용하겠다는 중국 정부의 발상은 타이완(대만) 통일을 염두에 둔 것이었다. 홍콩, 마카오에서 성공하면 이후 타이완에도 영향을 미칠 것이기 때문이다.

홍콩과 마카오 반환 후 10여 년이 지나고 나서 일국양제식 통일에 대한 반응은 대체로 긍정적이다. 홍콩과 마카오는 반환 후 중국 경제에 급속히 예속되었지만 정치적 민주주의 체제는 보장받았다. 그러나 일부에서는 정치적 독립까지 보장받아야 한다는 주장도 일고 있다.

타이완, 일국양제식 통일은 'No!'

중국의 일국양제식 통일 정책에 대해 타이완은 반대 입장을 분명히 하고 있다. 과거 냉전 시대에 타이완(당시 자유중국)은 자신들이 공산화된 대륙을 통일시키겠다는 강경한 입장이었다. 그러나 중국이 강성해지면서 타이완은 안전한 독립을 추구하는 소극적 입장으로 바뀌었다.

2010년 타이완에서는 경제 협력 기본 협정(ECFA)을 두고 논란이 일었다. 중국과 타이완 사이에 체결된 경제 협력 기본 협정은 자유 무역 협정(FTA)보다 진전된 내용으로, 두 나라의 경제 관계가 긴밀해질 것을 예고하는 일이었다.

이에 대해 중국과의 협력을 바탕으로 타이완의 경제를 발전시켜야 한다는 주장이 있는 반면, 경제적으로 중국에 예속되고 주권이 상실될 것을 우려하여 협정을 철회해야 한다는 목소리도 높았다.

2013년 중국과 타이완은 제조업에 집중되었던 기존의 경제 협력을 서비스업까지 확대하며 관계를 진전시키고 있다.

타이완에서 벌어진 경제 협력 기본 협정 반대 시위 2010년 6월 26일 수만 명이 참가한 시위대는 중국과 기본 협정 체결 시 타이완의 주권과 경제력이 약화될 것이라며 반대의 목소리를 높였다.

사회주의 자립 경제 노선의 돌파구를 찾는 북한

북한은 왜 위험한 핵 실험을 강행할까?

북한이 2006년 10월 1차 핵 실험에 이어 2009년 5월에 2차 핵 실험을 강행하자 한반도를 비롯한 동아시아 전체가 초긴장 상태에 빠졌다. 북한은 국제 사회의 경고와 압력에도 불구하고 왜 이렇게 위험한 핵 실험이라는 초강수를 두었을까?

북한은 소말리아, 차드, 수단 등 아프리카 최빈국 다음으로 경제가 어려운 나라이다. 1970년대까지만 해도 북한의 경제는 그다지 나쁘지 않았다. 하지만 북한이 사회주의 자립 경제 노선을 고수하면서 어려움이 커져 갔다. 석유를 국제 시세의 절반에 공급해 주던 소련은 1991년 붕괴되었고, 기후 변화로 홍수가 잦아지면서 무리하게 개간한 산지들이 무너져 식량난의 악순환까지 겪고 있다.

북한은 "자주권과 생존권을 지키기 위해 핵무기를 보유한다"고 말한다. 다시 말해 사회주의 체제를 유지하면서 식량난, 자원난을 극복하기 위한 수단의 하나로 핵무기를 이용한다는 것이다. 북한은 자신들의 체제를 보장받기 위해 미국을 상대로 힘겨운 씨름을 하는 중이다. 미국이 불량 국가로 취급하는 북한이 핵무기와 미사일 기술을 제3 세계에 팔 경우 세계의 안보 체계가 순식간에 무너질 수도 있다.

남한, 일본과 친하지 않은 북한의 선택

북한을 바라보는 일본 사람들의 시선은 곱지 않다. 1970~1980년대 일본인 납치 사건 등으로 북한에 대한 혐오감이 남다르기 때문이다. 이로 인해 일본

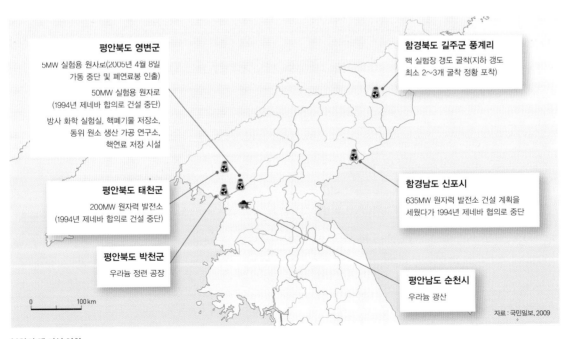

북한의 핵 시설 현황

에 살고 있는 조선인 학교 아이들이나 재일 교포들이 겪는 어려움도 적지 않다. 특히 일본 극우 단체들은 때때로 군국주의의 상징인 욱일승천기를 들고서 조선인 학교를 찾아가 난동을 벌이기도 한다.

북한은 민족의 반쪽인 남한과도 사이가 좋지 않다. 2000년대 들어서 금강산 관광과 개성 공단, 경의선·동해선 철도 연결 등 관계가 좋아지는 듯했다. 그러나 정치적인 이유로 경제 협력이 지지부진하거나 중단되면서 사이가 냉랭해졌다.

북한은 남한과의 교류를 통해 벌어들인 돈으로 값싼 중국산 소비재와 생산 설비를 구매해 왔다. 이 때문에 남북 관계가 어려워지면 경제적 타격이 클 수밖에 없다. 결국 북한이 기댈 수 있는 나라는 오랫동안 동맹 관계를 유지해 온 중국밖에 없다.

남북 관계가 중단된 이후 북한은 중국과의 경제 협력을 더욱 적극적으로 추진하고 있다. 신의주와 단둥을 잇는 신압록강 대교를 건설하고 훈춘-나진 도로를 건설하는 등, 최근 중국과 맞닿은 북한 지역 개발이 속도를 내고 있다. 북·중 무역도 급증하면서 2011년 북한의 대외 무역에서 중국이 차지하는 비중은 83%에 이르는 반면, 두 번째 대외 무역국인 러시아와의 무역 비중은 2.6%에 불과하다.

더 나아가 북한은 중국에 북한 전역의 지하자원 탐사 독점권을 주기로 합의했고, 중국은 직접 북한 땅을 탐사한 후 그 결과인 '지하자원 지도'를 북한에 제공하기로 약속했다. 중국은 지도 제공에 그치지 않고 자원 개발권까지 독점할 것으로 예상되고 있어, 이대로 가다간 북한이 중국에 경제적으로 예속되는 것은 아닌가 하는 우려를 낳고 있다.

두터워지는 북·중 관계 2012년 8월 2일 중국 왕자루이 당 대외 연락부장이 북한의 김정은 국방위원회 제1위원장을 방문해 건배하고 있다.

일본 속 재일 교포들의 삶을 공감해 보자!

자이니치(재일 교포) 4세 승기의 이야기

안녕? 내 이름은 이승기야. 일본 홋카이도에서 살고 있고, 나이는 열일곱 살. 한국 가요나 예능 프로그램을 좋아해서 요샌 '무한도전'을 매주 다운받아 보고 있어. 아버지는 조선(북한) 국적을, 어머니는 한국 국적을 가지고 계시는데, 난 아버지를 따라 조선 국적을 가지게 되었어.

난 홋카이도 조선 학교 고급 1학년이고, 우리 학교 축구팀의 스트라이커야. 내가 존경하는 축구 선수는 정대세야. 나도 정대세 선수처럼 북한의 국가 대표가 되고, 세계의 유명한 축구 클럽에서 뛰고 싶어. 하지만 조선 학교, 조선 대학을 나온 정대세 선수가 그 자리에 오르기까지 얼마나 고초를 겪었는지 잘 알고 있기에 결코 쉽지 않다는 걸 알아.

2010년 남아공 월드컵 북한-브라질 전에서 북한 국가가 울려 퍼질 때 정대세 선수가 펑펑 울었지. 그때 나도 그 모습을 보고 따라 울었어. 온갖 고초와 차별 속에서 귀화하지 않고 조선 학교를 다니며 국가 대표로서 큰 무대에 서게 된 정대세 선수의 마음을 잘 알 것 같아서⋯⋯.

일본에서 조선 국적을 유지하는 건 정말 힘든 일이야. 차별과 우익 단체의 위협에 시달리는 건 물론이고 사회에서 성공하기도 너무 힘이 드니까. 그래서 많은 재일 교포들이 국적을 포기하고 일본에 귀화하기도 해.

난 일본에 귀화하고 싶지 않아. 국적 때문에 고민하는 일은 정말 그만하고 싶지만 어쩔 수 없는 일이겠지. 한국에 가면 북한 사람, 북한에 가면 일본 사람, 일본에서는 조선 사람으로 생각되는 게 우리 자이니치들의 운명이야. 난 도대체 어디에 속해서 살아야 할까?

2010년 남아공 월드컵에서 북한 국가를 들으며 울고 있는 정대세 선수

조선 학교의 모습을 담은 독립 다큐멘터리 〈우리 학교〉의 한 장면

해상 영토 분쟁으로 되살아나는 일본 제국주의

태평양의 암초 위에서 '내 땅'을 외치다

오키노토리는 일본의 수도인 도쿄에서 남서쪽으로 1740km나 떨어진 태평양의 암초이다. 크기는 어른 10명이 겨우 올라설 수 있을 만큼 작다. 일본 영토로부터 멀리 떨어진 이 작은 암초를 일본은 섬이라고 우기며 배타적 경제수역(EEZ)●의 기점으로 삼겠다고 주장하고 있다. 그 이유는 무엇일까?

지금까지 일본이 자국의 영해나 마찬가지로 자유롭게 이용하던 서태평양에 중국이 진출해 오면서 앞으로 자유로운 해양 활동이 방해받을 것을 우려하고 있는 것이다. 오키노토리가 섬으로 인정받으면 일본이 이 섬과 본토 사이의 해역을 차지할 수 있다. 그 넓이가 일본의 본토 면적보다 더 넓다.

1982년 체결된 '유엔 해양법 협약'에서는 사람들이 살고 있거나 그 안에서 경제 활동이 가능해야만 섬으로 인정하고 배타적 경제수역을 설정할 수 있다고 본다. 일본은 이 조건을 충족하기 위해 1988년부터 300억 엔(약 3000억 원)을 들여서 이

● **배타적 경제수역(EEZ)**
어떤 나라의 연안으로부터 200해리까지로, 그곳과 맞닿아 있는 국가가 어업 및 광물 자원 등에 대한 모든 경제적 권리를 가지게 된다.

1 오키노토리 일본이 국토 최남단이라고 우기는 오키노토리는 해상 암초에 콘크리트를 부어 헬기 착륙이 가능하게 만든 지름 50m, 높이 3m의 인공 섬이다.

2 배타적 경제수역 확보에 발 벗고 나선 일본 2005년 5월 이시하라 신타로 도쿄 도지사가 오키노토리를 방문해 일장기를 흔들고 있다.

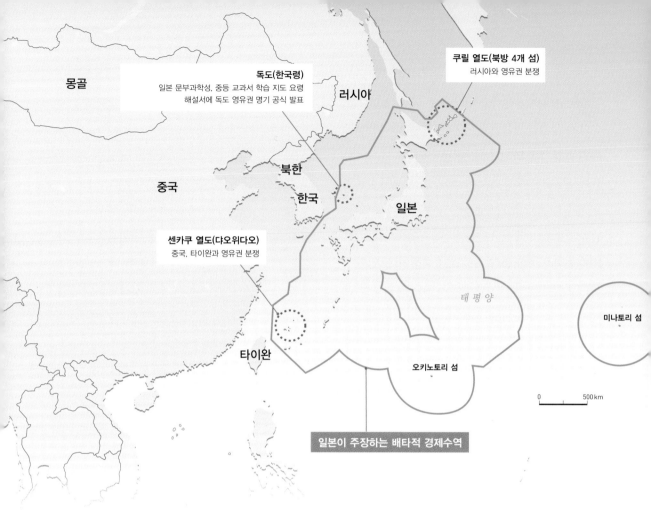

일본이 자국의 영토라고 주장하는 지역들

암초에 콘크리트로 헬기 착륙 시설과 방파제를 설치했고, 2005년에는 주거 시설과 발전소 건설을 위해 5억 엔(약 50억 원)의 예산을 책정했다.

오키노토리를 섬으로 만드는 정책은 중국이 서태평양으로 진출하려는 것에 대한 일본의 대응인 동시에, 해상 영토를 확장하고 이용하려는 그들의 욕심이 담긴 치밀한 전략인 것이다.

일본 제국주의 부활의 신호탄, 센카쿠 열도

일본이 이렇듯 해상 영토에 집착하는 모습은 2차 세계 대전에서 드러낸 제국주의적 야심과 닮았다.

다만 육상 영토보다 해상 영토에 더 집착하고 있다는 점이 당시와 다를 뿐이다.

일본의 해상 진출은 주변국과의 영토 분쟁과 외교 마찰을 불러일으키고 있다. 가장 먼저 분쟁이 싹튼 곳이 센카쿠 열도(댜오위다오)이다.

센카쿠 열도에서 가장 큰 조어도는 타이완 북동쪽 190km, 오키나와 서남쪽 400km 지점에 위치한 작은 섬이다. 1884년 일본 사람이 처음 조어도에 상륙했다가 청일 전쟁이 진행 중이던 1895년에 비공개로 일본 영토에 편입했다. 2차 세계 대전이 끝날 무렵에는 미국이 조어도를 점령했다.

1960년대에는 센카쿠 열도가 분쟁 지역으로 인식되지 않았다. 하지만 1969년 탐사 보고서에서 석유 매장 가능성이 확인되면서 중국과 타이완이 각각 영유권을 주장하기 시작했다.

현재 이 지역은 일본의 영토로 관리되고 있다. 영유권 분쟁이 해결되기도 전인 1972년 미국이 일본에 센카쿠 제도를 넘겨주었기 때문이다. 냉전이 진행 중이던 당시 미국이 중국의 에너지 확보를 견제하기 위해 중국의 불만은 무시하고 일본 편을 들어주었던 것이다.

최근 들어 타이완, 중국, 일본 사이의 갈등은 점점 더 깊어지고 있는데, 처음에는 일본의 영유권을 인정했던 미국도 현재는 중립적 입장을 취하고 있다.

북방 4개 섬을 두고 줄다리기하는 러시아와 일본

2010년 러시아의 메드베데프 대통령이 국가 원수로는 처음으로 쿠릴 열도, 곧 북방 4개 섬을 방문했다. 그러자 일본 정부는 주일 러시아 대사에게 강력히 항의했다.

북방 4개 섬은 오래전부터 일본과 러시아의 분쟁 지역이었다. 일본이 영유권을 주장하고 있는 이곳은 일본의 해상 통로이자 동해와 태평양을 연결하는 요충지로, 지정학적으로 매우 중요한 곳이다. 또한 주변 바다가 주요 어장인 데다 최근에는 자원 개발 가능성도 조심스럽게 거론되고 있다.

한때 북방 4개 섬은 일본의 영토였다. 2차 세계 대전에서 패전하며 그동안 영토로 편입했던 사할린 섬과 쿠릴 열도 전체를 러시아에 반환했는데, 여기에 역사적으로 실효적 지배권을 행사해 왔던 북

일본에서 벌어진 북방 영토 반환 요구 서명 운동

방 4개 섬이 포함되어 있었던 것이다. 현재 이 지역은 러시아의 영토로 관리되고 있으나 일본은 이를 인정하지 않고 끊임없이 영유권 주장을 되풀이하고 있다.

해결이 쉽지 않은 동아시아의 분쟁

일본이 주변국과 직면하고 있는 영토 분쟁은 자원 개발, 어업권 행사, 해상 영토 확장 등 복합적인 동기가 작용하고 있다. 여기에 동아시아의 역사·경제·정치적 이해관계까지 복잡하게 얽혀 있어 쉽게 해결하기는 어려울 듯하다.

동아시아 지역은 21세기 세계 경제와 정치의 새로운 중심지로 떠오르고 있다. 그러나 중국 소수민족 문제, 남북한의 갈등, 일본의 해상 영토 분쟁 등 건강한 공존에 걸림돌이 되는 문제들이 많다. 이러한 갈등을 딛고 동아시아가 나아갈 미래는 어떤 모습일까?

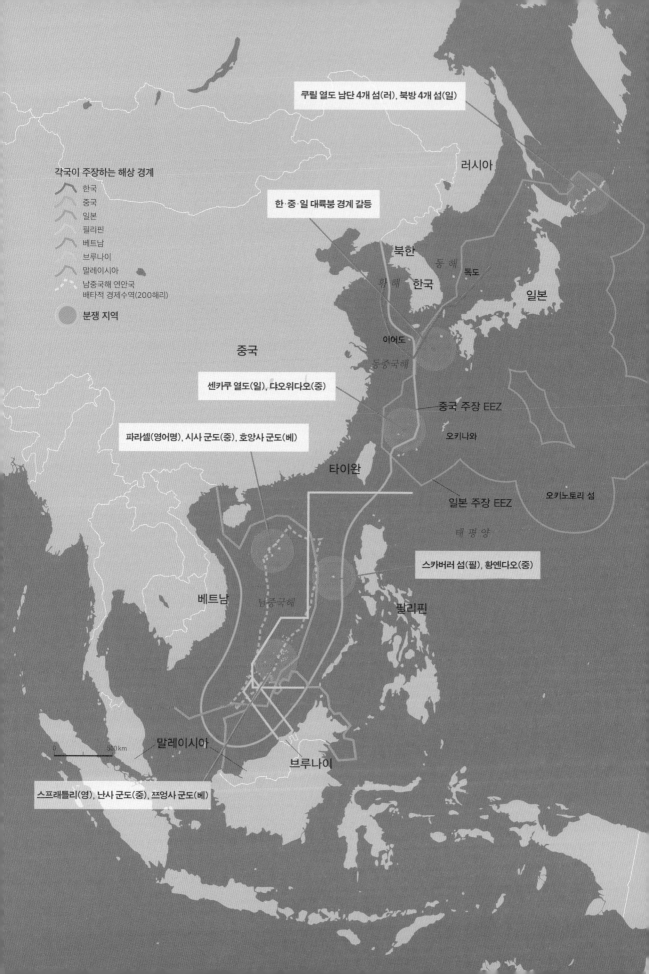

각국이 주장하는 해상 경계
한국
중국
일본
필리핀
베트남
브루나이
말레이시아
남중국해 연안국
배타적 경제수역(200해리)
분쟁 지역

쿠릴 열도 남단 4개 섬(러), 북방 4개 섬(일)

러시아

한·중·일 대륙붕 경계 갈등

북한
동 해
한국   독도
황 해
일본

이어도

센카쿠 열도(일), 댜오위다오(중)

동중국해

중국 주장 EEZ

중국

오키나와

파라셀(영어명), 시사 군도(중), 호앙사 군도(베)

타이완

일본 주장 EEZ

오키노토리 섬

태 평 양

스카버러 섬(필), 황엔다오(중)

베트남

남중국해

필리핀

0   500 km

말레이시아

브루나이

스프래틀리(영), 난사 군도(중), 쯔엉사 군도(베)

동아시아 영토 분쟁, 바다에서 펼쳐지는 '신(新) 삼국지'

동아시아에서 영토 갈등이 그칠 줄 모르고 이어지고 있다. 동중국해에선 일본과 중국의 해양 영토 분쟁이 벌어지고, 남중국해 일대에선 공세적으로 영유권을 주장하고 나선 중국에 맞서 동남아시아 국가들이 미국과의 공조를 모색하고 있다. 중국을 견제하기 위해 미국이 일본과의 동맹을 강화하고 동남아시아 국가들의 입장을 지지하면서 동아시아의 영토 분쟁은 미국과 중국 사이의 갈등으로 번져 가고 있다.

동아시아 해양의 작은 섬, 암초에 대해 서로 영유권을 다투는 배경에는 영해를 넓히고 어족 및 해저 자원을 확보하기 위한 치열한 전략이 깔려 있다. 동중국해 및 남중국해에 많은 양의 석유와 천연가스가 매장되었다는 사실이 드러나면서 갈등은 더욱 거세지고 있다. 더 나아가 동아시아 해역은 중동의 페르시아 만에서 인도양, 동남아시아, 한·중·일로 이어지는 해상 교통의 요충지로 원유 수송 및 무역을 위해 안정적으로 확보해야 하는 해역이다.

동아시아의 갈등을 풀어낼 방법은 무엇일까? 갈등의 가장 큰 이유가 해저 자원인 만큼 분쟁 해소를 위한 자원 개발 및 분배에 대한 협의가 지속적으로 이루어진다면 풀릴 수 있을까?

미나토리 섬

명백한 한국의 영토, 독도를 노리는 일본 주변 해역에 가스 하이드레이트 등 지하자원과 어족 자원이 풍부한 한국의 독도는 일본의 끈질긴 영유권 주장으로 잠잠할 날이 없다. 일본 의회는 '독도 결의안'을 통과시키는 한편, 일본 총리는 "다케시마(독도)는 일본 땅"이라며 수시로 한·일 관계를 냉각시킨다.

영토 분쟁을 활용해 군사 대국화를 꾀하는 일본 일본 정부는 주변국과의 영토 분쟁 등에 효과적으로 대응한다는 명목으로 군사 훈련을 시작했다. '전쟁을 할 수 있는 보통 국가'로 나아가기 위해 센카쿠 열도(다오위다오)와 독도 문제를 이용하는 셈이다. 2012년 12월 총선에서는 평화헌법을 개정하고 자위대를 정식 군대로 전환하겠다는 공약을 내세운 극우 보수의 아베 신조가 총리로 선출되었다.

행정 구역 변경, 지도 다시 그리는 중국 중국은 2012년 남중국해 일대의 영유권 주장을 확실히 하기 위해 난사·시사·중사 군도를 묶어 싼사(三沙) 시를 설치하고 해군 기지까지 건설하고 있다. 2013년에는 정부 공식 발행 '중화 인민 공화국 전도'에서 남중국해와 동중국해의 섬과 암초 수를 기존 29개에서 4배 이상인 130여 개로 늘려 자국령으로 표시했다.

일본과 중국의 맞불이 붙은 센카쿠 열도 2012년 9월 일본 정부는 센카쿠 열도 섬을 개인 소유자로부터 매입해 국유화하기로 결정했다. 이에 중국 내에서 격렬한 반일 시위가 벌어졌고, 중국은 주변 해역에 해양 감시선을 진입시켰다. 미국 의회는 센카쿠가 미·일 안전 보장 조약의 적용 대상임을 명시한 법안을 통과시키고, 동중국해 도서 지역에서 미·일 연합 상륙 훈련을 했다.

중국 견제를 위해 미국과 손잡는 남중국해 주변 국가들 남중국해의 영유권을 놓고 동남아시아 국가와 중국이 갈등 중이다. 스카버러 섬(황옌다오)에서는 중국과 필리핀이 한 달 넘게 해상에서 대치했고, 중국이 베트남의 석유 탐사선 케이블을 절단하는 사건이 벌어지기도 했다. 중국의 영유권 주장에 맞서 베트남과 필리핀은 미국, 러시아 등과 군사 협력을 강화했고, 싱가포르는 앞바다에 미국의 연안 전투함 배치를 허용했으며, 오스트레일리아는 미국 해병대 2500명의 주둔을 허용했다.

중국 부상을 견제하기 위해 아시아로 회귀하는 미국 외교 미국은 '아시아로의 중심축 이동'을 새로운 외교 기조로 잡았다. 급부상하는 중국을 견제하기 위해 일본 및 동남아시아 국가들과 합동 군사 훈련을 벌이고 해양 영토 분쟁에도 적극 개입하고 있다. 미국의 국방 장관은 "태평양과 대서양에 50%씩 배치된 해군 전력을 단계적으로 재편해 태평양에 60%를 할당하겠다."고 발표했고, 오바마 대통령은 재선 후 첫 해외 순방지로 타이, 미얀마, 캄보디아를 찾았다. 해양 확장을 꾀하는 중국에 맞서 미국의 중국 포위 전략이 본격화되면서 동아시아의 해상 갈등은 더욱 첨예해지고 있다.

4 갈등을 넘어
세계로 도약하는 동아시아

여전히 '가깝고도 먼' 한·중·일 3국. 동아시아에서도 유럽 연합 같은 경제 공동체를 만들 수 있을까? 급부상하는 중국과 이를 견제하는 미국, 한반도의 긴장 상황, 일본과 중국의 해상 영토 분쟁 등 첨예한 문제들이 산재하지만, 함께 손잡고 미래를 위한 협력을 모색한다면 놀라운 성장을 이룰 가능성이 크다.

인구 대국 중국과 초고령 사회 일본의 고민과 선택

70억 세계 인구, 무게중심은 아시아

지구에는 얼마나 많은 사람이 살고 있을까? 세계 인구는 이미 1999년에 60억 명에 도달했고, 2011년 말 70억 명을 넘어섰다.

세계 인구를 카토그램으로 그려 보면 무게중심이 아시아로 쏠려 있는 것이 한눈에 들어온다. 카토그램은 통계 자료를 지도 위에 표시하거나, 정보의 내용에 따라 모양을 변형시킨 지도를 말한다. 카토그램으로 보면 세계에서 가장 무거운 나라가 전 세계 인구의 약 20%를 차지하는 중국이라는 것도 쉽게 알 수 있다.

동아시아 국가들의 인구 규모는 2013년 기준 중국이 세계 1위, 일본이 세계 10위 인구 대국에 올랐다. 한국은 4895만 명으로 25위를 차지했지만 2472만 명의 북한 인구를 합하면 7367만 명으로 20위까지 오른다. 반면 몽골은 323만 명 정도로, 부산시의 인구보다 작은 인구 소국이다.

중국의 제한적 '한 자녀 정책'

'세계 최대 인구 대국'이라는 중국의 위상은 영원할까? 2015년경 중국의 인구는 15억 명에 이른 후 천천히 안정될 것으로 예상되며, 2025년경 최대 인구 대국의 지위는 인도로 넘어갈 것으로 보인다. 중국 정부가 1979년부터 강력하게 실시해 온 '한 자녀 정책'이 중국의 인구 폭발을 막은 것이다.

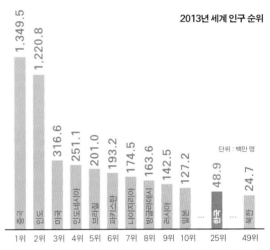

2013년 세계 인구 순위

순위	국가	인구
1위	중국	1,349.5
2위	인도	1,220.8
3위	미국	316.6
4위	인도네시아	251.1
5위	브라질	201.0
6위	파키스탄	193.2
7위	나이지리아	174.5
8위	방글라데시	163.6
9위	러시아	142.5
10위	일본	127.2
25위	한국	48.9
49위	북한	24.7

단위 : 백만 명

자료 : CIA The World Factbook

세계 인구 카토그램

자료 : 마크 뉴먼, 2007

그동안 중국에서는 엄격하게 한 자녀 정책을 지켜 왔다. 다만 부족한 농촌 인력을 감안하고 인구가 적은 소수 민족을 보존하는 차원에서 한족을 제외한 55개 소수 민족에게는 두 자녀를 허용해 왔다. 또한 부모가 둘 다 '한 자녀 가정' 출신일 경우에도 두 자녀를 허용해 주었다.

하지만 대부분은 한 자녀를 낳을 수밖에 없어 저출산에 따른 고령화가 급속히 진행되었고, 향후 노동력 부족 현상이 나타날 우려가 커졌다. 이에 정부는 부모 중 한쪽이 독자인 경우에도 두 자녀를 허용한다고 밝혀, 30여 년간 지속해 온 1가구 1자녀 정책을 사실상 폐기했다.

인구 대국 중국발 나비 효과

2006년 중국 총리가 "모든 중국 어린이가 매일 우유 1근(500g)을 마실 수 있으면 좋겠다"고 하자 우유를 거의 먹지 않던 중국에서 우유 마시기 붐이 일었다. 그러자 세계적으로 유제품이 부족해지면서 가격이 엄청나게 올랐다.

세계 인구의 5분의 1을 차지하는 인구 대국 중국의 식량 소비량은 상상을 초월한다. 가령 중국 사람들이 일본 사람들처럼 해산물을 먹는다면 전 세계 해산물을 몽땅 중국으로 보내야 한다. 중국인이 키위를 즐겨 먹기 시작하자 전 세계 키위 값이 요동을 쳤다. 이렇게 '중국발 나비 효과'의 위력은 엄청나다.

중국의 산업화와 식생활 패턴의 변화는 예상치 못한 환경 위기로 이어지고 있다. 중국은 전통적으로 동부는 농업, 서부는 목축업에 종사해 왔다. 하지만 동부와 남부의 농지가 산업 용지로 개발되면서, 이를 만회하기 위해 서부 지역에서 대대적인 농지 개간을 추진했다. 그렇게 개간된 산림과 초지는 안정된 농지로 바뀐 것이 아니라 사막화되어 봄철 심각한 피해를 일으키는 '황사 현상'을 초래했다.

중국인의 높아진 육류 소비 패턴 역시 황사를 심화시킨 요인이다. 폭발적으

소황제 세대 소황제란 중국이 1가구 1자녀 정책을 폈던 1979년 이후에 외동으로 태어나 황제처럼 갖은 응석을 부리며 자란 세대를 말한다. 이들의 인성 문제가 사회 이슈가 되기도 했다.

사막화되는 중국 황사 발원지인 네이멍구의 차간노르 지역에서는 사막화 방지를 위해 사막을 초원으로 바꾸는 작업이 진행되고 있다.

로 증가하는 육류 소비량을 충당하기 위해 신장웨이우얼 등 북서부 지역에서 대규모 벌채와 방목이 진행되고 있는데, 이것이 황사 발생을 더욱 부채질한다.

더욱 심각한 문제는 황사의 발원지가 점점 동쪽으로 확대된다는 것이다. 2000년 이전에는 고비 사막과 황투 고원에서 발생하는 황사가 80% 이상이었지만, 그 이후에는 네이멍구 고원과 커얼친 사막에서 발생하는 황사 비율이 커지고 있다. 그만큼 한반도와 일본에 미치는 황사의 영향력도 더욱 강해지고 있다.

중국이 해외 농지 개발에 나서는 까닭은?

최근 세계적으로 기상 이변 사태가 속출하면서 가

품과 폭우, 혹한과 혹서가 미국·오스트레일리아·남미·러시아·중국 등 세계의 곡창 지대를 덮치고 있다. 세계 총 식량 생산량이 감소할 수밖에 없는 상황에서 13억 인구의 중국은 어떤 입장일까?

중국은 엄청난 양의 곡물을 수입하고 있지만 여전히 세계 제1의 식량 생산국이다. 외부 세계가 걱정하는 것과는 달리 지금까지 중국의 입장은 자신들이 먹고사는 데 문제가 없을 만큼 많은 양의 곡물을 생산하고 있다고 자신한다. 하지만 중국의 의지를 넘어서는 이상 기후로 인해 식량 위기의 가능성은 더욱 높아지고 있다.

정부의 공식 입장과 달리 이미 중국 기업들은 발빠르게 국외 투자를 늘리고 있다. 1996년 이후 쿠바와 멕시코, 라오스에서 수백~수천 ha의 경지를

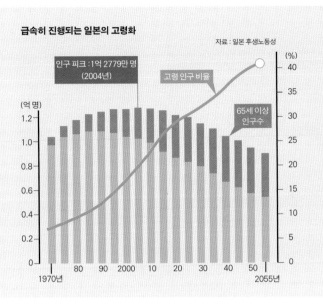

급속히 진행되는 일본의 고령화

자료 : 일본 후생노동성

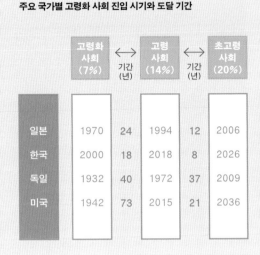

주요 국가별 고령화 사회 진입 시기와 도달 기간

	고령화 사회 (7%)	기간 (년)	고령 사회 (14%)	기간 (년)	초고령 사회 (20%)
일본	1970	24	1994	12	2006
한국	2000	18	2018	8	2026
독일	1932	40	1972	37	2009
미국	1942	73	2015	21	2036

빌리거나 사서 곡물을 재배하고 있다. 최근에는 필리핀 농토의 10%에 해당하는 120만 ha를 임대해 쌀·옥수수·사탕수수를 재배하기로 계약해 필리핀 사람들의 반발을 사기도 했다.

이처럼 중국 정부는 속내를 드러내지 않고 자국의 기업을 통해서 전 세계의 식량과 농산물 원사재 확보를 위해 다각도로 나서 다른 국가들을 긴장시키고 있다.

아시아 최초로 초고령 사회에 진입한 일본

중국과 달리 일본은 인구 감소 때문에 고민이다. 일본 국토교통성에 따르면, 지속되는 저출산으로 인해 인구가 2005년 1억 2800만 명에서 2050년에는 약 25% 감소하며, 국토의 65% 이상이 현재 인구의 절반 이하로, 15~64세의 경제 활동 인구는 41.6% 줄어들 것으로 예상된다.

2006년, 일본은 아시아 최초로 초고령 사회*에 진입했다. 고령화가 심화되면 사회의 경제 활력이 떨어지고, 고령 인구에 대한 의료와 복지, 연금 지급 등의 비용이 증가해 국가 재정이 압박을 받게 된다.

이에 대한 대책의 하나로 일본은 2000년부터 독특한 일본식 노인 복지 서비스인 '개호보험'을 시행해 오고 있다. 또한 고령화 시대의 새로운 대안으로 이민의 문턱을 낮춰 고급 인력을 유치하기 위해 노력하고 있다. 이런 대안은 일본보다 더 빠른 속도로 고령 사회, 초고령 사회에 진입할 것으로 예상되는 한국에도 좋은 본보기가 될 수 있다.

● 초고령 사회

국제 연합이 정한 바에 따라 65세 이상 노인 인구 비율이 전체 인구의 7% 이상을 차지하는 사회를 고령화 사회라 하고, 14% 이상을 고령 사회, 20% 이상을 차지하는 사회를 초고령 사회라고 한다.

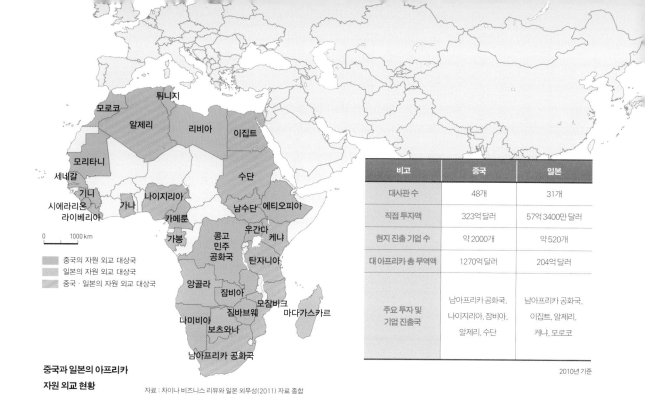

비고	중국	일본
대사관 수	48개	31개
직접 투자액	323억 달러	57억 3400만 달러
현지 진출 기업 수	약 2000개	약 520개
대 아프리카 총 무역액	1270억 달러	204억 달러
주요 투자 및 기업 진출국	남아프리카 공화국, 나이지리아, 잠비아, 알제리, 수단	남아프리카 공화국, 이집트, 알제리, 케냐, 모로코

중국의 자원 외교 대상국
일본의 자원 외교 대상국
중국·일본의 자원 외교 대상국

중국과 일본의 아프리카 자원 외교 현황

자료 : 차이나 비즈니스 리뷰와 일본 외무성(2011) 자료 종합

2010년 기준

중국과 일본의 총성 없는 자원 전쟁

중국은 인구의 폭발적인 증가와 비약적인 경제 성장이 계속되면서 2009년 미국을 제치고 전 세계에서 에너지를 가장 많이 소비하는 나라가 되었다.

중국 정부는 안정적인 에너지 확보가 중국의 미래를 결정짓는다고 보고 자원 외교에 적극적으로 뛰어들었다. '아프리카의 해', '러시아의 해' 등을 지정하면서 자원 외교 대상국의 마음을 사로잡고, 그 국가에 석유 개발 비용을 대거나 철도 부설을 돕는 등 투자를 아끼지 않고 있다.

화석 에너지(석탄, 석유, 천연가스 등)뿐만 아니라 차세대 에너지원으로 떠오르는 신재생 에너지 분야에도 적극 지원하여 2010년에는 풍력 발전 설비 용량이 미국을 제치고 세계 1위로 올라섰다.

중국은 에너지 소비가 큰 만큼 이산화탄소 배출량 역시 세계 1위이므로, 온실가스 배출 문제에도 책임이 막중하다. 중국의 적극적인 참여가 없다면 온난화 방지는 불가능하기 때문이다.

한편 일본은 중국이 국가적 차원에서 전 세계의 에너지를 확보하러 다니는 데 위기감을 느끼고, 최근 '재팬 메이저(대형 석유 회사)'를 만들겠다며 해외 유전 개발에 적극적으로 뛰어들었다. 아프리카 자원 외교의 거점국인 탄자니아에게는 국경 분쟁과 자연재해, 사막화 방지를 위한 무상 원조 카드를 꺼내 들었다.

일본은 단순히 희귀 금속이나 자원을 사 오기만 하는 것이 아니라 첨단 위성 기술로 자원을 탐사하고, 공동 지질 조사를 통해 채굴도 함께하며, 가공까지 맡아 기술을 전수하는 등 자원 외교 대상국의 경제 개발까지 지원한다는 전략이다. 이렇게 중-일 간의 총성 없는 자원 전쟁은 치열하게 달아오르고 있다.

한·중·일을 둘러싸고 격변하는 동아시아 질서

오키나와 섬의 후텐마 미군 기지

일본 최남단에 있는 오키나와 섬 기노완 시에는 도심 한복판에 군 시설이 들어서 있다. 그곳은 미 해군의 병참 기지이자 비행장인 후텐마 기지이다.

소음, 각종 사고에 대한 불안감을 안고 사는 주민들은 수십 년 동안 미군 기지를 이전해 달라고 요구해 왔지만 그 해결은 더디기만 하다. 그런데 어떻게 시가지 한복판에 비행장이 들어서게 되었을까? 또 미국은 오키나와 밖으로의 기지 이전을

왜 반대하는 것일까?

오키나와 섬은 규슈 섬과 타이완 섬을 잇는 류큐 제도 최북단의 가장 큰 섬이다. 2차 세계 대전 말기인 1945년 3월 말, 미국과 일본은 이곳에서 약 세 달 동안 최후의 격전을 벌였다. 이 전투에서 사망한 군인은 약 8만(미군 추산)~15만(일본 추산) 명에 이른다. 하지만 가장 큰 피해자는 오키나와 본섬의 주민들로, 사망자가 약 12만 명으로 추산된다.

이후 오키나와는 미군의 점령지가 되었다. 일

오키나와 현 기노완 시 한복판에 자리 잡고 있는 후텐마 미군 기지

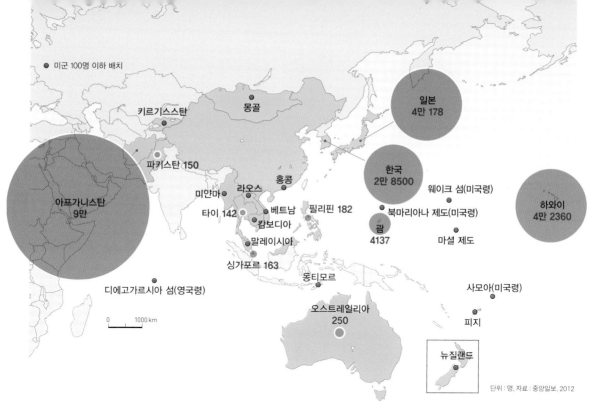

미국의 중국 주변 군사 배치 현황 미국은 아시아 국가들과 긴밀한 관계를 유지하면서 부상하는 중국을 견제하고, 아시아·태평양 지역에서 자국의 영향력을 유지·강화하고자 한다. 미국의 군사 배치는 아시아에서 벌어지고 있는 중국과 미국의 패권 경쟁을 실감 나게 보여주고 있다.

본 본토는 1952년에 미군정의 지배에서 벗어났지만 오키나와는 사실상 미국의 식민지로 전락했다. 1972년 오키나와를 일본에 반환한 뒤에도 미국은 기지를 철수하지 않고 전략적으로 활용해 왔다.

남아 있는 미군 기지 및 부대시설은 오키나와 전체 면적의 20%를 차지하는데, 이는 일본 내 전체 미군 기지의 75%에 해당한다.

주민들의 기지 이전 요구가 거세지자, 미·일 양국은 이 기지를 오키나와 섬 내의 인적이 드문 헤노코 연안으로 옮기기로 합의했다. 하지만 '무기 없는 오키나와'를 바라던 주민들은 오키나와 내에서의 이전을 반대했고, 일본 민주당은 후텐마 기지 이전을 공약으로 내걸고 2009년 50년 만의 정권 교체에 성공했다. 하지만 일본과 남북한, 중국, 타이완, 심지어 동남아시아 국가들까지 아우를 수 있

는 동아시아의 전략적 요충지인 오키나와를 미국이 쉽게 포기할 리가 없다.

2010년 3월, 서해상에서 한국 해군 소속 군함이 침몰한 천안함 사건이 터졌다. 이를 두고 한국 정부는 북한의 어뢰 공격에 의한 것으로 발표했으나, 북한은 사실무근이라며 반발했다.

미국이 남한의 입장에 동의한 것과 반대로 중국이 중립적 태도를 보이자 한반도를 둘러싼 긴장과 갈등이 고조되었다. 그러자 중국과 북한을 견제할 수 있는 오키나와 기지의 필요성이 부각되었고, 미국 쪽 입장에 힘이 실리게 되었다.

G2 중국과 미국의 견제

후텐마 기지 이전 갈등과 천안함 사건을 둘러싼 갈등을 이해하려면 이 지역의 지정학적 중요성에 대

해 먼저 알아야 한다.

과거 한-미-일 남방 3각 동맹과 북-중-러 북방 3각 동맹이 대결하던 냉전 시대에는 휴전선을 사이에 둔 한반도가 가장 큰 피해자였다. 냉전이 해소되면서 미국은 중국의 부상을 막으려 했지만, 결국 급부상한 중국의 위상을 인정할 수밖에 없었다.

2010년 여름, 중국의 국내 총생산이 일본을 넘어서 'G2(세계 경제 2대 강국)'에 합류하자, 미국도 대결이 아닌 미-중 간의 협력과 지구적 과제에서 중국의 '책임 있는 역할'을 강조하고 나섰다. 하지만 국내 총생산이 아닌 1인당 국민소득을 따지면 중국은 여전히 개발도상국에 불과하다.

뒤늦게 경제 개발에 나선 중국은 각 분야의 현대화를 통해 선진국을 따라잡는 것을 우선 과제로 삼고 있지만, 'G2의 책임 있는 역할'을 거추장스러운 부담으로 여기고 있다. 미국과 중국은 각자의 입장에서 서로 다른 협력을 꿈꾸고 있는 것이다.

한반도 천안함 사건 이후의 동아시아 질서

중국의 부상은 한국의 외교에 변화를 요구했다. 동아시아에서 세력을 확대하고자 하는 중국과 미국 사이에서 균형을 잡아야 했기 때문이다.

하지만 2010년 천안함 사태는 동아시아의 질서를 현재에서 과거로 돌려놓았다. 북한과 중국의 동맹은 더욱 강화되었고, 한국과 일본에서 미국의 입지는 더욱 커졌다. 남·북·미·일·중·러 여섯 나라가 한자리에 모여 북핵 문제를 대화로 풀기 위해 구성되었던 '6자 회담'은 힘을 잃었다.

평택 제2함대 사령부로 옮겨진 천안함 2010년 9월 13일 한·미 해군 장성들이 침몰한 천안함을 둘러보고 있다. 한반도의 천안함 사태는 동아시아의 질서를 현재에서 과거로 돌려놓았다.

동아시아 공동체로 가는 길

낙관과 비관이 교차하는 한·중·일 경제 협력 전망

세계화가 진행됨에 따라 전통적인 국가의 경계가 약해지고, 대신 대륙을 중심으로 정치·경제·문화적 협력을 강화하려는 움직임이 활발해지고 있다. 한·중·일이 이웃한 동아시아에서도 유럽의 유럽 연합에 버금가는 공동체를 만드는 것이 가능할까?

한때 국내에서는 한·중·일 3국의 경제적 관계에 대해 샌드위치 혹은 넛 크래커(nut cracker) 위기론이 부상한 적이 있다. 기술력에서는 일본에 뒤떨어지고 가격 경쟁력에서는 중국에 밀려 한국 경제가 위기에 놓일 것이라는 비관적인 전망이었다.

지금도 그런 우려가 없지 않지만, 한·중·일 자유 무역 협정(FTA)이 체결되면 중국의 규모와 일본의 기술력, 한국의 역동성이 결합되어 동아시아가 명실상부한 세계 경제의 핵심 지역으로 자리 잡을 것이라는 기대감도 함께 존재한다.

동아시아 공동체, 꿈은 실현 가능할까?

동아시아 공동체에 대한 구상은 1997년 동남아시아 국가 연합(ASEAN) 창설 30주년 기념 행사에 한·중·일 3국의 고위급 인사를 비공식적으로 초대하면서 시작되었다. 2000년대 이후에는 동아시

2012년 5월 13일 중국 베이징에서 열린 제5차 한·중·일 정상 회의 금융 협력과 자연재해 공동 대응, 기상 정보 교환 등 미래 협력 방안과 한반도 정세를 비롯한 동북아 지역 협력 등이 논의되었다.

아 자유 무역 지대(EAFTA)나 동아시아 정상 회의 등을 통해 제도적 협력에 나서기도 했다.

하지만 이러한 동아시아 공동체의 구성은 여러 가지 면에서 난관에 부딪혔다. 우선 공동체 구상에서 주도권을 잡기 위한 중국과 일본의 상호 견제가 상상 이상으로 컸다. 이것은 '중화 패권'과 '동아 공영권' 등 과거 이들의 제국주의적 야욕을 연상시키며, 이웃 국가들에게 여전히 해결되지 않은 역사적 갈등을 되새기게 한다.

또한 국가들 간의 소득 격차가 커서 경제 통합의 효율성이 크지 않다는 점도 걸림돌이 되었다. 하지만 과거의 분쟁과 갈등을 딛고 동아시아는 이미 평화와 공동의 번영을 위한 초석을 놓았다. 아세안 국가들이 먼저 2015년까지 아세안 공동체를 창설하기로 결의했고, 기존의 아세안+3의 범위를 확대하여 포괄적 경제 동반자 협정(RCEP)을 제안하기

기존의 아세안+3의 범위를 확대한 포괄적 경제 동반자 협정(RCEP)

도 했다.

그러자 2차 세계 대전 이후 이 지역에서 정치·경제적인 영향력을 행사해 온 미국이 태평양 연안 국들을 포괄하는 환태평양 동반자 협정(TPP)을 더욱 강조하고 나섰다. 세계의 중심축이 동아시아로 이동하는 시대적 흐름 앞에서, 동아시아 공동의 번영을 위한 통합과 공동체 건설을 둘러싼 모색은 여전히 안개 속에 있다.

동아시아의 균형추, 한반도의 평화를 바란다

동아시아 공동체를 지도상으로 옮겨 보면 곳곳에 구멍이 있음을 알 수 있다. 중국과 러시아 사이에 위치한 몽골, 올림픽과 같은 국제 대회에서는 중화 타이베이로 불리며 나라 취급을 받지 못하는 타이완이 그러하다. 무엇보다 한반도의 반쪽인 북한은 동아시아 공동체 논의에서 소외되어 있다.

하지만 동아시아가 온전한 평화를 누리기 위해서는 무엇보다 한반도에서의 군사적 긴장 완화 및 평화 체제 구축이 선행되어야 한다. 남한과 북한의 대립은 두 나라만의 문제가 아니라 동아시아 전체에 큰 위협이 되기 때문이다.

동아시아의 공동 번영을 위한 한국의 역할도 특별히 요구된다. 한국은 중국이나 일본과 달리 제국주의의 경험이 없으며, 민주화와 경제 성장의 양 수레바퀴를 잘 이끌어 왔기 때문이다. 따라서 중국이나 일본과는 달리 동남아시아 국가들과 수평적 협력 관계를 만들어 갈 수 있을 것이다. 또한 한류뿐 아니라 동남아류, 일본류, 중국류가 공존할 때 바람직한 동아시아 공동체가 되지 않을까?

아시아 32개국을 연결하는 대륙 횡단의 꿈, 아시안 하이웨이

우리나라 국토 대동맥인 경부 고속도로 서울 방향을 달리다 보면, 1번 고속 국도 표지판 옆으로 '아시안 하이웨이(AH : Asian Highway Network)'라는 낯선 표지판을 발견할 수 있다. 아시안 하이웨이? 이건 무슨 길일까?

아시안 하이웨이는 아시아 32개국을 횡단하는 전체 길이 14만 km에 이르는 고속도로이다. 지구 둘레를 3번 이상 돌 수 있는 길이의 이 도로가 완성된다면 과거 실크로드를 넘어서는 대륙 육로 횡단의 꿈이 실현되는 것이다.

아시안 하이웨이 연계 사업은 1959년 국제 연합(UN)에 의해 시작되었다. 우리나라에 연결되는 아시안 하이웨이는 8개의 간선 노선 중 2개 노선(907km)으로, 아시안 하이웨이 1(AH1)은 경부 고속도로를, 아시안 하이웨이 6(AH6)은 7번 국도를 활용하게 된다. 각 노선은 북으로는 북한 노선을 통과하여 유럽에까지 이르고, 남으로는 부산항에서 카페리를 통해 일본 후쿠오카와 연결된다.

경부 고속도로에 설치된 아시안 하이웨이 표지판

각종 외교적 문제에다 기술·재정 문제까지, 이 고속도로를 완공하는 것은 쉽지 않은 일이다. 하지만 이 도로가 건설되어 아시아 각국을 육로로 연결하면 아시아에 엄청난 지각 변동을 가져오게 될 것이다. 특히 육로 연결망의 시작점이 될 한반도의 평화 정착에도 매우 의미 있는 사업이 될 것이다.

육로를 따라 아시아 각국의 국경을 넘나들며 아시아 친구들을 만나러 다닐 멋진 미래를 상상해 보길….

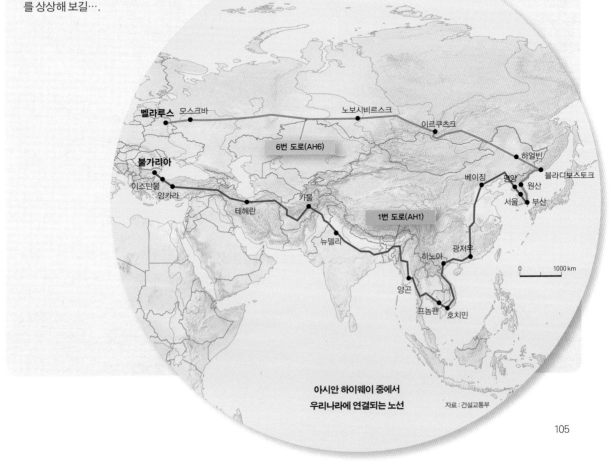

아시안 하이웨이 중에서 우리나라에 연결되는 노선

자료: 건설교통부

II

다양한 문화가 살아 숨 쉬는 문명의 교차로
동남·남아시아

인도양과 태평양의 길목에 있어 동서 교통의 요충지로 활발한 교류가 이루어졌던 곳.
세계의 길목에서 꽃피운 다양한 문화와 종교가 아직도 생생히 살아 숨 쉬는 땅. 앞으
로 이 지역은 성공적인 경제 성장으로 또다시 세계 문명의 중심에 설 수 있을까?

인도의 황금사원 앞에 서 있는 시크교도

베트남의 계단식 논

타이 방콕의 수상 시장

1

계절풍이 만드는
세계적인 벼농사 지대

인도양과 태평양의 길목에 위치해 있는 동남아시아와 남아시아는
고온 다습한 기후와 넓게 펼쳐진 충적 평야 덕분에 예부터 벼농사가
발달했다. 또한 판과 판이 만나는 지점에 위치해 있어 지진과 해일
피해도 자주 발생한다.

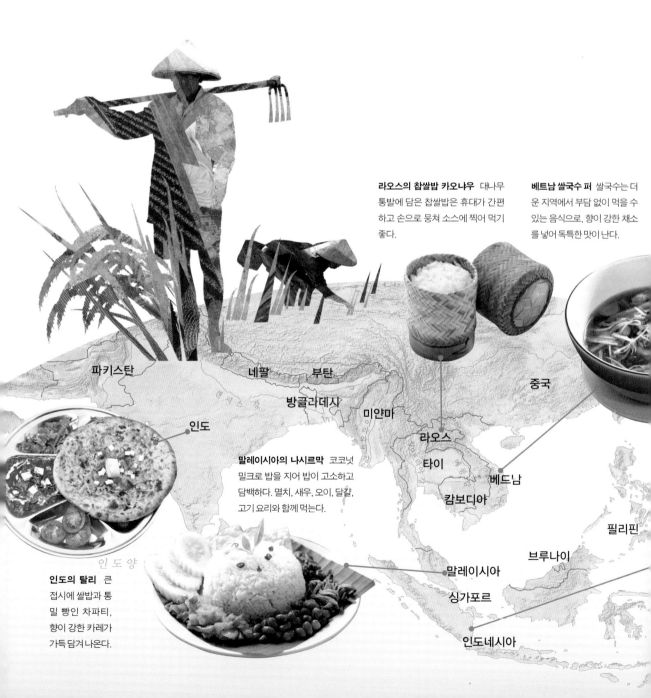

라오스의 찹쌀밥 카오냐우 대나무
통발에 담은 찹쌀밥은 휴대가 간편
하고 손으로 뭉쳐 소스에 찍어 먹기
좋다.

베트남 쌀국수 퍼 쌀국수는 더
운 지역에서 부담 없이 먹을 수
있는 음식으로, 향이 강한 채소
를 넣어 독특한 맛이 난다.

파키스탄

네팔 부탄

방글라데시

미얀마

중국

인도

라오스

타이

베트남

캄보디아

말레이시아의 나시르막 코코넛
밀크로 밥을 지어 밥이 고소하고
담백하다. 멸치, 새우, 오이, 달걀,
고기 요리와 함께 먹는다.

필리핀

브루나이

말레이시아

싱가포르

인도의 탈리 큰
접시에 쌀밥과 통
밀 빵인 차파티,
향이 강한 카레가
가득 담겨 나온다.

인도양

인도네시아

갠지스 강 주위에 많은 사람이 모여 사는 이유

쌀의 다양한 변신, 맛있는 쌀 요리의 천국

동남아시아를 여행한다면 거리에서 쉽게 찾을 수 있는 음식, 우리에게도 친숙한 쌀국수를 먹어 보자. 한국에서 맛본 쌀국수와는 다른 독특한 맛을 느끼게 될 텐데, 그건 고수라는 향이 강한 채소가 들어가기 때문이다. 한 끼 식사로 더 친숙한 메뉴를 찾는다면 덮밥이나 볶음밥을 맛볼 수도 있다. 남아시아의 인도에서 유래한 카레는 우리에게 일상적인 음식이 된 지 오래이다.

이 지역 사람들의 식생활은 우리와 비슷하다. 쌀을 주식으로 하고, 밥을 기본으로 반찬을 곁들여 먹는다. 하지만 쌀의 종류와 조리법은 다르다. 이 지역에서 재배하는 안남미(인디카 종)는 한국 쌀(자포니카 종)에 비해 모양이 길고 찰기가 없다. 밥을 했을 때 밥알이 낱낱으로 떨어지는 건 쌀의 종류뿐 아니라 밥 짓는 법도 다르기 때문이다.

냄비에 쌀을 넣고 물을 부어 조금 끓이다가 불을 끄고 밥을 퍼내서는 대나무 용기에 넣고 찐다. 이렇게 하면 수분이 증발하여 잘 들러붙지 않고, '후' 불면 날아갈 것 같은 밥이 된

다. 수분이 적은 밥은 더운 날씨에도 오랫동안 보관할 수 있고, 다양한 소스에 찍어 먹기에도 좋다.

1년에 몇 번이나 벼농사가 가능할까?

동남아시아와 남아시아에서는 7000년 동안 벼를 재배해 왔다. 이 지역에서 벼농사가 발달한 것은 고온 다습한 기후와 강을 따라 끝없이 펼쳐지는 비옥한 평야 때문이다.

벼는 성장기에 반드시 고온 다습한 기후가 필요한데, 쌀을 주식으로 하는 아시아 지역은 대부분 그 조건이 잘 맞아떨어진다. 그 이유는 무엇일까?

유라시아 대륙과 태평양이 만나는 아시아 지역은 대륙과 해양의 비열˙ 차이로 계절풍(몬순)˙이 분다. 여름에는 해양에서 대륙 쪽으로 바람이 부는데, 이때 불어온 덥고 습한 바람이 산지에 부딪쳐 많은 비를 내려 고온 다습한 기후를 만든다. 이렇게 내린 비는 큰 강이 되어 흐르며, 강 주변에는 퇴적물들이 쌓여 넓은 충적 평야가 발달한다. 베트남의 메콩 강, 타이의 차오프라야 강, 미얀마의 이라와디 강, 인도의 갠지스 강을 따라 비옥한 평야 지

● **비열**
물질 1g의 온도를 1℃ 올리는 데 드는 열량

● **계절풍(몬순)**
계절에 따라 일정한 방향으로 부는 바람. 여름에는 바다에서 대륙으로, 겨울에는 대륙에서 바다로 바람의 방향이 바뀐다. 영어로는 몬순(monsoon)이라 하는데, 이것은 '계절'을 의미하는 '마우심'이라는 아라비아어에서 왔다. 위도에 따라 열대 계절풍, 아열대 계절풍, 온대 계절풍 등으로 구분한다.

인도네시아의 볶음밥 나시고랭 해산물이나 고기와 각종 야채를 넣고 특유의 향신료로 양념하여 센 불에서 단번에 볶아 낸다.

대가 발달한 것은 바로 이러한 이유 때문이다.

대부분의 동남·남아시아 지역은 1년 내내 무덥다. 그래서 1년에 적게는 두 번, 많게는 서너 번까지 쌀을 수확한다. 쌀을 많이 생산하는 곳이다 보니 그만큼 소비도 많고 수출하는 양도 많다.

또한 이 지역은 세계적인 인구 밀집 지역이다. 특히 갠지스 강 삼각주에 위치한 방글라데시는 인구가 1억 6000만 명이 넘고, 인구 밀도가 세계 1위(도시국가 제외)이다. 이렇게 많은 사람이 모여 사는 이유는 무엇일까? 무엇보다 다른 작물에 비해 인구 부양력이 높은 쌀을 많이 생산할 수 있기 때문이다. 그러나 쌀의 인구 부양력이 아무리 높아도 과도한 인구 증가는 이 지역에 큰 부담이 되고 있다.

쌀의 생산과 수출입 순위 세계 쌀의 대부분은 고온 다습한 아시아에서 생산된다. 생산지에서 거의 소비되기 때문에 국제 이동량은 비교적 적다.

쌀 생산량(2010년, 총 6억 7202만 톤) 단위 : %, 자료 : 지리 통계 요람, 2013

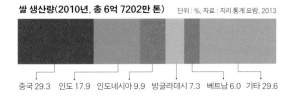

중국 29.3　인도 17.9　인도네시아 9.9　방글라데시 7.3　베트남 6.0　기타 29.6

쌀 수출량(2010년, 총 3277만 톤)

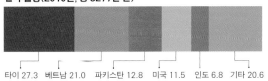

타이 27.3　베트남 21.0　파키스탄 12.8　미국 11.5　인도 6.8　기타 20.6

쌀 수입량(2010년, 총 3119만 톤)

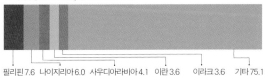

필리핀 7.6　나이지리아 6.0　사우디아라비아 4.1　이란 3.6　이라크 3.6　기타 75.1

아시아에 부는 계절풍의 풍향과 강수량 아시아의 우기와 건기는 계절풍에 의해 생긴다. 바다에서 불어오는 고온 다습한 여름의 남서 계절풍은 비를 가져다

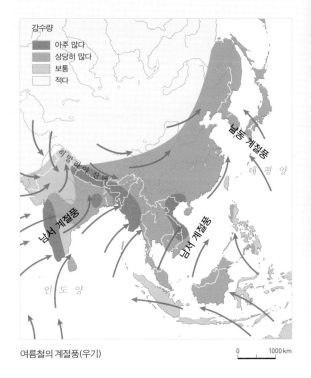

여름철의 계절풍(우기)　　0　1000 km

인도 체라푼지에 비가 가장 많이 내리는 이유 몬순에 의해 이동한 강한 구름과 응축된 수증기가 산지에 부딪혀 많은 지형성 강수를 내리게 한다. 지형성 강수는 땅이 생긴 모양이나 형세로 인해 비나 눈이 내리는 것을 말한다.

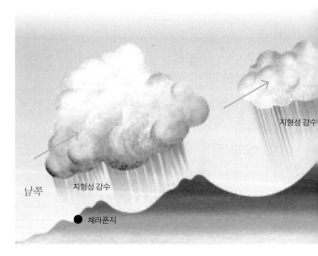

주며 우기를 만들고, 히말라야 산맥에 눈을 내리며 건조해진 겨울의 북동 계절 풍은 건기를 만든다.

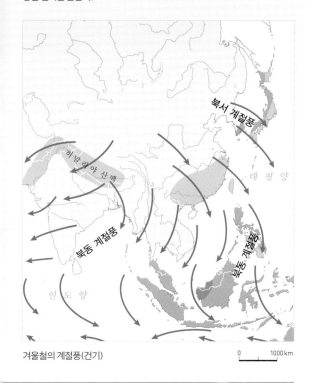

겨울철의 계절풍(건기)

0   1000km

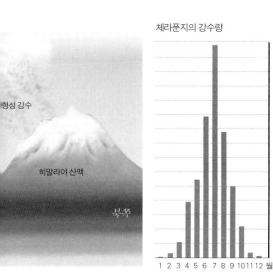

체라푼지의 강수량

 ## 비를 부르는 바람, 남서 계절풍

세계 최대 강수 지역, 인도 아삼 지방

인도의 아삼 지방에 있는 체라푼지는 세계에서 비가 가장 많이 오는 마을로 유명하다. 연 강수량은 1만 1430mm이며, 세계 최다 1년 강수량 기록(2만 6467mm)과 한 달 강수량 기록(9296mm)을 가지고 있다.

이처럼 체라푼지에 많은 비를 몰고 오는 바람은 계절풍이다. 계절풍이 가장 넓게 부는 곳은 인도에서 동아시아에 이르는 지역이다. 여름철에는 인도양과 벵골 만에서 대륙 쪽으로 불어오는 수증기를 가진 바람이 히말라야 산맥에 부딪혀 산맥 남쪽에 많은 비를 내리게 한다. 이 고온 다습한 바람을 남서 계절풍(남서 몬순)이라 한다.

남서 계절풍은 인도 전체 인구의 70%를 부양하는 한 해 농사에 큰 영향을 미친다. 벼농사뿐 아니라 목화, 황마 등의 재배에도 비가 매우 중요한데, 이때 비의 양이 너무 적으면 흉년이 들어 먹을 것이 없고, 너무 많으면 홍수가 발생한다.

겨울철에는 대륙에서 바다 쪽으로 북동 계절풍이 분다. 이때 대륙의 차갑고 건조한 바람이 히말라야의 남쪽으로 불어와 건기가 된다.

물에 잠기는 방글라데시

방글라데시는 연중 강수량의 80%가 집중되는 우기에 홍수 피해가 심각하다. 한 번 물난리가 나면 전 국토의 3분의 2가량이 피해를 입는다.

1998년 홍수 때에는 800만 명의 이재민이 발생

세계의 인구 밀도 동남·남아시아는 세계적인 인구 밀집 지역이다. 인구 부양력이 높은 쌀을 충적 평야에서 집중적으로 생산하기 때문이다.

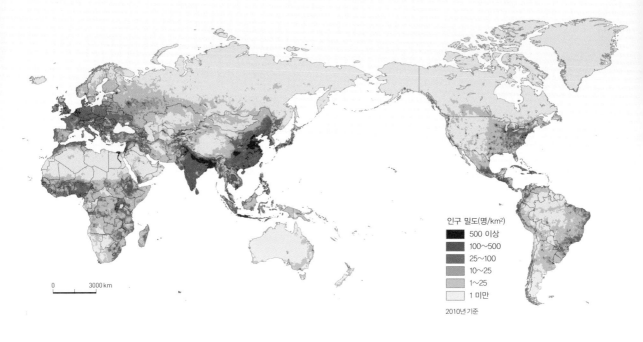

인구 밀도(명/km²)
- 500 이상
- 100~500
- 25~100
- 10~25
- 1~25
- 1 미만

2010년 기준

0   3000 km

했고, 2003년에도 200만 명이 집을 잃었다. 2005년에도 폭우가 몰아친 북부·중부에 물난리가 났다. 2007년 이후로는 해마다 홍수와 이로 인한 수인성 질병의 악순환을 겪고 있다.

방글라데시는 왜 이렇게 홍수가 잦고 피해 규모도 어마어마한 걸까?

가장 큰 요인은 국토의 대부분이 고도가 낮은 충적 평야 지대여서 강물이 불어나면 바로 침수되기 때문이다. 이에 더해 밀집한 인구와 5월에서 10월 중반까지 강수량이 치솟는 뚜렷한 계절풍 기후라는 점도 한몫을 한다.

또 이때는 열대성 저기압인 사이클론이 발생하는 시기이기도 하다. 지구 온난화로 인해 더욱 강력해진 사이클론과 해수면 상승으로 앞으로 홍수

피해가 더욱 커질 거라는 전망이 이어지고 있다.

한편 높이 솟은 히말라야의 빙하에서 제공되는 강물은 남아시아 일대 15억 인구를 먹여 살리는 젖줄이다. 하지만 전 지구적인 기후 변화로 빙하가 녹아내리면 대홍수가 일어나고, 반대로 수자원은 고갈되는 것이 아닐까 하는 걱정까지 더해지는 상황이다. 특히나 문제가 되는 것은, 방글라데시를 비롯한 남아시아가 세계에서 가장 인구 밀도가 높은 지역이라는 점이다.

해마다 홍수 피해 지역은 넓고 피해 규모도 큰데 재난에 대비할 각국 정부의 능력이 떨어져 이들을 향한 국제 사회의 우려가 크다.

물 위의 삶 미얀마의 인레 호수에 사는 인따족들은 수상 가옥에서 살고, 배를 타고 수상 학교에 다니며, 호수 위에서 밭도 일군다.

수상 가옥, 수상 시장… 물 위에서 이루어지는 삶

동남아시아의 강변에는 수상 가옥이 이어져 있다. 바다 위에서 갖가지 물건을 사고파는 수상 시장은 사람들로 북적인다. 무덥고 비가 많이 오기 때문에 물 위에서의 생활이 장점도 많다.

미얀마의 북동부에 자리한 인레 호수. 이곳에 사는 인따족들은 수상 가옥에서 살고, 수상 학교에 다니며, 호수 위의 밭을 일군다. 물 위에서 모든 일상 생활이 이루어지니 땅을 밟을 일이 거의 없다.

수상 가옥은 실내가 시원하고 모기 같은 해충도 막을 수 있다. 수상 가옥의 모든 기둥은 사각 모양으로 만들었는데, 이는 물에서 가끔 올라오는 물뱀을 막기 위해서이다. 비가 많이 와서 지붕의 경사가 급하고, 건축 재료는 주변에 흔한 야자나무를 이용한다.

캄보디아의 톤레삽 호수에서는 비가 많이 오는 우기와 적게 오는 건기에 호수 가장자리의 위치가 달라져 배로 집을 끌고 이동하기도 한다.

타이의 방콕에는 좁은 수로에 식료품과 잡화를 실은 배가 빽빽이 모여들어 수상 시장이 형성된다. 새벽의 수상 시장이야말로 방콕 사람들의 생활 모습을 가장 잘 볼 수 있는 곳이다.

타이의 운하는 전국을 모두 합해 300만 km가 넘는데, 옛날에는 육로 교통보다 수상 교통이 훨씬 더 발달했다. 수상 시장에서는 물건을 사고파는 과정을 통해 지역 간의 문화적인 교류도 활발하게 이루어진다.

점점 높아지고 있는 에베레스트 산

히말라야 관광의 관문, 네팔

히말라야 트레킹 여행이 시작되는 곳, 네팔의 수도 카트만두는 히말라야를 만나러 온 세계 각국의 여행객이 거쳐 가는 관문이다.

카트만두에서는 동쪽으로 에베레스트, 서쪽으로 안나푸르나로 이어지는 히말라야의 여러 봉우리를 관망할 수 있다. 세계에서 14개밖에 없는 8000m 이상의 봉우리 중 8개가 네팔에 있다.

네팔이 오랫동안 고수해 오던 통상 수교 거부 정책을 깨고 1949년에 문호를 개방한 이후 히말라야는 등반의 황금 시대를 맞았다.

고산 지대의 악천후와 열악한 생활환경을 이겨내 온 셰르파족은 히말라야 등반의 안내자로서 큰 역할을 해 왔다.

셰르파족은 히말라야 남쪽의 산악 지대에 사는 티베트계 고산족으로 성(姓)이 모두 '셰르파'이다. '셰르파'라는 단어는 티베트어로 동쪽을 뜻하는 '샤르'와 사람을 뜻하는 '파'의 합성어로 '동쪽에서 온 사람'을 의미한다.

셰르파족은 티베트 불교인 라마교를 믿는다. 히말라야 원정이 시작되면 베이스캠프 주위에 돌로 쌓아서 만든 라마 제단에 안전을 기원한다.

네팔에는 인도의 힌두교 · 불교, 티베트의 라마교가 공존한다. 네팔은 석가모니가 태어난 곳이지만, 세계에서 유일하게 힌두교를 국교로 하는 나라이다.

네팔에서 인도와 티베트 사람들의 삶까지 엿볼 수 있는 것도 총 길이 2400km를 굽이치는 히말라야 덕분일 것이다.

네팔 국기 삼각형 모양의 국기는 네팔이 히말라야를 의미한다.

네팔의 전통 사원 히말라야를 품고 있는 네팔은 인도와 티베트 사이에 위치하여 힌두교와 라마교가 공존한다.

히말라야의 셰르파를 꿈꾸는 네팔 소년 밍마

"형처럼 멋진 셰르파가 되고 싶어!"

안녕? 나는 네팔에 사는 열여섯 살 밍마야. '밍마'는 화요일에 태어났다고 해서 지어진 이름이지. 우리 셰르파족은 아이가 태어난 요일에 따라 이름을 짓는 풍습이 있어. 그래서 다와(월), 밍마(화), 락파(수), 푸르바(목), 파상(금), 펨바(토), 니마(일)라는 이름이 많아. 우리 형의 이름은 일요일에 태어나서 니마야.

형은 초등학교를 잠깐 다니다 그만두고 어릴 때부터 집에서 농사일을 도왔어. 우리 집은 소 열 마리와 야크 한 마리를 키우고, 감자 농사를 주로 짓지만 고지대라 기온이 낮고 농사짓기가 힘들어. 형이 열 살 때인가, 이따금 히말라야를 등반하는 원정대의 짐꾼과 주방 보조 일을 했어. 그러다 본격적으로 히말라야 전문 산악 등반 안내인인 셰르파로 일하면서 마나슬루 봉(8163m)에도 오르고, 얼마 전엔 사고를 당한 동료의 시신을 옮기기 위해 에베레스트 봉(8850m)에도 올랐단다.

부모님은 셰르파 일이 수입은 좋지만 너무 위험하다며 형이 그만두기를 바라셔. 하지만 형은 여럿이서 산에 오르기 때문에 안전하다며 부모님을 안심시키곤 해. 형은 작은 불상이 달린 목걸이를 늘 지니고 다니고, 특히 산에 오를 때면 부처님께 드리는 기도를 잊지 않는단다.

형이 셰르파로 벌어 오는 돈은 우리 가족에게 매우 중요한 생활비야. 셰르파 중에는 술이나 도박으로 돈을 날리는 사람도 있지만 우리 형은 정말 성실해. 내 꿈은 형처럼 셰르파가 되어 에베레스트 정상에 오르는 거야. 자랑스러운 형처럼 나도 멋진 셰르파가 되고 싶어.

히말라야를 넘는 야크 고산 동물인 야크는 히말라야에서 짐꾼으로도 큰 역할을 한다.

인도 판과 유라시아 판의 거대한 만남, 히말라야

지구상에서 에베레스트를 비롯해 8000m가 넘는 높은 산은 대부분 히말라야 산맥에 집중되어 있다. '에베레스트'라는 이름은 1852년 이 산이 세계 최고봉임을 밝힌 영국의 인도 측량국장 조지 에베레스트의 이름을 딴 것이다. 하지만 오래전부터 티베트에서는 이 산을 '세계의 어머니 신'이라는 뜻의 '초모룽마', 네팔에서는 '하늘의 여신'이라는 뜻의 '사가르마타'로 부르고 있었다. 땅 이름은 현지를 따라야 하지만 영국이 이를 무시한 것이다.

인간의 접근을 쉽게 허락하지 않는 세계 최고봉 에베레스트는 1953년 영국 등반대의 뉴질랜드 출신 대원 에드먼드 힐러리와 네팔인 셰르파 텐징 노르가이가 처음으로 등정에 성공했다.

그런데 히말라야 산맥은 어떻게 세계에서 가장 높은 산맥이 된 것일까? 답은 판의 충돌에 있다. 인도 판과 유라시아 판이 충돌하면서 인도 판이 유라시아 판 밑으로 파고들었고, 이때 지각이 밀려 올라가 높고 험한 히말라야 산맥이 만들어진 것이다.

또한 이 충돌로 중국 남부와 인도차이나 반도가 남북으로 틀어져 높고 좁은 산맥과 깊은 골짜기가 생겨났다. 베트남, 라오스의 주요 산맥과 하천은 이 거대한 지각 충돌로 탄생한 것이다.

판의 충돌은 지금도 계속되고 있으며, 그 때문에 히말라야 산맥도 계속 융기하고 있다. 2008년 기준 공식 높이가 8850m에 달하는 에베레스트도 해마다 약 5cm씩 높아지고 있다.

히말라야 산맥은 비행기나 기계식 교통수단을 이용하는 인간을 제외하고는 오직 인도기러기 한 종만 규칙적으로 높은 봉우리를 날아 넘고 있다. 히말라야 산맥은 이렇게 새들도 넘기 힘든 자연의 장벽이자 인도와 중국의 경계를 이루는 문화적 장벽이기도 하다.

판의 충돌로 발생하는 강력한 지진과 지진 해일

2004년 12월, 인도네시아 수마트라 부근에서 9.0 규모의 강한 지진이 발생했다. 이 때문에 인도네시아는 물론 스리랑카, 인도, 타이 등 주변국 해안 지대에 초대형 지진 해일이 덮쳤다. 이 지진 해일은 히로시마에 투하된 핵폭탄 약 250만 개 정도의 강도였다고 한다. 그만큼 피해도 엄청나서, 전체 사망자가 20만 명을 넘었고, 그중 3/4 이상이 인도네시아인이었다.

지진 해일은 '쓰나미'라고도 하는데, 해저의 지각 변동으로 바닷물이 크게 일어나 육지를 거세게 덮치는 현상이다.

지구의 판과 판이 만나는 지역은 지층이 갈라져 어긋나는 단층이나 화산 활동이 격렬해서 지진이 자주 일어난다. 인도 판·오스트레일리아 판·태평양 판이 만나는 인도네시아 일대는 이른바 환태평양 '불의 고리(Ring of Fire)'에 속하여 수시로 지진이 일어나는 곳이다. 당시 지진 해일을 일으킨 원인도 이런 '판 경계형 지진'으로 분류된다.

과학자들은 앞으로 더 강력한 지진이 발생할 수 있다고 경고한다. 특히 세계에서 가장 인구가 조밀한 데다 재해에 대비한 경보 시스템이 잘 갖추어져 있지 않은 갠지스 강 유역의 도시에서 지진이 나면 사망자가 100만 명에 이를 수도 있다고 예측한다.

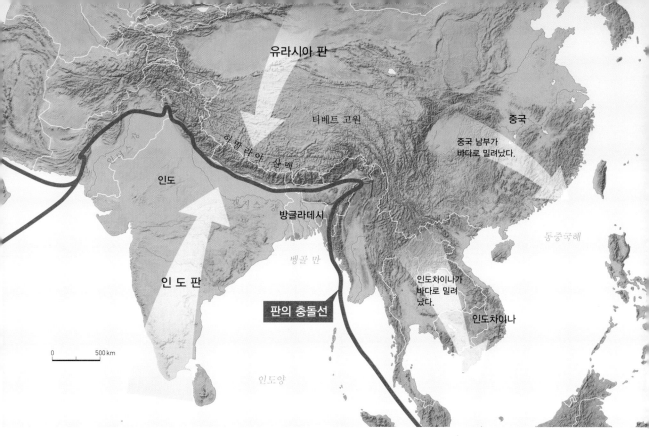

유라시아 판

티베트 고원

중국

중국 남부가
바다로 밀려났다.

인도

히말라야 산맥

방글라데시

인 도 판

갠지스 강

벵골 만

동중국해

판의 충돌선

인도차이나가
바다로 밀려
났다.

인도차이나

0 500 km

인도양

거대한 산맥의 탄생 지각판이 충돌하면 그 압력에 의해 지층이 물결 모양으로 휘면서 습곡 산맥이 형성된다. 인도 판과 유라시아 판이 충돌하면서 지각이 밀려 올라가 높고 험한 히말라야 산맥이 만들어졌다.

인도네시아를 강타한 지진 해일(쓰나미) 피해 2004년 발생한 지진 해일로 당시 사망자만 20만 명이 넘었다.

판의 충돌이 가져온 거대한 지각 변동

지구의 표면은 판(plates)이라 불리는 크고 작은 조각들로 나뉘어 있다. 현재 지구의 겉모습은 수십억 년 동안 판들이 느리게 이동하고, 서로 부딪쳐 솟거나 갈라져서 만들어진 결과물이다. 현재 지구 표면에는 7개의 주요한 판들과 15개 이상의 작은 판들이 있다. 이 판과 판의 경계를 따라 지진, 해일, 화산 폭발 등 다양한 지각 변동이 일어난다.

특히 환태평양 지진대는 태평양을 둘러싸고 칠레에서 알래스카, 일본과 동남아시아, 태평양의 섬들로 이어지는 지역으로, 이곳에서 전 세계 지진의 90%와 규모가 큰 지진 81%가 발생한다.

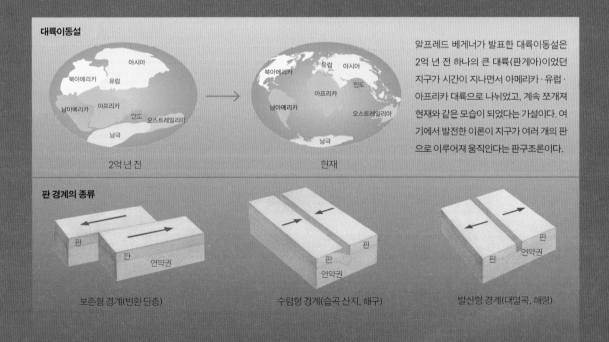

심해에선 파도가 최고 시속
800km의 빠른 속도로 이동한다.

해안에 가까워지면 해일의 속도는 시속
40~60km로 느려지지만 파도는 지면을
따라 위쪽으로 올라가 높아진다.

단층이 어긋나는 만큼 바닷물이
위아래로 일렁거려 해일이 발생한다.

해일이 해안을 강타해 큰 피해를 발생시킨다.

1
2
3
4

인도네시아에 지진과 지진 해일(쓰나미)이 자주 발생하는 이유

거대한 지진 해일을 발생시키는 주요 원인은 해역의 판 경계에서 일어나는 지진이다. 오스트레일리아 판, 인도 판, 태평양 판이 만나는 인도네시아 일대는 이른바 환태평양 '불의 고리'에 속하는 지역으로 지진과 해일이 자주 일어난다.

판의 충돌이 가져온 또 하나의 지각 변동, 화산 폭발

인도 판과 오스트레일리아 판, 태평양 판, 유라시아 판, 필리핀 판이 만나는 인도네시아와 필리핀은 지진뿐만 아니라 화산 활동도 자주 일어난다. 특히 인도네시아에는 500여 개의 화산이 있는데, 그중 지금까지 활동하는 화산이 1/5이나 된다.

인도네시아 가와이젠 화산에서의 유황 채취 인도네시아는 화산에서 순도 높은 유황을 채취하여 비료를 만든다. 유황 가스로 인해 방독면 없이는 눈도 제대로 뜰 수 없는 산 정상에서 생계를 위해 맨손으로 유황을 캐는 사람이 많다.

필리핀 피나투보 화산에 형성된 칼데라 호 이곳이 20세기 두 번째 규모의 화산 폭발로 형성되었다. 폭발 당시 화산재와 먼지가 햇빛을 차단해 지구 평균 기온이 0.5도가량 내려갔다. 이를 피나투보 효과, 즉 화산 폭발에 의한 지구 냉각 효과라고 한다.

인도네시아 발리 섬의 계단식 논 화산에서 분출한 막대한 양의 화산재는 비옥한 토양을 만들어 주기도 한다. 이 지역 사람들은 화산재로 덮인 산지를 일구어 만든 계단식 논에서 많은 양의 쌀을 수확하고 있다.

2 다양한 종교가 현실 속에 살아 있는 곳

어느 나라든 관광 명소가 된 유적지는 대부분 종교와 관계가 있다. 동남아시아와 남아시아에서 종교는 과거의 유물이 아니라 현실 속에 실제로 살아 있다. 종교는 문화의 중요한 구성 요소로서, 이 지역 주민들의 의식주 생활뿐 아니라 사회 제도와 관습 등에도 막대한 영향을 미치고 있다.

힌두교의 성지인 인도의 바라나시 인도인들이 갠지스 강 중류에 있는 바라나시에서 목욕하는 것은 정신의 때를 말끔히 씻어내는 종교적인 행위이다.

인도를 이해하는 두 개의 열쇠, 힌두교와 카스트

브라만교와 토착 신앙이 융합한 인도의 민족 종교

갠지스 강가에 있는 힌두교의 성지 바라나시에는 새벽부터 순례자와 관광객을 태운 배들이 몰려 북새통을 이룬다. 두 손으로 강물을 떠 마시는 사람, 시체를 화장하는 남자, 사리만 걸친 채 두 손 모아 해를 바라보며 간절하게 기도하는 여인들…….

관광객을 제외한 대부분의 사람들은 갠지스 강을 성스러운 강으로 여기는 힌두교도들이다. 이들은 갠지스 강이 비슈누 신(브라만, 시바와 함께 힌두교의 세 주신 중 하나)의 발뒤꿈치에서 흘러나온 물이고, 여기에서 목욕을 하면 지은 죄가 모두 씻겨 내려간다고 믿는다.

힌두교의 뿌리는 기원전 1500년경 인도로 이주해 온 아리아인들에 의해 형성된 브라만교이다. 브라만교가 불교 등의 영향을 받아 인도의 다양한 토착 신앙과 융합하면서 탄생한 것이 힌두교이다.

힌두교의 신자를 가리키는 '힌두(Hindu)'라는 단어는 '큰 강'을 뜻하는 산스크리트어 '신두(Sindhu)'에서 유래했는데, 원래는 인더스 강을 부르는 말이었다가 점차 인도라는 나라의 의미로 확장되었다.

힌두로 인정받는 것은 힌두교 신자로서의 자격뿐만 아니라 특정한 카스트 구성원으로서의 자격이 주어지는 것을 의미한다. 카스트는 가문·결혼

사람들 사이를 돌아다니는 소 인도에는 약 3억 마리의 소가 있다. 힌두교도들은 소를 귀하게 여겨 숭배한다. 소가 시바 신이 타고 다니는 신성한 동물이라고 믿기 때문이다.

·직업에 의해 결정되는 특정한 지위의 계급을 가리키는데, 카스트에 속한 부모에게서 태어난 힌두만이 진정한 신자로 인정된다. 현재 인도 인구 약 12억 명 가운데 80% 이상이 힌두교 신자이다.

차별과 불평등의 상징, 카스트 제도

카스트 제도에서는 제사장이나 승려인 브라만, 왕족이나 귀족인 크샤트리아, 농·상·공업에 종사하는 평민인 바이샤, 노예와 천민 등 피정복민으로 구성된 수드라의 네 계급으로 신분이 나뉜다.

이러한 카스트 제도는 각 집단 사이를 엄격하게 차별하여 인도의 정치적·사회적 통합을 방해해 왔다. 21세기에는 카스트가 사라지지 않을까? 대답은 '아니오'가 우세하다. 이미 1947년 인도 정부는 근대화의 걸림돌이라고 여겨 카스트 제도를 법으로 금지했으나 인도 사회에는 여전히 뿌리 깊은 차별이 존재한다.

카스트 제도 수천 년 동안 인도 사회의 근간을 이루어 온 신분 제도. 힌두교도로 인정받는 것은 카스트 구성원의 자격이 주어지는 것을 의미한다.

힌두 부모에게서 태어나지 못한 사람은 제4계급인 수드라에조차 속하지 못해 '불가촉천민'이라 불린다. 인도 정부는 법적으로 이들의 지위를 향상시키기 위해 직업 할당제 실시, 국회와 지방의 의원 수 할당 등의 노력을 하고 있다. 하지만 상층 카스트가 경제를 지배하는 현실에서 불가촉천민이 할 수 있는 것은 세탁부, 도축업자, 시체 수거인, 화장실 청소부 등 카스트 힌두들이 기피하는 일뿐이다. 여기에 현대에 와서는 돈과 학력이 새로운 카스트를 형성하고 있다.

인도의 여성 차별도 힌두교와 관련된다. 힌두교에서는 장례식 때 아들이 직접 피운 불로 화장을 해야만 현세의 삶이 끝난다고 믿는다. 그러니 이들에게 딸은 별 필요가 없다.

여성은 대체로 교육도 받지 못하고 일생 동안 집안일과 농사일 등 노동에 시달린다. 결혼할 때도 신부는 신랑 집에 엄청난 지참금을 가져가야 한다.

불교가 태어난 땅 인도에는 불교가 없다

불교는 인도에서 태어난 종교이다. 그러나 인도 전체 인구 가운데 불교도는 0.8%에 불과하다. 인도 북부에 남아 있는 몇몇 사원 건축물들이 인도가 한때 불교 국가였음을 보여 주고 있을 뿐이다. 불교가 탄생한 인도에 왜 불교가 없을까?

불교는 카스트 제도의 불평등과 모순, 그리고 운명의 굴레에서 영원히 벗어날 수 없다고 믿는 체념적인 브라만교에 반발하여 일어난 종교이다. 불교는 스스로의 노력과 수행으로 해탈을 통해 누구나 열반에 도달할 수 있다고 가르친다.

인도 서부의 고대 불교 유적, 아잔타 석굴 사암을 파서 만든 29개의 아잔타 석굴에는 B.C. 200~
A.D. 650년까지의 불교 역사가 그려져 있다.

이런 석가모니의 가르침은 간절하게 평등한 사회를 바라던 수드라뿐만 아니라 크샤트리아와 바이샤 신분에게도 환영을 받았다.

인도에서 불교는 고대 마우리아 왕조(B.C. 317~B.C. 180) 아소카 왕 때 크게 발전했다. 이후 남쪽으로 스리랑카와 동남아시아, 북쪽으로 티베트와 중국을 거쳐 한국과 일본 등지로 널리 퍼졌다.

그러나 시간이 흐를수록 불교는 일반 대중과 분리되어 왕족과 사회 귀족층을 위한 종교로 변질되었다. 불교가 점차 힌두화되어 가는 상황에서 이슬람 세력의 침입은 불교의 쇠락을 더욱 부채질했다.

이슬람 세력이 사원을 파괴하고 승려들을 쫓아내자 불교는 더욱 설 자리를 잃었고, 그 결과 1200년대 이후 불교는 인도에서 모습을 감추었다.

힌두와 이슬람 문화가 공존하는 인도

이슬람교는 중세 말기 인도 역사에 지대한 영향을 미쳤다. 현재 전 세계 이슬람교 인구의 절반은 인도를 포함한 동남·남아시아에 살고 있다. 오늘날 다양한 종교와의 화합과 공존을 지켜 가고 있는 인도의 다문화 전통은 어떻게 이루어진 것일까?

10세기 말 아프가니스탄에 터를 잡은 이슬람 세력이 본격적으로 인도로 쳐들어왔다. 그들은 인도의 힌두족들을 개종하는 것이 불가능함을 깨닫고 '이슬람교와 힌두교의 공존'으로 방향을 바꾸었다. 이후 이슬람 성자들의 지속적인 노력 끝에 이슬람교는 인도 문화의 하나로 정착하게 되었다.

16세기에는 또 다른 이슬람 세력이 인도를 침공했다. 영국에 의해 밀려날 때까지 330년 동안 인도를 통치한 무굴 제국이었다.

인도에 진출한 이슬람 세력들은 관대한 종교 정책을 펼쳤고, 힌두교와 이슬람교가 융합된 종교와 건축, 언어 등 다양한 문화를 만들어 갔다. 세계에서 가장 아름다운 무덤이라는 타지마할을 보면 그 특징을 알 수 있다.

타지마할은 아치와 아라베스크 무늬와 거대한 돔 지붕이 돋보이는 이슬람 건축이다. 그러나 붉은 사

터번을 쓴 시크교도 시크교는 힌두교와 이슬람교를 결합한 종교이다. 사원에 들어갈 때는 존경의 표시로 머리를 천으로 감싸고 신발을 벗어야 한다.

암을 주로 사용하는 이슬람 전통에서 벗어나 힌두교 사원에서 볼 수 있는 백색 대리석에 홈을 파고 세계 각지에서 수집한 갖가지 보석을 덧붙여 힌두와 이슬람의 만남을 보여 준다.

인도에서는 또한 관대한 종교 정책으로 힌두교와 이슬람교를 결합한 시크교가 탄생했다. 시크교도는 터번을 쓰고 머리를 깎지 않는 등 특이한 용모와 복장으로 쉽게 구별된다. 이들은 식민지 시절 영국에 적극적으로 협조한 결과 독립 후 펀자브 지역에서 자치권을 획득하여 오늘날에도 인도의 중산층으로 살고 있다. 여행 시 터번을 쓴 사람에게 영어로 길을 물으면 대개 통한다고 할 정도이다.

인도 북부에서 불교와 이슬람교 등이 널리 퍼진 시기에도, 인도 남부에서는 드라비다족이 동남아시아에 식민지를 건설하고 인도양 해상 무역을 이끌며 고유의 문화와 힌두교의 전통을 지켜 왔다.

타지마할 무굴 제국의 황제 샤 자한이 죽은 왕비 뭄타즈 마할을 추모하여 22년 동안 지은 묘소로, 힌두와 이슬람 양식이 결합된 건축물이다.

갈등의 불씨가 남아 있는 분쟁 지역들

타밀족 vs 신할리즈족, 스리랑카 내전

인도의 남쪽 인도양에 있는 섬나라 스리랑카는 눈물방울같이 생긴 모양 때문에 '인도의 눈물'이라는 별명을 갖고 있다.

스리랑카는 기원전 6세기 북인도의 신할리즈족이 실론 섬으로 들어와 세운 불교 왕조이다. 신할리즈족은 1815년 영국에 멸망당할 때까지 2000여 년간 스리랑카를 지배했다.

제국주의 영국은 실론 섬에 차 플랜테이션 농장을 운영하면서 부족한 노동력을 메우고자 인도에서 타밀족을 이주시켰다. 그리고 힌두계 타밀족(18%)을 이용해 불교계 신할리즈족(74%)을 통치했다.

1948년 스리랑카가 영국으로부터 독립하자 영국을 등에 업고 있던 타밀족은 한순간에 소수 민족으로 전락했다. 다수 민족인 신할리즈족은 신생 독립국의 지배층을 이루며, 외세를 이용해 자신들을 억압했던 타밀족을 차별했고, 이에 타밀족은 타밀 반군을 결성하여 정부군에 대항했다. 이 스리랑카 내전의 결과 26년간 7만 명 이상이 사망했고, 민족 박해와 인권 탄압, 난민 문제 등이 발생했다.

2009년 타밀 반군이 싸움을 포기하는 성명서를 내면서 스리랑카 내전은 끝이 났지만, 아직까지 불씨가 완전히 꺼졌다고 할 수는 없다. 스리랑카는 여전히 다수 민족인 신할리즈족이 소수 민족인 타밀족을 차별하는 근본적인 문제를 안고 있다.

인도-파키스탄 국경의 '불타는 지옥' 카슈미르

19세기 중반 이후 인도는 영국의 식민지였다.

찻잎을 따는 스리랑카의 여성들 1972년 이전까지 '실론'이라 불렸던 농업 국가 스리랑카는 우리에게 '실론티'라는 홍차로 잘 알려져 있다.

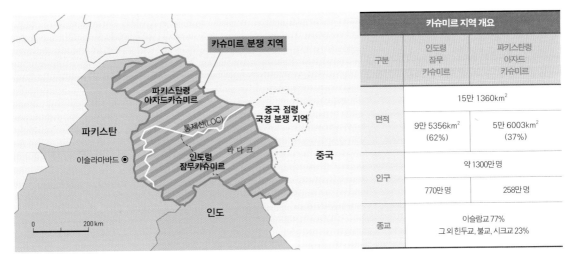

카슈미르 지역 개요		
구분	인도령 잠무 카슈미르	파키스탄령 아자드 카슈미르
면적	15만 1360km²	
	9만 5356km² (62%)	5만 6003km² (37%)
인구	약 1300만 명	
	770만 명	258만 명
종교	이슬람교 77% 그 외 힌두교, 불교, 시크교 23%	

인도-파키스탄 간 종교 갈등의 현장, 카슈미르 분쟁 지역

1920년에 간디가 이끄는 인도 국민 회의가 비폭력·비협력 운동을 벌이면서 영국에게 인도의 완전 독립과 통일을 요구했다.

1947년, 인도는 마침내 독립을 이루었지만 통일은 이루지 못했다. 힌두교가 대다수인 인도와 이슬람교가 대다수인 파키스탄으로 분리, 독립했기 때문이다. 이때 파키스탄은 인도를 중심으로 동·서 양쪽으로 영토가 나뉘었다.

동파키스탄은 서파키스탄과 3200km나 떨어진 지리적 거리 때문에 인종·언어·생활양식이 많이 달랐고, 특히 경제적 차별이 심했다. 결국 동파키스탄과 서파키스탄은 내전을 치르게 되었고, 1971년 동파키스탄은 방글라데시라는 이름으로 독립을 했다.

영토 분할 이후 종교 갈등과 국경 분쟁이 끊이지 않아서, 파키스탄과 국경을 마주하는 인도 북서부 카슈미르 지역은 지금도 '불타는 지옥'으로 불린다.

카슈미르는 역사적으로 이슬람교, 힌두교, 불교 등 다양한 종교 세력의 경계 지대에 위치했지만 수세기 동안 비교적 평화롭게 살아왔다. 그러나 종교 간 갈등과 분리를 조장하며 식민 통치를 하던 영국이 물러난 뒤, 소수의 힌두 엘리트가 통치하던 카슈미르 지방은 무슬림이 75%나 되었지만 힌두교 국가인 인도를 선택했다.

이에 무슬림들이 들고일어나 카슈미르 지역은 인도령과 파키스탄령으로 분할되었고, 결국 1948년부터 두 나라는 전쟁에 돌입했다.

한때 화해 무드가 감돌기도 했지만 인도에 대한 파키스탄의 불신, 잠무카슈미르(인도령) 힌두교도들의 반발, 이슬람의 장악을 원치 않는 라다크 지방 불교도들의 요구 등이 평화적인 사태 해결에 걸림돌로 작용하고 있다. 간디와 네루가 그토록 바랐던 '하나의 인도'는 소망으로만 남을 것인가?

● 행복 지수 세계 1위인 히말라야의 작은 나라, 부탄

첫눈이 내리는 날을 국가 공휴일로 정하는 나라, 왕이 가난한 국민에게 자기 땅을 나눠 주는 나라가 지구 상에 있을까? 상상만으로도 행복해지는 그런 나라가 정말 있다! 바로 히말라야 산맥 깊숙이 자리한 작은 왕국 부탄이다. 2010년 영국에 본부를 둔 유럽 신경제 재단(NEF)이 나라별 행복 지수를 조사한 결과, 143개국 가운데 부탄이 당당히 1위를 차지했다(한국은 68위). 그리고 부탄 국민 97%가 '나는 행복하다' 고 답했다.

부탄은 1인당 국민 총소득이 1000달러밖에 안 되고, 면적은 한반도의 1/5, 인구는 약 72만 명, 국토의 대부분은 해발 2000m 이상 고지대에 있다. 그런데 부탄 사람들은 왜 행복하다고 말하는 것일까? 한마디 로 이들은 물질적 풍요보다 정신적 풍요가 진정한 행복이라고 생각하기 때문이다. 그래서 나라의 정책도 물질적인 부를 나타내는 국민 총생산(GNP)보다 국민 총행복(GNH)을 기준으로 펴 나가고 있다.

1976년 부탄 제4대 국왕이 '국민 총행복' 개념을 도입하자 온 국민이 그 방침을 지지했다. 한국, 중국, 타이완 같은 자본주의적 발전 모델보다 물질적·정신적 만족이 균형을 이루는 국가 모델을 추구한 것이 다. 국민 경제에서 생산되는 산출물은 사회적으로 꼭 필요하고 바람직한지 9가지 기준으로 따져 보고 행복 지수를 높여 줄 수 있는 것만을 실행한다. 9가지 기준은 건강, 심리적 행복, 시간 활용, 교육, 문화, 좋은 통치 방식, 생태계, 지역 사회의 생명력, 생활 수준이다.

현재 부탄은 행복한 나라의 대안적인 모델로서 크게 주목을 받고 있다. '경제학계의 슈바이처'로 불리 는 제프리 삭스 미국 컬럼비아 대학 교수는 부탄처럼 '국민 총생산보다 국민 총행복을 추구하는 경제 정 책으로 전환할 것'을 국제 사회에 촉구하고 있다.

온 국민이 함께 축하하고 즐기는 부탄의 국왕 결혼식

밝게 웃고 있는 부탄의 어린이들

쿠알라룸푸르의 술탄 압둘 사마드 빌딩 태평양과 인도양의 길목인 말레이시아의 수도 쿠알라룸푸르에는 다양한 문화가 공존한다. 영국풍의 건물 양식과 이슬람의 돔 등 동서양의 문화가 절묘한 조화를 이룬다.

 ## 해상 실크로드의 교차로, 동남아시아

인도차이나의 독특한 복합 문화

인도양과 태평양으로 열려 있는 동남아시아는 해상 실크로드의 길목으로 인도뿐 아니라 중국, 서남아시아, 유럽 등지의 물자와 사람, 자본이 이동하는 교차로이다.

예로부터 서쪽에서는 인도 상인과 아랍 상인이 교역을 위해 들어왔고, 동쪽에서는 중국 이주민이 몰려 들어왔다. 근대에 들어서는 유럽인과 미국인이 식민지 건설을 위해 들어오기도 했다. 따라서 동남아시아 문화는 복잡한 자연환경과 토착 및 외래 문화가 결합되면서 자연스레 '복합적인 문화'로 발전했다.

흔히 동남아시아를 '인도차이나'라고 부른다. 이는 인도와 중국 사이에 위치하여 그 문화적 영향을 많이 받았다는 의미로, 서구 열강의 침략 시대에 붙여진 두루뭉술한 이름이다.

하지만 동남아시아는 중국과 인도의 영향을 받으면서도 그 나름의 고유하고 독자적인 문화적 전통을 지키고 발전해 왔다. 중국의 가부장적 유교 문화가 들어왔어도 모계 사회의 전통을 잃지 않았고, 인도 힌두교의 영향을 받았지만 카스트 제도는 받아들이지 않았다. 또한 이슬람과 서양 세력의 영향 아래에서도 고유의 문화를 유지했다.

5세기 이후 선박 제조 기술과 항해술이 발달하면서 동서 항로의 중간 지점인 동남아시아는 황금기를 맞이한다. 열대산 향신료와 향나무, 금 등의

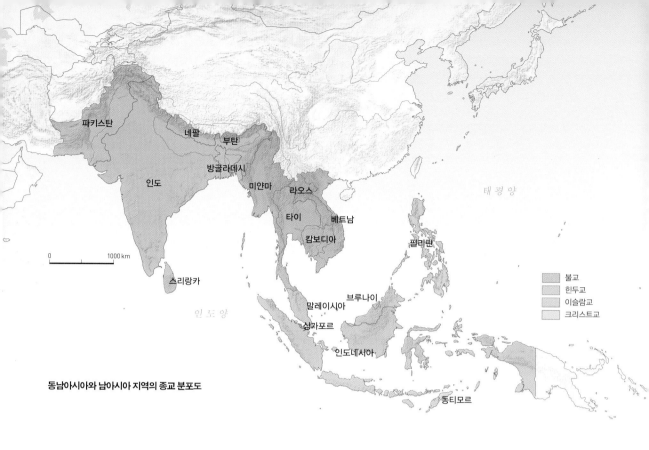

파키스탄
네팔
부탄
방글라데시
인도
미얀마
라오스
타이
베트남
캄보디아
필리핀
스리랑카
브루나이
말레이시아
싱가포르
인도네시아
동티모르
태평양
인도양

0   1000 km

불교
힌두교
이슬람교
크리스트교

동남아시아와 남아시아 지역의 종교 분포도

특산품을 찾아 외지의 상인들이 동남아시아를 찾아왔다. 동남아시아 사람들은 그들과 교류하면서 경제력을 키우며 문화적 저력을 보여 주었다.

세계 문화유산, 앙코르와트와 보로부두르 사원

문명의 교차로인 동남아시아에는 주요 세계 종교가 모두 들어와 있다. 타이 · 미얀마 · 캄보디아 · 라오스 · 베트남에는 불교가, 말레이시아 · 인도네시아 · 브루나이에는 이슬람교가, 필리핀 · 동티모르에는 가톨릭교가 지배적인 종교로 자리 잡고 있다.

유네스코가 지정한 세계 문화유산으로 주목받고 있는 캄보디아의 앙코르와트 사원과 인도네시아의 보로부두르 사원은 동남아시아 사람들의 문화를 잘 보여 주는 대표적인 종교 건축물이다.

9세기부터 13세기까지 동남아시아에서 가장 강력한 세력이었던 크메르 제국은 수도 앙코르에 장대한 앙코르와트 사원을 남겼다.

당시 크메르족은 왕과 왕족이 죽으면 그가 믿던 신과 하나가 된다는 신앙을 가졌고, 왕은 자기와 동일시하는 신의 사원을 건립하는 풍습이 있었다. 앙코르와트 사원은 앙코르 왕조의 전성기를 이룬 수리야바르만 2세가 자신의 유해를 안치하기 위해 건립하고 힌두교 신 비슈누에게 봉헌한 사원이다.

후세에 이르러 불교도가 힌두교의 신상을 파괴하고 불상을 모시게 되었지만, 건물 · 장식 · 부조 등 모든 면에서 힌두 사원의 양식을 따르고 있다.

동남아시아 전역에 걸쳐 뚜렷이 나타나는 문화적 현상은 인도 문화를 수용한 점이다. 인도 문화의 영향은 인도-동남아시아-중국을 연결하는 해상 무역과 밀접한 관련이 있었다.

캄보디아

앙코르와트 사원

인도네시아

보로부두르 사원

1 캄보디아의 앙코르와트 사원 12세기 크메르 제국의 건축과 예술이 집대성된 걸작으로, 동남아시아 사람들의 문화적 저력을 엿볼 수 있는 사원이다. 힌두교와 불교의 성격을 동시에 가지고 있는 세계적인 문화유산이다.

2 인도네시아의 보로부두르 사원 불교의 우주관이 그대로 담겨 있는 최대의 불교 유적지 중 하나이다.

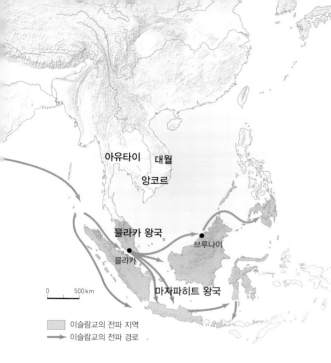

아유타이　대월

앙코르

믈라카 왕국

브루나이

믈라카

마자파히트 왕국

0　　500 km

　이슬람교의 전파 지역
→　이슬람교의 전파 경로

이슬람교의 전파 이슬람교는 동서 해상 무역로를 따라 전파되어 인도네시아와 말레이시아의 중요한 종교가 되었다.

　그러나 앙코르와트 사원의 뛰어난 미술적 건축 양식은 인도 문화를 일정 부분 수용했지만, 건물의 형태나 석조 장식 등 모든 면에서 앙코르 왕조만의 독자적인 양식을 지니고 있다.

　캄보디아의 앙코르와트 사원과 쌍벽을 이루는 것이 인도네시아의 보로부두르 불교 사원으로, 단일 건축물로는 세계 최대 규모이다. 마치 이 땅의 중생들에게 수미산(세계의 중앙에 있다는 산)을 보여 주기 위해 축소 모형을 만들어 놓은 것처럼, 불교의 세계를 상징하는 만다라(불상이나 보살상을 올린 단)가 층층이 쌓여 있다.

　보로부두르는 본래 시바 신을 위한 힌두 사원이었다고 한다. 하지만 쇠퇴해 가던 힌두 왕조가 경비를 대지 못해 거대한 기초 테라스를 만들다가 중단되었다. 이어서 등장한 불교계 샤일렌드라 왕조가 공사를 계속하여 마침내 거대한 불교 성지로 완성했다.

동남·남아시아의 다양한 종교

　동남아시아에는 13세기경부터 인도 상인들을 통해 이슬람교가 전파되고 있었다. 15세기경 동서 무역의 중심지였던 믈라카 왕국●은 이슬람 상인과 손을 잡기 위해 힌두교에서 이슬람교로 개종함으로써 동남아시아 최초의 이슬람 국가가 되었다. 그 뒤 200년간 이슬람교는 불교 국가인 타이와 미얀마를 제외하고 주변 지역으로 널리 퍼져 나갔다.

　2012년 기준으로 전 세계 무슬림 약 16억 명 중 60% 정도가 아시아인이다. 그중 남아시아의 인도·파키스탄·방글라데시, 동남아시아의 인도네시아·말레이시아·브루나이에 약 7억 명이 산다. 특히 인도네시아는 국민의 약 90%가 무슬림이다.

　인도네시아의 이슬람교는 율법과 원리를 중시하는 중동의 이슬람교와 달리 상생과 조화를 중시한다. 선주민들이 믿었던 힌두교와 불교의 영향이 남아 있고, 성전(聖戰)인 지하드●를 통해서가 아니라 해상 무역로를 따라 전파되었기 때문이다.

　중동의 이슬람 국가들은 종교를 중심으로 단결력이 강한 공동체 사회를 이루지만, 인도네시아에서는 이슬람교의 구심력 역할이 강하지 않다. 서남아시아의 이슬람교가 열악한 자연환경과 정치적

● **믈라카 왕국**
1402년부터 1511년까지 말레이 반도 남쪽에 번창한 항구 도시이자 왕국. 유럽인들이 동남아시아를 침략할 때 포르투갈이 가장 먼저 동서 무역의 중심지인 믈라카를 점령했다. 지금의 말레이시아, 싱가포르 지역에 해당하며, 말레이시아에는 그 이름을 이어받은 믈라카 주가 있다.

● **지하드**
이슬람교에서 교리를 퍼뜨리기 위한 성스러운 전쟁을 말한다.

● 당당하고 자유로운 동남아시아 여성들

인도의 지참금 제도나 중국의 전족이 여성을 억압하는 상징이라면, 동남아시아에는 정반대의 관습이 있다. 바로 '신붓값'이라는 것으로, 신랑이 신부 측에 돈을 제공해야 결혼을 할 수 있는 관습이다. 한때는 신붓값이 '인신 매매'나 다를 바 없다는 오해를 받기도 했지만 아직도 널리 통용되고 있다. 왜 동남아시아에서는 신붓값이 깊이 뿌리 내렸을까? 그것은 여성의 '높은 가치와 지위'가 사회 관습과 제도에 반영된 결과이다.

동남아시아의 전통 사회에서는 주로 여성이 논밭과 장터에서 경제적 부를 창출했다. 여성들의 적극적인 경제 활동이 바로 동남아시아 여성이 당당한 이유인 것이다.

여성의 지위가 높다 보니 이혼이나 재혼, 삼혼도 상대적으로 자유롭다. 동남아시아 여성은 사랑과 성, 결혼과 이혼에서 자율적이고 적극적이다. 남아 선호 사상과 여성 차별 의식이 강한 인도나 중국의 문화적 전통과는 다른 모습이다.

시장에서 과일을 팔고 있는 베트남 여성

투쟁 과정에서 발전해 왔던 데 비해 인도네시아의 이슬람교는 천혜의 자연환경과 종교·문화의 다양성 속에서 조화롭게 발전해 왔기 때문이다.

한편 특이하게도 필리핀은 동남아시아 지역에서 유일하게 국민 대다수가 가톨릭교를 믿는 나라이다.

1521년 마젤란이 필리핀을 발견한 뒤 에스파냐는 수차례 원정 끝에 1571년 마침내 필리핀을 정복했다. 필리핀이라는 국명은 당시 에스파냐 황태자 필립의 이름을 따서 붙인 것이다.

그로부터 약 330년간, 에스파냐의 지배를 받은 시기에 가톨릭교가 들어왔고, 1898년 미국-에스파냐 전쟁으로 필리핀에 대한 지배권이 미국으로 넘어간 뒤에는 개신교가 들어왔다. 하지만 주민들에게는 여전히 가톨릭교의 영향력이 더 크다.

마을마다 남아 있는 오래된 성당들과 수많은 종교 행사를 통해 필리핀 사람들의 생활 속에 녹아든 종교의 영향력을 가늠해 볼 수 있다.

라오스의 소년 카오가 보낸 편지

"부처님의 미소를 닮은 루앙프라방에 놀러 와!"

안녕? 나는 전기도 수도도 없는 라오스의 루앙프라방에서 나고 자란 열일곱 살 소년 카오라고 해. 우리나라도 너희 한국처럼 오랫동안 주변국의 침략을 받았단다. 동으로 베트남과 서쪽으로 미얀마, 남으로 타이, 북으로 중국에게 오랫동안 고통스러운 지배를 받아 왔어. 근대에 들어서는 일본과 프랑스, 미국한테 무자비한 노략질을 당했지.

내가 사는 곳은 1995년 유네스코 세계 문화유산으로 지정된 곳이야. 이곳은 14세기 중반 크메르의 도움을 받아 탄생한 란상 왕국의 수도로, 메콩 강과 칸 강의 사이에 둥지를 튼, 고층 건물 하나 없는 아주 예스러운 도시지. 난 이곳의 왓시엥통 사원에서 공부를 하고 있는 신참 승려야. 한국 남자라면 반드시 병역의 의무를 수행해야 하는 것처럼, 우리나라에서 남자로 태어나면 평생 세 번 이상은 승려 생활을 해야만 해. 나는 여덟 살 때 이곳으로 들어왔어.

사원에서는 불교 교리뿐 아니라 물리, 지리, 국어, 수학, 화학, 영어 등 일반 학교와 같이 다양한 과목을 배우고 있어. 사원에서 원하는 공부를 하는 것도 승려가 될 수 있는 남자만 가능해.

우리나라가 1인당 국민소득 500달러 수준의 세계 최빈국 중 하나라고 동정하지는 마. 어떻게 보면 우리 사회에 빈부 격차가 매우 적기 때문에 오히려 행복한 건지도 몰라. 매일 내리는 스콜(열대성 소나기)을 맞으며 부처님의 미소처럼 느릿느릿 움직이는 라오스 사람들의 여유로움을 느껴 보러 꼭 한 번 방문해 주길 바란다.

미얀마
● 루앙프라방
라오스
타이
캄보디아
베트남

루앙프라방에서 가장 신성한 사원으로 꼽히는 왓시엥통

루앙프라방 승려들의 아침 탁발 행렬

3 21세기
세계 경제의 중심으로

2050년 세계 최대 인구 국가가 될 남아시아의 인도는 거대한 노동력과 높은 수준의 기술력으로 21세기 세계 경제를 주도할 다크호스로 주목받고 있다. 또한 유럽 연합 수준의 '아세안 공동체'를 꿈꾸는 동남아시아 국가 연합(ASEAN)은 현재 세계에서 가장 빠르게 성장하는 지역으로 주목받고 있다.

인도의 첫 화성 탐사선 망갈리안 2013년 11월 5일, 인도는 아시아 최초로 화성 탐사선 발사에 성공했다.

인도의 대표적 IT 기업 인포시스 건물 인도 정보 통신 기술(IT) 산업의 성장률은 세계 최고 수준이다. '인도의 실리콘밸리'라 불리는 벵갈루루에는 인포시스를 비롯하여 세계적 IT 기업 1000여 곳이 진출해 있다.

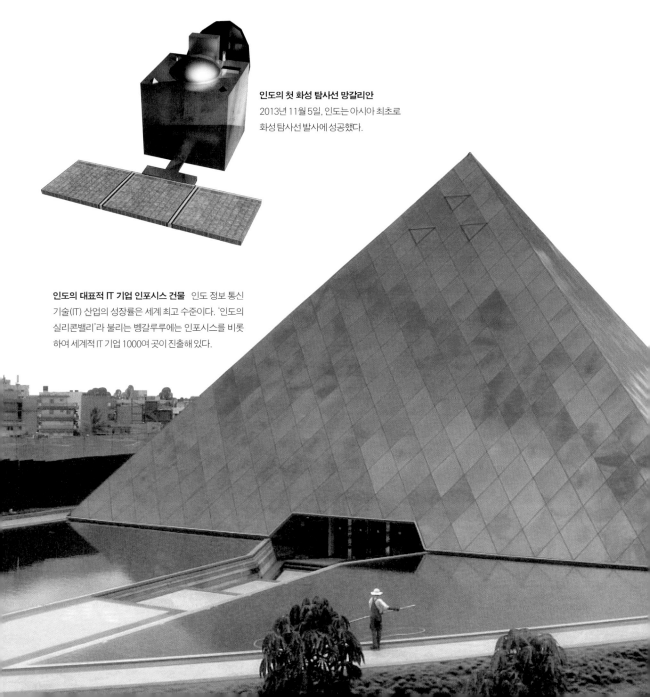

세계 경제의 떠오르는 다크호스, 인도

세계 경제에서 주목하는 브릭스 5개국

2000년 인도를 방문한 미국의 빌 클린턴 대통령은 이렇게 말했다. "특별한 변화가 없는 한 21세기 전반기 어느 시점에 가면 인도의 경제 규모가 미국을 따라잡을 것이 분명합니다."

하지만 우리가 텔레비전을 통해 보는 인도는 경제 대국과는 거리가 멀어 보인다. 아스팔트 위로 굴러가는 낡은 마차, 지저분하고 해진 옷에 맨발로 구걸하는 아이들……. 이렇듯 궁핍해 보이는 나라가 정말 50년 안에 미국을 따라잡을 수 있을까?

인도는 세계 경제에서 주목하는 브릭스(BRICS) 5개국 중 하나이다. 브릭스는 브라질(B)·러시아(R)·인도(I)·중국(C)·남아프리카 공화국(S)을 통

칭하는 경제 용어로, 21세기 세계 경제를 주도할 신흥 공업국을 가리킨다.

이 나라들의 인구는 전 세계의 40% 이상이며, 국내 총생산(GDP)은 2010년 기준 전 세계의 18%를 차지한다. 브릭스의 국내 총생산은 조만간 미국과 유로존의 국내 총생산을 넘어설 것으로 예상된다.

특히 주목받는 두 나라는 아시아의 인구 대국, 중국과 인도이다. 친디아(Chindia)는 중국(China)과 인도(India)를 합성한 신조어로, 중국과 인도가 21세기 세계 경제를 주도할 것이라는 뜻으로 사용되기 시작했다. 실제 두 나라는 높은 경제 성장률을 보이며 세계 시장에 그 영향력을 행사하고 있고, 정치·군사면에서도 상호 협력·견제하고 있다.

어느 거리에나 사람들이 넘쳐나는 인도 2050년, 인도는 중국을 제치고 세계에서 가장 많은 인구를 가진 나라가 될 전망이다.

자료 : 국제 통화 기금, 2011

중국 / 인도 / 개발도상국 / 선진국

연간 국내 총생산(GDP) 성장률 인도와 중국은 높은 경제 성장률을 보이며 세계 시장에 영향력을 행사하고 있다.

2012년 기준

구분	B 브라질	R 러시아	I 인도	C 중국	S 남아공
GDP (달러)	2조 3939억	2조 5107억	4조 8245억	12조 3870억	5771억
인구(명)	2억 500만	1억 3800만	12억 500만	13억 4300만	4890만
면적(km²)	850만	1700만	330만	960만	120만
외환 보유액 (달러)	3731억	5376억	2966억	3조 3116억	537억

브릭스 국가 비교 2012년 국내 총생산 순위를 보면 중국은 세계 2위, 인도는 세계 10위에 달했다.

인도가 세계 제1의 인구 대국이 되면?

세계 경제의 다크호스로 주목받는 인도의 가장 큰 잠재력은 무엇일까? 세계 7위의 국토 면적? 풍부한 천연자원? 쌀과 밀의 세계적인 생산량? 물론 이런 요인들도 인도가 지닌 경제적 잠재력이다. 하지만 가장 주목해야 할 힘은 바로 '사람'이다. 양적으로 거대할 뿐 아니라 질적으로도 우수한 인력이 인도의 경제를 이끌고 있기 때문이다.

중국보다 인구 성장률이 높은 인도는 2025년경 중국을 제치고 세계 최대 인구 국가가 될 전망이다. 중국은 엄격한 산아 제한 정책이 성공적으로 진행되는 반면 인도는 인구 정책에 성공하지 못했다.

인도 국민은 대가족을 이루어 여러 세대가 함께 살아가는 것에서 인생의 행복을 찾는다. 또 종교적인 면에서 남아 선호 사상이 뿌리 깊어 최소한 2명의 아들을 갖고자 하는 성향이 있다.

그렇다면 인구 대국이 된다는 것은 인도 경제에서 무엇을 의미할까? 인구는 바로 노동력이다. 특히 인도는 인구의 반 이상이 25세 이하로 그야말로 팔팔하게 뛰는 젊은 나라이다.

인구 대국은 또한 거대한 소비 시장을 의미한다. 총인구의 25%가 극빈층으로 가난하게 살지만, 주요 소비층인 중산층은 3억 명 정도로 미국 전체 인구와 맞먹으며 뚜렷한 증가 추세를 보인다.

게다가 인도의 많은 인구는 다국적 기업의 투자를 끌어오는 데 유리한 조건이 되었다. 정부의 적극적인 개방 및 투자 환경 개선에 힘입어 외국인 투자액이 날이 갈수록 늘어나고 있다.

하지만 아직까지 해결해야 할 문제가 산더미처럼 쌓여 있다. 인도에는 하루 2달러 이하로 생활하는 7억 명의 저소득층이 존재한다. 이러한 저소득층에 대한 대책을 비롯하여 카스트 제도의 잔재 해

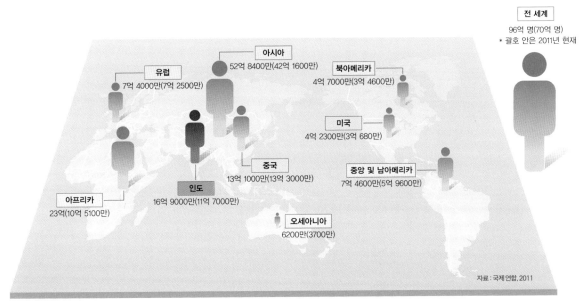

2050년, 세계 인구 지도는 어떻게 바뀔까?

소, 교육 기회 보장, 생산 기반 시설 확충, 실업 문제 해결, 식량의 안정적 확보 등의 문제를 해결하지 못한다면 인구 대국이라는 타이틀은 인도의 희망이 아니라 절망의 구렁텅이가 될 수도 있다.

MIT 부럽지 않은 인도 공과 대학

아시아 최초의 노벨상 수상자는 누구일까? 바로 인도의 시인으로 유명한 타고르이다. 인도에서는 그 이후 5명의 노벨상 수상자가 더 나왔다.

인도는 미국, 프랑스, 중국에 이어 1999년 네 번째로 상업용 로켓을 발사한 나라이기도 하다. 이 로켓에는 우리나라 위성인 우리별 3호도 실려 있었다. 또한 미국 항공 우주국(NASA)에서 일하는 과학자의 36%가 인도인이다.

이렇듯 인도의 수준 높은 과학기술은 바로 인재로부터 나온다. 인도에 우수한 인재가 많은 이유는

수학·과학 등 기초 과학을 중시하고 이공계를 우대하는 풍조, 미국의 매사추세츠 공과 대학(MIT) 부럽지 않은 대학의 교육 수준, 중산층의 높은 교육열, 뛰어난 영어 구사력 등에서 찾을 수 있다.

숫자 영(0)과 무한대, 아라비아 숫자 등을 만든 나라가 바로 인도이다. 인도 초등학생은 구구단을 19단까지 암기하며, 12학년(한국 고등학교 3학년) 수학은 우리나라의 대학 수준이다. 문맹률이 여전히 높기는 하지만, 학생들은 어릴 때부터 탄탄한 기초 과학 실력을 쌓으며 21세기가 요구하는 인재로 양성되고 있는 것이다. 또한 인도의 유명 공과 대학들은 한국보다 50여 학점을 더 이수해야 졸업이 가능하고, 인도 공과 대학교(IIT)의 경우 교수와 학생 비율이 1:8로 매사추세츠 공과 대학교보다 높다.

인도는 미국 다음으로 영어 사용 인구가 많은 나라이다. 당연히 영어권 국가 취업이 유리해 전 세

계 IT 기반 서비스 시장의 2/3를 인도 사람들이 차지하고 있다. 특히 인도 공과 대학 졸업자들은 영어도 가능하고 고급 능력을 갖고 있지만 임금은 미국인의 30~50% 정도밖에 되지 않아 미국 IT업계에서 인도인들의 인기가 높다.

세계 IT 시장을 이끄는 인도의 힘

인도 카르나타카 주 데칸 고원 남부 해발 950m 지점에 있는 벵갈루루에는 세계의 수많은 IT 기업들을 맞이하기 위한 현대식 아파트와 빌딩이 계속 들어서고 있다.

1991년 인도 정부가 벵갈루루에 소프트웨어 기술 단지를 세우면서 이곳은 '작은 실리콘밸리'를 향해 달리기 시작했다. 그 결과 인도는 미국에 이어 세계 2위의 소프트웨어 강국이 되었고, IT 산업은 국가 총수출의 1/3을 차지할 만큼 인도의 경제 성장을 주도하고 있다.

보통의 국가들은 원시 사회 → 농업 사회 → 산업 사회 → 지식 정보화 사회의 경제 발전 단계를 거친다. 인도는 농업 등 1차 산업 사회에서 곧바로 고부가가치 지식 산업 중심의 3차 산업 사회로 전환해 세계 경제에서 돌풍을 일으키고 있다. 중국이 제조업 중심의 2차 산업으로 세계를 제패하는 것과 비교되는 측면이다. 인도의 이러한 도약은 우수한 인력이 풍부하기 때문에 가능했던 것이다.

사티시 다완 우주 센터 인도는 가난한 나라이지만 우주 과학 기술은 세계 최고 수준을 자랑한다. 사티시 다완 우주 센터는 1975년 첫 위성 발사를 시작해 2012년 9월 10일 100번째 인공위성 발사에 성공한 인도 유일의 위성 발사 기지이다.

● 할리우드 영화의 대안으로 떠오른 인도 영화 '볼리우드'

인도의 영화관은 뭔가 좀 특별하다. 관객들은 영화를 보며 주인공을 따라 소리 지르고, 슬픈 장면에서는 함께 통곡하고, 조금만 웃겨도 휘파람을 불며 박장대소한다.

인도 영화는 대체로 뮤지컬 형식으로 이루어져 있다. 중간 중간 춤추고 노래하는 장면이 나오면 영화관은 순식간에 콘서트 장으로 변하는데, 사람들이 큰소리로 노래를 따라 부르거나 일어나서 춤을 추기도 한다. 영화의 러닝 타임이 주로 3시간 이상이기 때문에 중간에 쉬는 시간도 있고, 그 시간에 싸 온 음식을 먹거나 시켜 먹기도 한다.

관객은 연인도 많지만 가족 단위가 대부분이다. 극장은 긴 시간 동안 영화도 보고, 맛있는 음식도 먹는 가족 오락 공간으로 활용된다. 그래서 인도 전역의 수많은 영화관들이 주말이면 사람들로 늘 북적거린다.

인도는 세계에서 영화를 가장 많이 만드는 나라로, 한 해 1000여 편 이상의 영화가 제작된다. 미국의 600여 편과 비교하면 2배 가까이 제작되고 있는 셈이다. 이 영화들은 세계로 수출되어 지구촌 65억 명의 인구 중 절반이 넘는 36억 명이 해마다 인도 영화를 본다(미국 할리우드 영화의 관객 동원 수는 26억 명).

인도 영화는 상당한 수준의 예술성을 갖추고 있고, 나름 재미도 있어서 미국을 싫어하는 아랍권에서는 미국 영화에 대한 대안으로 인정받고 있다. 인도 영화를 미국 할리우드에 빗대어 '볼리우드'라고 부르는데, 이 용어는 인도 영화의 중심지인 봄베이(뭄바이의 과거 영국식 발음)에 할리우드를 더한 합성어이다.

인도 사람들은 할리우드 영화보다 자기네 영화를 더 사랑한다. 권선징악의 단순한 스토리와 뮤지컬 형식 때문에 할리우드에서는 낮은 평가를 받고 있지만, 오늘도 인도 사람들은 온 가족이 함께 보면서 웃고 춤추고 노래할 수 있는 볼리우드 영화를 즐기고 있다.

볼리우드의 대표 영화 〈신부와 편견〉의 한 장면 인도 영화는 대부분 권선징악의 내용을 담은 단순한 해피엔딩 스토리로, 노래와 춤이 곁들여지는 뮤지컬 형식이다.

영화 〈세 얼간이〉 포스터 2009년 제작된 코미디 영화로, 인도 역대 흥행 순위 1위에 올랐다.

베트남 호치민 시의 아침 풍경 오토바이는 베트남에서 가장 인기 있는 교통 수단이다. 많은 사람들이 오토바이를 타고 출퇴근한다.

빈곤을 넘어 세계로 나아가는 동남아시아

기술 수준과 자본이 공업화 추진의 한계

동남아시아의 경제는 주로 농업과 광업에 의존하는 편이다. 대부분의 국민이 벼농사나 화전 농업, 플랜테이션 등에 종사하지만 국민 총생산에 큰 영향을 미치지는 못한다.

동남아시아의 기후는 고온 다습하여 오래 전부터 벼농사를 지어 왔고, 생산하는 벼는 대부분 자급용이다. 식민지 시절 유럽 자본으로 운영되던 대규모 농장인 플랜테이션이 발달하여 한때는 고무·커피·사탕수수·담배 등을 많이 생산했다. 하지만 식민지 농업이 쇠퇴하면서 그 비중도 많이 줄어들고 있다.

동남아시아는 주석, 철광석, 보크사이트, 석탄, 석유, 천연가스 등 지하자원이 풍부하고 노동 인구 또한 유럽 연합(EU)에 맞먹을 정도로 많다. 동남아시아 국가들은 이렇게 풍부한 자원과 저렴한 노동력을 바탕으로 공업화를 추진했으나 기술 수준이 낮고 자본이 부족해 큰 성과를 내지 못했다.

최근 해외로부터 자본을 유치하고 기술을 도입해 또다시 공업화에 박차를 가하고 있지만, 임금 수준이 여전히 낮고 농업 인구가 많아 국민들은 지속적인 가난에 시달리고 있다.

가난에서 벗어나기 위한 선택, 이주 노동

많은 동남아시아 사람들이 자국의 저임금을 피해 해외로 이주하고 있다. 동남아시아 각국의 해외 이주 노동자는 2005년에 이미 1350만 명을 넘어섰다. 이 중 39%는 동남아시아의 다른 나라로 이주했다.

동남아시아는 각 나라마다 경제 수준과 공업화 단계가 차이가 나서, 싱가포르 같은 경우 전체 노동 인구의 1/4이 해외 이주 노동자이다. 동남아시아에서 이주 노동자를 받아들이는 대표적인 나라들은 말레이시아, 타이, 싱가포르 등이다. 반면 자국의 노동자를 해외로 가장 많이 내보내는 나라들은 미얀마, 인도네시아, 말레이시아 등이다.

이주 노동자들이 보내오는 송금액이 자국의 경제에 미치는 영향은 매우 크다. 필리핀의 경우 국내 총생산의 14%를 차지할 정도이다.

우리나라는 1990년 5만 명이던 외국인 수가 2013년에 144만 명으로 증가하여 총인구 대비 2.8%를 차지하고 있다. 이들 중 반 이상이 이주 노동자이며, 중국 다음으로 동남아시아와 남아시아에서 많이 들어온다.

우리나라는 급속히 진행되는 저출산 및 고령화 추세로 인해 노동력 부족이 심화되고 있어서 외국인 이주 노동자의 유입이 계속될 것으로 보인다.

세계 최대의 컨테이너항, 싱가포르

동남아시아 국가들 중에서도 유독 경제 수준이 차이가 나는 국가가 있다. 면적은 서울보다 조금 크고 1인당 국내 총생산은 남한의 2배인 나라, 바로 싱가포르이다.

싱가포르는 아시아 최대의 쇼핑 관광지이다. 술, 담배, 자동차, 유류를 제외한 모든 상품에 세금이 붙지 않아 전 세계 유명 브랜드가 모여든다.

오늘도 세계의 컨테이너선들은 싱가포르 항구를 향해 달리고 있고, 세계의 항공기들은 하루에도 수백 대씩 싱가포르 하늘로 날아오고 있다. 또한 세계적인 금융 회사의 아시아 본부는 싱가포르 시내에 간판을 올리고 있다. 이런 싱가포르 경제 발전의 비밀은 무엇일까?

싱가포르는 싱가포르 섬과 그 주변 부속 섬들로 이루어진 도시 국가이다. 말레이 반도의 남쪽 끝, 아시아의 동과 서를 이어 주는 길목에 위치한 덕분에 싱가포르는 아시아의 무역·교통·금융의 중심지로 자리 잡았고, 세계 최대의 컨테이너항으로 성

한국의 필리핀 이주 노동자 우리나라에도 동남아시아의 이주 노동자들이 많이 들어온다. 한 필리핀 노동자가 가죽옷 봉제 공장에서 한국인 근로자들과 함께 작업하고 있다.

아시아 무역 · 교통 · 금융의 중심지 싱가포르 아시아의 동서를 이어 주는 길목에 위치한 싱가포르는 세계 최대의 컨테이너항으로 성장했다.

'세계의 공장'으로 부상하는 베트남 동남아시아 국가 연합(아세안)이 최근 중국에 이은 제조업 생산 거점으로 새롭게 부각되고 있다.

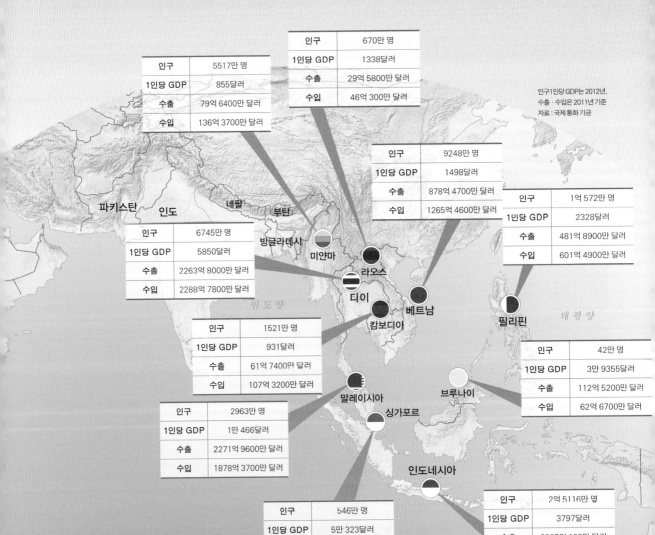

인구	670만 명
1인당 GDP	1338달러
수출	29억 5800만 달러
수입	46억 300만 달러

인구	5517만 명
1인당 GDP	855달러
수출	79억 6400만 달러
수입	136억 3700만 달러

인구1인당 GDP는 2012년,
수출 · 수입은 2011년 기준
자료: 국제 통화 기금

인구	9248만 명
1인당 GDP	1498달러
수출	878억 4700만 달러
수입	1265억 4600만 달러

인구	1억 572만 명
1인당 GDP	2328달러
수출	481억 8900만 달러
수입	601억 4900만 달러

파키스탄   인도   네팔   부탄

인구	6745만 명
1인당 GDP	5850달러
수출	2263억 8000만 달러
수입	2288억 7800만 달러

방글라데시   미얀마   라오스

인도양   타이   베트남

캄보디아   필리핀   태 평 양

인구	1521만 명
1인당 GDP	931달러
수출	61억 7400만 달러
수입	107억 3200만 달러

인구	42만 명
1인당 GDP	3만 9355달러
수출	112억 5200만 달러
수입	62억 6700만 달러

말레이시아   브루나이

싱가포르

인구	2963만 명
1인당 GDP	1만 466달러
수출	2271억 9600만 달러
수입	1878억 3700만 달러

인도네시아

동남아시아 10개국(아세안)의 경쟁력 비교

인구	546만 명
1인당 GDP	5만 323달러
수출	4118억 7000만 달러
수입	3660억 300만 달러

인구	2억 5116만 명
1인당 GDP	3797달러
수출	2035억 100만 달러
수입	1774억 5100만 달러

장할 수 있었다.

독립 후 싱가포르 정부는 협소한 면적과 부족한
자원, 부족한 노동력, 좁은 국내 시장이라는 한계
를 극복할 대안으로 무역 대국을 선택했다. 2010
년 현재 싱가포르는 컨테이너 화물 처리에서 상하
이, 홍콩과 더불어 세계 수위 자리를 지키고 있다.

싱가포르가 적극적인 개방 경제를 추구하면서
많은 글로벌 기업이 동남아시아 영업의 중심지로
싱가포르를 활용하고 있다. 또한 금융 자유화를 추
진하여 국내외의 수많은 금융 기관이 활동함에 따
라 세계 4위의 금융 중심지가 되었다.

동남아시아의 경제 실세, 화교 자본

싱가포르가 다른 동남아시아 국가들과 다른 점이
또 있다. 바로 이민자들로 구성된 사회라는 점이
다. 싱가포르는 인구의 70% 이상이 중국계이고,
그 외 말레이인, 인도인(주로 타밀인), 타이인, 영
국인 등이 함께 살고 있다. 싱가포르 정부가 지속
적인 경제성장을 위해 이민 장려 정책을 폈기 때문
이다. 싱가포르는 공용어로 영어, 중국어, 말레이
어, 타밀어를 쓰지만 일상생활에서는 주로 영어를
사용한다.

동남아시아의 이민자 중에는 중국인이 압도적
인 다수를 차지한다. 중국인은 본격적으로 명과
청 시대부터 동남아시아에 들어오기 시작했
고, 식민지 시대(1870~1940)에 많은 중국
인이 들어와 약 2000만 명이 정착했다.
오늘날 동남아시아에는 약 3000만 명
에 달하는 화교(외국에서 정착해 사

차이나타운 너머로 보이는 싱가포르의 빌딩 스카이라인 싱가포르는 주
민의 70~80%가 중국계 화교이다.

동남아시아의 화교 진출 화교 자본은 동남아시아 각국 경제의 50~90%
를 장악하고 있고, 세계 화교의 2/3가 동남아시아에 살고 있다.

는 중국인)가 살고 있다.

이들은 혈연과 지연을 통해 주요 도시에 차이나
타운을 건설하고, 상업의 주도권을 장악하여 강력
한 '중화인 네트워크'를 형성하고 있다. 동남아시
아 화교들은 중국의 문화를 계승하면서도 음식이
나 의복, 생활 습관 등에는 동남아시아의 문화적
요소를 적극적으로 받아들였다.

화교는 동남아시아 경제에서 중요한 역할을 한
다. 화교는 세계 곳곳에 퍼져 있지만 그중에서도
2/3가 동남아시아에 몰려 있고, 세계 500대 화교
운영 기업도 동남아 7개국에 집중되어 있다. 특히
홍콩과 인도네시아, 말레이시아, 타이에서는 화교
운영 기업이 경제를 주름잡고 있다.

식민지 시절 제국주의 국가들이 상술에 능통한
화교를 사업적으로 활용하면서 식민지를 경영했
던 것이 화교 성장의 배경이 되었다.

화교 이민 1세대가 후손에게 혈연과 지연을 유
산으로 물려주었다면, 부를 축적한 화교 후손들은
미국 명문 대학의 학연을 통해 네트워크를 좀 더
견고하게 만들었다.

1969년 말레이시아의 말레이인 폭동과 1998년
인도네시아의 자카르타 폭동 등은 소수의 화교들
이 부를 독점하고 있는 현실에 불만을 품은 선주민
들이 벌인 사건이었다. 인도네시아에서는 인구의
3%에 불과한 화교가 국부의 80%를 차지하는 등
부의 편중이 심해지자 화교를 대상으로 한 폭행·
방화·약탈이 빈번하게 일어나고 있다.

이와 같은 반(反) 화교 움직임이 끊이지 않음에
도 불구하고 화교가 동남아시아 경제의 지배권을
잃지 않고 있는 것은 지연·혈연·학연으로 연결된
단단한 네트워크의 힘이 작동했기 때문이다.

차세대 성장 축으로 떠오르는 메콩 경제권

현재 모습만으로 동남아시아 국가들을 평가하기
는 이르다. 인도네시아, 말레이시아, 베트남, 타이,
싱가포르, 필리핀 등 동남아 6개국은 2005~2010
년 연평균 경제 성장률이 7.4%로 매우 높고, 총인
구도 5억 명을 넘어서는 등 잠재력이 엄청나다.

최근 브릭스 국가들의 뒤를 이을 '포스트브릭스'
로 주목받는 국가들을 가리키는 신조어가 넘쳐난
다. 비스타, 마빈스, 시베츠● 등 세계 경제를 이끌
성장 엔진으로 여겨지는 다양한 국가군에 인도네
시아와 베트남은 빠짐없이 등장하고 있다.

대부분의 경제 전문가들이 동남아시아 경제의
파워는 메콩 강● 유역 개발에서 나올 것이라고 전
망한다. 아시아 개발 은행(ADB)은 1992년부터
'메콩 경제권(GMS)'을 설정하고 개발을 주도하며
'메콩 강의 기적'을 꿈꾸고 있다. 이 메콩 경제권 국
가들이 최근 세계의 경제 성장을 이끌 잠재력을 가

● **포스트브릭스 관련 신조어**

비스타(VISTA) : 베트남, 인도네시아, 남아공, 터키, 아르헨티나
마빈스(MAVINS) : 멕시코, 호주, 베트남, 인도네시아, 나이지리아, 남아공
시베츠(CIVETS) : 콜롬비아, 인도네시아, 베트남, 이집트, 터키, 남아공

● **메콩 강**

메콩 강은 인도차이나 반도를 남북으로 가로지르며 중국, 미얀마, 타이, 라
오스, 캄보디아, 베트남 6개국에 걸쳐 있는 국제 하천이다. 길이가 4000km
이상인 메콩 강은 길이 면에서나 강물의 초당 평균 방류량 면에서나 세계
10위권 정도인 큰 강이다. 유역 국가도 중국과 동남아시아 5개국으로, 강
주변에 사는 유역 인구만 6500만 명에 달한다. 중국 서남부를 포함, 동남아
시아 국가 주민들의 젖줄 역할을 하는 셈이다.

메콩 경제권의 철도망 건설 계획

쿤밍
중국
미얀마
하노이
라오스
치앙라이
비엔티안
메콩강
타이
다낭
방콕
캄보디아
베트남
프놈펜
호치민
냐짱

0   500 km

━━━ 기존 노선
━━━ 건설 중·계획 노선

자료: 한-아세안 센터, 2010

말레이시아

동남아시아 국가의 젖줄, 메콩 강

진 차세대 성장 축으로 떠오르고 있다.

메콩 경제권은 동남아시아 지역의 최대 하천인 메콩 강을 낀 타이와 미얀마, 라오스, 캄보디아, 베트남 등 동남아시아 5개 국가와 중국의 윈난 성을 말한다. 2억 3000만 명에 달하는 인구와 한반도 면적의 4배에 달하는 크기, 원유·천연가스·고무·목재·수력 등 천연자원이 풍부하다.

메콩 경제권은 지정학적으로 13억 인구를 가진 중국과 12억 명을 보유한 인도 시장 사이에 위치해 있고, 아세안 10개국 중 성장 잠재성이 매우 큰 국가들로 구성돼 있다. 전문가들은 이곳이 향후 '30억 아시아 시장' 공략의 전략적 요충지로 부상할 가능성이 높다고 전망하고 있다.

또한 이 지역은 인건비가 중국의 20~30% 수준에 불과하여 중국을 대체할 생산 기지로 각광받고 있다. 메콩 경제권 국가들은 해마다 급속히 성장하는 대형 소비 시장으로 탈바꿈하고 있어 이 지역을 둘러싼 경제 대국들의 주도권 경쟁도 갈수록 치열해지고 있다.

메콩 강 유역 개발의 핵심은 교통 인프라 구축이다. 유역 국가들을 연결하는 교통 벨트를 구축한 뒤 이를 토대로 무역과 물류, 도시를 발전시킴으로써 본격적인 경제 벨트로 확대하려는 계획이다. 2010년에는 중국-베트남 노선에 이어, 메콩 강 권역을 연결하는 철도망 건설 계획이 승인되어 2025년 완공을 목표로 하고 있다. 철도가 완공되고 국경 자유화 등이 추진되면 국가 간 무역과 물류, 도시 발달에 기여할 것으로 보인다.

메콩 강 개발에 따른 우려의 목소리도 만만치 않다. 중국 윈난 성, 타이, 베트남 등은 개발에 따른

2012년 캄보디아에서 열린 아세안+3 정상회의 동남아시아 국가 연합(아세안)은 1997년부터 한·중·일 동북아 3국의 정상을 초청하여 아세안+3 정상회의를 개최, 아시아 협력을 주도해나가고 있다.

소득이 증대하고 있지만 나머지 국가들엔 아직까지 그 혜택이 돌아가지 못하고 있다.

또한 증가하는 인구와 경제 성장이 불러온 환경 오염, 농지 확장으로 인한 토지의 황폐화, 천연자원의 고갈과 물 부족, 무분별한 댐 설치로 생태계가 급속도로 파괴되고 있는 점도 지적된다.

아세안의 꿈

동남아시아 국가 연합(ASEAN : the Association of Southeast Asian Nations, 이하 아세안)은 1967년, 인도네시아의 제안으로 지역 안보를 위해 결성한 지역 연합체이다. 처음에는 인도네시아, 말레이시아, 싱가포르, 필리핀, 타이로 시작했지만 베트남에 이어 라오스, 미얀마, 캄보디아, 브루나이를 아세안에 합류시킴으로써 명실 공히 동남아시아 공동체를 형성했다.

아세안은 현재 세계에서 가장 급속하게 성장하는 지역으로 주목을 받고 있다. 6억 명에 달하는 아세안 인구는 유럽 연합의 인구보다 많으며, 국내 총생산이 우리나라의 3배나 될 만큼 거대 경제권이다. 또한 풍부한 천연자원과 노동력, 시장 개방의 확대로 주요 교역과 직접 투자 대상국으로서의 아세안의 위상은 점점 높아지고 있다.

아세안은 2020년 유럽 연합 수준의 '아세안 공동체' 구축을 목표로 정치·안보 공동체, 경제 공동체, 사회·문화 공동체 등 세 개의 축을 중심으로 통합 노력을 해 오고 있다. 과연 아세안은 '아세안 공동체'를 만드는 데 성공할 수 있을까?

아세안의 꿈을 실현하는 데는 여러 가지 문제점들이 있다. 첫째, 정치적 불안정 문제가 내재되어 있다. 둘째, 후발 가입국인 베트남, 라오스, 미얀마, 캄보디아, 브루나이 등은 선발 가입국들과 경제 발전 수준 차이가 심해 이 격차를 줄이는 것도 큰 과제이다. 셋째, 민족과 종교가 너무나 다양해 민족적 우월감이나 열등감, 타 종교에 대해 거부적인 성향 등이 드러나게 될 때는 아세안의 협력에 장애가 될 수 있다.

그렇지만 아세안은 경제 성장을 위해 지속적인 지역 통합 노력을 할 것으로 보인다. 경제와 평화라는 지역의 이익만이 아니라 민주주의와 인권의 성장, 환경 문제의 공동 대응 등에도 공동체라는 이름으로 영향력을 행사하는 대안적인 길로 걸어가기를 기대해 본다.

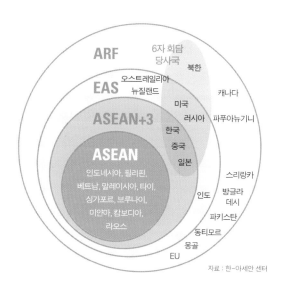

자료 : 한-아세안 센터

아세안 중심의 다자 협의체 현황 아세안 지역은 지정학적으로 매우 중요하다. 아세안은 아세안+3, 동아시아 정상 회의(EAS), 아세안 지역 안보 포럼(ARF) 등 지역 협력의 허브 역할을 하고 있다.

4

아시아 사람들과
어깨동무하고 나란히

'다문화'라는 말은 이제 더 이상 생소한 용어가 아니다. 결혼 이주민이 늘면서 다문화 가정의 자녀도 계속 늘어나는 추세이다. 이들을 이방인이 아닌 우리 사회의 구성원으로 편견 없이 대하는 성숙한 자세가 필요하다. 이들을 인정하고 받아들이는 것이야말로 문화 다양성 사회로 나아가는 첫걸음이다.

다문화 가정 어린이들로 구성된 레인보우 합창단

이주 노동자와 함께 문화 다양성 사회로

이동이 자유롭지 못한 이주 노동자에 대한 차별

지금 우리나라에는 우리와 다른 문화권에서 온 사람이 많다. 이들은 국제결혼이나 이주 노동, 또는 유학이나 외국어 강사 등 다양한 이유로 우리나라에 온 사람들과 그 자녀들이다.

국내에 체류하는 외국인 중에서 절반을 조금 넘는 이주 노동자●는 대부분 3D● 업종에서 일한다. 이들이 없으면 우리나라 제조 업체 중 상당수는 문을 닫아야 할 지경이다.

한국 정부는 부족한 노동력을 보충하기 위해 이주 노동자를 고용하는 것을 허가하고 관리하는 '고용 허가제'를 실시하고 있다.

이주 노동자들은 사장이 해고하거나 임금이 제때 나오지 않는 등 타당한 이유가 있는 경우에 한해 세 번까지 직장을 바꾸는 것이 허락된다. 그 이상이 되면 저절로 미등록(불법) 체류자가 되어 강제 출국 대상이 된다.

이런 조항으로 인해 이주 노동자들은 직장 내에서 임금 체불이나 폭행 등을 고스란히 감수하는 경우도 많다. 또한 동료나 상사에 의한 폭언과 구타, 차별 대우, 발병·산재 방치, 신분증 압수, 부당 해고 등 다양한 인권 침해 사례가 발생해 왔다.

이주 노동자들은 경제적으로 뒤처진 그들의 모국에 대한 무시와 인종적 편견, 가장 열악한 직종

● **이주 노동자**
국적에 의한 구분과 차별을 심화시킬 수 있다는 점에서 외국인 노동자라고 하지 않고 '이주 노동자'라고 한다.

● **3D**
근로자들이 일하기를 꺼리는 업종을 지칭하는 신조어로, 더럽고(Dirty), 힘들고(Difficult), 위험한(Dangerous) 일을 가리킨다.

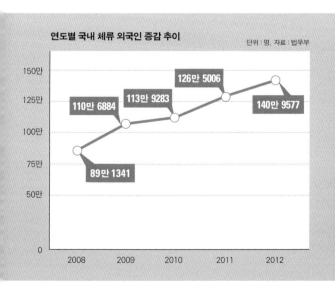

연도별 국내 체류 외국인 증감 추이
단위 : 명, 자료 : 법무부

- 2008: 89만 1341
- 2009: 110만 6884
- 2010: 113만 9283
- 2011: 126만 5006
- 2012: 140만 9577

이주 노동자 국내 취업 현황
단위 : 명, 자료 : 고용노동부, 2011

중국	34만 9046
베트남	7만 7066
타이	4만 3271
필리핀	4만 714
인도네시아	3만 3612
스리랑카	2만 5566
몽골	2만 4158
우즈베키스탄	1만 2838
기타	10만 6138

* 총 71만 2409명

갈수록 증가하는 다문화 가정 서울 구로구 가리봉동 한국 외국인 근로자 지원센터 강당에서 열린 다문화 초등학교 '지구촌 초등학교' 학부모 입학 설명회에서 참석자들이 입학 상담을 받고 있다.

에 종사하는 사람들이라는 인식 때문에 이중 삼중의 차별을 받고 있다.

한국은 지금 다문화 시대

결혼 이주민이 늘면서 우리 사회에도 다문화 가정 출신의 자녀가 늘고 있다. 한 조사에 따르면 다문화 가정의 학생 중 과반수 이상이 학교 생활에 어려움을 겪고 있는데, 특히 초등학생의 경우 부모가 외국인이라는 이유로 놀림이나 차별을 당하는 경우가 많다.

'다문화'라는 말은 이제 더 이상 생소한 용어가 아니다. 국내에 거주하는 외국인이 140만 명을 훌쩍 넘으면서 우리 사회는 급속하게 다문화 사회로 진입하고 있다. 이는 곧 문화적 다양성이 확대되고 있다는 의미이기도 하다.

지금은 우리와 함께 살고 있는 이주민을 낯선 이방인이 아니라 문화 교류와 소통의 매개자로 인식하는 적극적인 자세가 필요한 때이다. 또한 모국

문화의 정체성을 유지하면서 우리와 한국 문화를 동시에 경험하는 이들을 편견 없이 공동체의 대등한 구성원으로 인정하는 것이야말로 문화 다양성 사회로 나아가는 첫걸음이다.

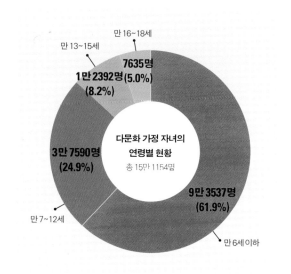

만 16~18세
7635명(5.0%)

만 13~15세
1만 2392명
(8.2%)

3만 7590명
(24.9%)

**다문화 가정 자녀의
연령별 현황**
총 15만 1154명

9만 3537명
(61.9%)

만 7~12세

만 6세 이하

자료 : 행정안전부, 2011

베트남 소년 후앙의 한국 생활 적응기

"한국에서 외국인으로 살아가기 힘들어!"

안녕? 내 이름은 후앙, 올해 열여섯 살이야. 내 이름을 듣고 눈치 챘다고? 맞아, 난 베트남에서 왔어. 지금은 한국에서 중학교 3학년 학생으로 살아가고 있지.

내가 한국에 와서 살게 된 이유는 엄마와 함께 지내기 위해서야. 엄마는 나를 두고 한국에 와서 새 혼을 하셨는데, 결혼 생활이 순탄치 않으셔서 또다시 이혼을 하셨어. 하지만 엄마에게 한국 국적이 생겨서 이곳에서 함께 살게 되었던 거야. 나는 외국인 등록증을 갖고 있는 '합법적 외국인'이란다. 그런데 미등록 외국인들도 한국인들이 하기 싫어하는 일을 도맡아 해 주는 고마운 사람들인데 강제로 추방당하는 걸 보면 마음이 많이 아파.

나는 한국에서 2년째 생활하고 있는데, 학교 수업을 따라가는 것이 너무 어려워. 그래서 방학 때는 '다문화 어울림 학교'를 다니면서 한국어와 영어, 수학 등을 공부하고 있지.

사실 공부보다 더 힘든 건 친구들과의 관계야. 처음 한국에 왔을 때는 친구들이 나에게 욕을 많이 했어. 내가 말할 땐 비웃기도 했고. 그럴 때마다 베트남에 다시 가고 싶다는 생각을 했지만, 이젠 좀 적응이 되어서 한국인 친구들도 많아졌고 얘기도 많이 나눈단다. 한국인들이 낯선 땅에서 힘들어하는 외국인 친구들에게 좀 더 친절하게 대해 주면 좋겠어.

한국에 와서 제일 놀랐던 건 한국 사람들이 한복을 입지 않는 거였어. 한류 열풍으로 베트남에서 한국 관련 사진을 많이 볼 수 있는데, 거기에는 온통 한복 입은 사람들이 나왔거든. 겨울에 내린 흰 눈도 신기했어. 아열대 기후인 베트남에서는 눈이 내리는 걸 거의 볼 수 없으니까. 또 오토바이가 많은 베트남과 달리 지하철로 이동하는 것도 신기했단다.

나는 한국어 공부도 열심히 하고 한국 국적도 취득해서 진짜 한국 사람이 되고 싶어. 나중엔 한국과 베트남, 세계의 다양한 나라를 연결하는 통역사가 될 거야. 너도 내 꿈을 응원해 줄 거지?

큰절을 배우는 다문화 가정 아이들

다시 보는 베트남 전쟁과 한류 열풍

베트남 파병, 아직도 아물지 않은 상처

한국은 현재 동남아시아 여러 나라와 경제, 문화, 관광 분야에서 긴밀한 관계를 맺고 있다. 동남아시아 국가 연합의 경제 협력체이자 멋진 한류 공급처, 많은 사람이 가고 싶은 나라로서 한국의 위상은 나날이 높아지고 있다. 하지만 그들과 진정으로 우호 관계를 맺기 위해서는 반드시 풀어야 할 것들이 있는데, 그중 하나가 베트남 전쟁에 우리나라 군인들을 보냈던 문제이다.

1965년으로 거슬러 올라가 보자. 당시 미국은 북베트남의 해군 어뢰정이 공해상에 있는 미국 구축함을 공격했다는 이른바 '통킹 만 사건'을 빌미로 북베트남에 폭격을 가한다. 그것이 바로 베트남 전쟁의 시작이었다. 후에 이 통킹 만 사건이 전쟁을 일으키기 위한 미국 정부의 조작극이었음이 미 국방부의 '펜타곤 문서' 공개로 밝혀졌다. 동남아시아의 공산화 도미노 현상을 막는다는 명분하에 미국은 남북베트남과 라오스, 캄보디아 등지에 800만 톤이 넘는 폭탄을 투하했다. 이 전쟁으로 약 300만 명이 목숨을 잃었다.

명분 없는 전쟁으로 세계 사람들이 비난하던 이 전쟁터에 우리나라는 경제적 이득을 위해 미국 다음으로 많은 32만 명의 군인을 보냈다. 그중 5000여 명의 군인이 목숨을 잃었고, 지금도 참전의 여파로 수만 명이 고엽제 후유증에 시달리고 있다. 하지만 당시 한국 군인이 학살한 베트남 민간인의 수도 적지 않다.

전쟁 기간에 베트남에 갔던 한국 남성 중에는 베트남 여성과 인연이 되어 자식을 낳기도 했는데, 이렇게 태어난 한국인 2세를 '라이따이한'이라고 부른다. 이들은 한국인 아버지가 무책임하게 소식을 끊고 귀국해 버려 오랜 세월 베트남 사회에서 힘들게 살아왔다. 현재 그들의 생계와 사회 적응을 돕기 위해 한국의 여러 민간

명분 없는 베트남 전쟁 베트남 전쟁 당시 AP 통신 사진부장을 지낸 종군 기자 독일인 호스트 파스는 베트남전의 참상을 사실적으로 담아낸 이 사진으로 퓰리처 상을 받는 등 주요 사진상을 4차례나 수상했다. 그는 전장의 참혹한 현실을 기록하면서 "손이 떨려서 필름을 갈아 끼울 수 없을 정도"였다며 "이런 참상이 다시는 없기를 기도하면서 사진을 찍었다"고 말했다.

단체가 다양한 교육 및 직업 프로그램을 운영하고 있지만, 이들에 대해선 앞으로도 더 많은 관심과 지원이 필요하다.

베트남은 1980년대 이후 경제 개방 정책을 실시하면서 과거의 아픔을 극복하고 새로운 미래를 열어 가자는 슬로건을 내걸었다. 전쟁을 일으킨 가해자 미국과도 대화를 했고, 파병으로 상처를 준 우리와도 1992년에 수교를 맺었다.

하지만 수교를 맺었다고 끝은 아니다. 베트남전에 대한 한국의 자성은 꾸준히 이루어져야 한다. 한국군에 의한 베트남 민간인 피해에 대해 우리나라 대통령들이 베트남을 방문하여 사과하기도 했다. 최근 민간 차원에서 여러 가지 추모·협력 사업이 진행되고 있는 것은 매우 소중한 일이다.

한류를 타고 아시아와 친구 되기

한류(韓流)란 1990년대 말부터 중국에서 불기 시작한 한국 대중문화의 폭발적 인기를 표현하기 위해 중국 언론에서 2000년부터 사용하기 시작한 말이다. 그 이후 한류는 일본 및 동남아시아를 비롯해 전 세계로 확산되었다. 드라마나 가요 같은 대중문화뿐 아니라 게임, 화장품, 전자 제품, 관광 등 여러 분야에서 한국 관련 제품의 선호 현상이 나타나 한국을 알리는 데 크게 기여하고 있다.

드라마 〈대장금〉의 영향으로 김치·불고기·고추장 등 한국 음식에 대한 관심이 커졌고, 한국 아이돌 스타들의 콘서트 장은 수많은 팬으로 북적거린다. 한국 드라마에 나오는 멋진 배우의 대사를 따라하고 싶은 욕구는 한국어 배우기 열풍으로 이

동남아시아에서의 한류 열풍 드라마 〈대장금〉이 베트남에서 인기를 끌자 하노이 시내에 똑같은 이름의 간판을 내건 한국 음식점이 문을 열었다.

어져 동남아시아 지역의 여러 대학에 한국어과가 개설되었고, 한국어 학원은 물론 한국어 말하기 대회도 열리고 있다. 인도네시아의 소수 민족인 찌아찌아족은 한글로 자신들의 말을 표기하기도 한다.

이런 한류 열풍이 언제까지 지속될 수 있을까? 1980년대 '홍콩 느와르'로 대표되었던 홍콩·타이완의 문화 선풍, 1990년대 일본의 일류(日流)처럼 타올랐다가 사그라지는 한때의 유행으로 소멸하지는 않을까?

진정한 한류는 서로를 인정하고 주고받는 문화 교류가 되어야 한다. 우리의 문화 콘텐츠를 단지 경제적 입장으로 접근하여 활용한다면 '지속 가능한 한류'로 발전할 수가 없다. 또한 한국적 콘텐츠를 일방적으로 대상에게 제공하는 방식이 아니라 서로 주고받는 문화 교류가 이루어져야 한다. 즉 동남아시아 각국의 다양한 문화와 한류가 자연스럽게 어우러지고 소통하는 콘텐츠를 개발해야만 지속 가능한 한류로 발전할 수 있는 것이다.

III

문명의 산실에서 에너지의 산실로

서남·중앙아시아

어디에나 있는 물은 적지만 어디보다도 석유가 많은 곳, 서남·중앙아시아. 지금은 석유 때문에 유명하지만 인류 역사에 크게 기여한 이슬람교의 발상지이기도 하다. 신드바드, 알리바바 이야기가 태어난 곳 문명의 탄생지에서, 이제는 지구의 보물 창고로 주목받는 서남·중앙아시아를 주요 키워드를 통해 들여다보자.

이란의 고대도시 야즈드

아랍에미리트의 수도 아부다비의 셰이크 자예드 모스크

사우디아라비아 메카에 있는 카바 신전에서 기도를 올리는 무슬림들

1 동서 문명의 교차로, **실크로드**

실크로드는 오래전 아라비아 상인들이 낙타와 함께 오가던 활발한 교역로였다. 실크로드의 땅 서남·중앙아시아가 21세기 교역의 요지로 새롭게 부각되고 있다. 특히 중앙아시아의 우즈베키스탄은 도로와 철도, 파이프라인, 항공 노선망을 건설하면서 동서를 잇는 새로운 실크로드를 꿈꾸고 있다.

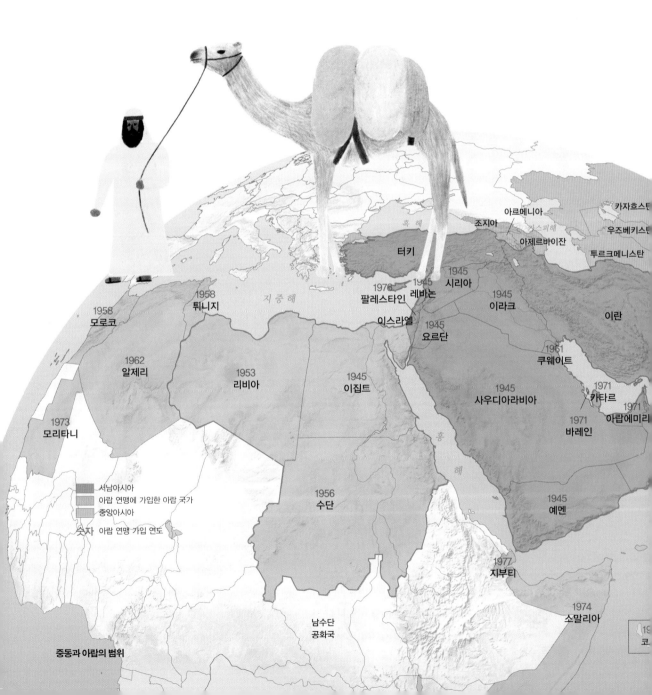

카자흐스탄

아르메니아
조지아
우즈베키스탄
아제르바이잔
투르크메니스탄

흑 해

터키

시리아 1945
1976 1945 레바논
팔레스타인 이라크 1945
이스라엘 이란
요르단 1945

쿠웨이트 1961
1951

지중해

1958
튀니지

1958
모로코

1962
알제리

1953
리비아

1945
이집트

사우디아라비아 1945

카타르 1971
아랍에미리 1971
바레인 1971

1973
모리타니

홍 해

1956
수단

예멘 1945

서남아시아
아랍 연맹에 가입한 아랍 국가
중앙아시아

숫자 아랍 연맹 가입 연도

지부티 1977

1974
소말리아

남수단
공화국

중동과 아랍의 범위

코

유라시아에 형성된 이슬람 문화와 상인들

알라딘과 신드바드의 고향은 어디?

마법의 램프를 문지르면 요정 지니가 나타나고, 알라딘은 마법의 양탄자를 타고 하늘을 난다. 신드바드는 배를 타고 아프리카, 아시아의 여러 곳을 누비며 기상천외한 갖가지 모험을 한다.

이 이야기들은 아랍 지역의 설화 모음집 『아라비안나이트』에 실려 있는 「알라딘의 요술 램프」와 「신드바드의 모험」이다.

『아라비안나이트』는 하나의 커다란 틀 속에 여러 가지 이야기가 들어 있는 형식이다. 이야기를 하는 세헤라자데와 이야기를 듣는 샤프리야르 왕이 사는 궁전은 우즈베키스탄의 사마르칸트에 있다. 그러나 이야기가 최초로 시작된 곳은 서기 8세기경의 인도이다.

이야기는 유목민과 상인의 무리를 따라 페르시아를 거쳐 중앙아시아·동유럽·이집트·북아프리카·유럽 쪽으로 퍼져 나가면서 내용이 점점 더 풍부하고 다양해졌다. 그야말로 유목민과 상인들에 의해 만들어진, 광범위한 지역의 다양한 문화와 사고가 담겨 있는 세계 전래 이야기가 된 셈이다.

그런 만큼 등장인물의 출신이나 배경도 흥미롭다. 「알라딘의 요술 램프」의 원래 이야기

사마르칸트의 상징인 레기스탄 광장 중앙아시아에 위치한 우즈베키스탄의 사마르칸트는 일찍이 동서양을 잇는 실크로드의 주요 교역 기지로 크게 번성했던 고대 도시이다.

에서 알라딘은 중국 소년으로 소개되고 있다. 하지만 이야기의 주된 배경은 아라비아 왕국이다. 서남아시아 지역 민담의 주인공이 중국 사람이었다는 것은 민담이 발생한 당시 서남아시아 지역과 중국의 교류가 활발했음을 보여 준다.

「신드바드의 모험」은 바그다드의 유명한 상인 이야기로, 이야기의 주된 배경 역시 서남아시아이다. 주인공 신드바드는 고향이 오만이며, 그가 출항한 곳은 이라크의 바스라 항이고, 누비고 다닌 곳은 아프리카와 아시아의 여러 지역이다. 아시아, 아프리카, 유럽이 만나는 서남아시아와 중앙아시아의 특성이 문학작품에 고스란히 나타나 있는 것이다.

이 지역은 대부분이 초원과 사막으로 이루어진 건조 기후 지역이다. 이곳 사람들은 예부터 농업

보다 초원에서 가축을 기르는 유목 생활을 했다. 유목에서 얻을 수 없는 물자는 다른 지역과 교역을 해서 들여와야 했다. 그러다 보니 자연스레 상업이 발달하게 되었다.

특히 아시아와 지중해 연안을 잇는 무역로가 형성되어 동서양 간의 문물 교류가 활발히 이루어졌고, 상업 도시들도 크게 번성했다. 이때 상업 도시들을 중심으로 세계의 다양한 문화가 융합된 독특한 이슬람 문화가 형성되었다.

중동과 아랍의 뜻은?

중동(中東, middle east)은 서남아시아에서 북아프리카에 이르는 광범위한 지역을 이르는 말로, 명확한 경계가 없어 중앙아시아까지 포함하기도 한다. 1900년대에 페르시아 만과 수에즈 운하의 중요성을 인식한 영국이 '극동(極東, far east)'과 대비되는 개념으로 중동이라는 말을 사용했다.

그러나 중동보다는 아랍이라는 말이 훨씬 더 정확한 표현이다. 아랍은 서남아시아와 북아프리카에서 아랍어를 사용하는 사람들이 사는 지역을 가리킨다. 7세기 이전에는 아랍 지역이 주로 아라비아 반도를 가리켰으나, 이후 서남아시아와 그 인근의 이슬람 문화권을 통틀어 가리키는 말로 바뀌면서 북아프리카까지 포함하게 되었다.

아랍은 7세기 초에 무함마드가 아랍의 여러 종족을 통일하면서 이슬람 제국으로 번영을 누렸다. 16세기에는 오스만 제국이 크게 일어섰고, 18세기 말에 민족 운동을 통해 여러 나라로 독립했다.

오늘날의 아랍 연맹은 1945년 서남아시아와 북아프리카 지역의 평화와 안전을 확보하고, 나라의 주권과 독립을 수호하기 위해 결성된 아랍 국가들의 협력 기구이다. 현재 시리아·요르단·이라크·사우디아라비아·레바논·이집트·예멘 등 서남아시아와 북아프리카의 22개국이 가입했다.

대상들의 숙소 카라반사라이 사막을 지나는 상인들을 위한 숙소이다. 사막길에는 보통 20~30km마다 카라반사라이가 있는데, 그만큼이 낙타가 하루 동안 걸을 수 있는 거리이다.

서남 및 중앙아시아의 사막을 횡단하는 비단길

유럽·아시아·아프리카의 삼거리, 교역의 요지

세계 지도를 펼쳐 보자. 유럽에서 중국으로 갈 때 거쳐야 하는 곳은 어디인가? 인도에서 유럽으로 갈 때, 또는 아프리카에서 유럽으로 갈 때 배를 타지 않고 간다면 어디를 지나가야 할까? 바로 서남아시아와 중앙아시아 지역이다. 유럽, 아시아, 아프리카의 교차로라는 지정학적인 특징으로 이곳은 예부터 교역이 발달했다. 이때 상인들이 오가던 교역로 중 하나가 바로 중국과 유럽을 이어 주는 실크로드였다.

100여 년 전 독일의 지리학자 리히트호펜이 처음 사용한 '실크로드'라는 이름은 원래 중국의 비단을 로마 제국으로 실어 나르던 중앙아시아의 사막길을 가리켰다. 그렇다고 이 길로 비단만 오간 것은 아니다. 보석·향료 등의 사치품과 포도·석류·호두 등의 농산물, 그리고 말·유리 등도 교역의 대상이었다. 실크로드는 이러한 물자 교역뿐만 아니라 기술과 문화까지도 전파되는 통로였다. 이곳을 오가는 상인들은 단순한 장사꾼이 아니라 새로운 문물의 얼리 어댑터(남들보다 먼저 신기술이나 신제품을 써 보는 사람)이자 문화의 전파자였던 것이다.

실크로드를 따라 사우디아라비아의 이슬람교가 중앙아시아, 인도, 중국으로 전파되었고, 인도의 불교가 중국, 한국까지 전파되었다. 『서유기』에서 삼장법사와 손오공이 불법을 구하기 위해 서역을 향해 가던 길이 바로 실크로드였다. 중국의 제지술이 이 길을 거쳐 유럽까지 전파되었고, 인도의 수학이 아랍에 전해졌으며, 아랍의 화학·수학·천문학·점성술 등도 유럽이나 중국에 전파되었다.

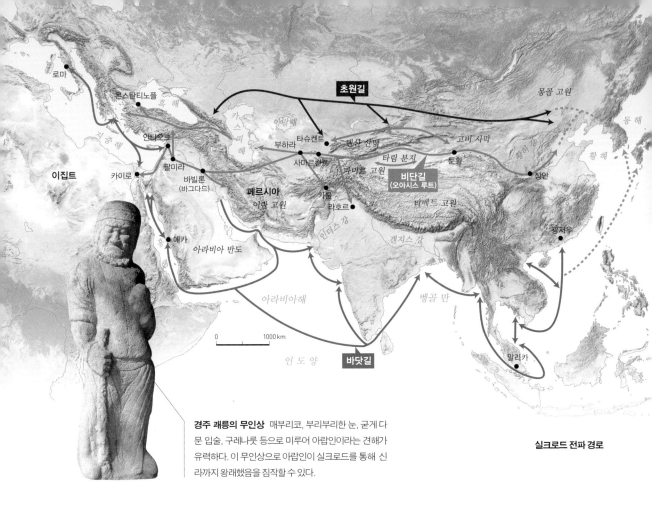

경주 괘릉의 무인상 매부리코, 부리부리한 눈, 굳게 다문 입술, 구레나룻 등으로 미루어 아랍인이라는 견해가 유력하다. 이 무인상으로 아랍인이 실크로드를 통해 신라까지 왕래했음을 짐작할 수 있다.

실크로드 전파 경로

실크로드의 상인들은 건조한 사막의 중간중간에 있는 오아시스를 징검다리 삼아 이동했다. 그래서 이 길을 '오아시스 루트'라고도 부른다.

상인들이 많이 머무는 오아시스에는 큰 시장이 열리기도 했다. 그러면서 자연히 숙식할 곳과 장사에 관련된 여러 시설이 필요해졌고, 점차 사람들이 정착해 살면서 오아시스 농업과 상인들을 대상으로 하는 서비스업이 발달했다. 사막길의 중요한 도시인 둔황, 타슈켄트, 사마르칸트, 부하라, 팔미라 등은 이렇게 해서 만들어진 오아시스 도시였다.

오아시스 루트(사막길)가 바로 우리가 흔히 '비단길'이라고 부르는, 좁은 의미의 실크로드이다. 넓은 의미의 실크로드는 유럽과 아시아를 잇는 모든 교역로, 즉 초원길·사막길·바닷길을 포함한다.

초원길은 역사상 가장 먼저 사용된 동서 교통로이다. 이 길을 따라 유라시아 대륙 북쪽의 넓은 초원 지대에 살던 스키타이·흉노·돌궐·위구르·거란·몽골 등 유목 민족의 청동기 문화가 동아시아에 전해졌고, 우리나라도 이 청동기 문화의 영향을 받았다.

바닷길은 계절풍을 이용한 항해술이 발달하면서 개척된 길로 중국인과 동남아시아인, 인도인이 이용했다. 8세기 이후에는 바닷길을 따라 아라비아 상인이 우리나라까지 왕래했던 것으로 보인다. 괘릉 등 신라 왕릉 곳곳에는 아랍인의 모습을 한 무인상이 남아 있다.

사막길 위로 활짝 열린 하늘길 나보이 국제공항에 첫 취항한 대한 항공 화물기를 축하하는 우즈베키스탄 민속 공연단의 환영 행사. 서남 및 중앙아시아 지역은 이제 땅 위의 교통 요지뿐만 아니라 하늘길로도 중요한 지역으로 부각되고 있다.

실크로드가 부활하다

아시아와 유럽을 잇는 교역로로서 충실히 제 역할을 해내던 실크로드가 바람만 휘날리는 모랫길이 된 것은 공산주의 국가 중국이 국경을 폐쇄하면서 부터였다. 하지만 최근 들어 실크로드는 옛날의 위엄을 되찾고 있다. 이는 중국이 경제 개발에 나서면서 개방 정책을 펼쳤기 때문만이 아니다.

주로 바다를 통해 운송하던 석유가 해양 오염의 주범으로 지목되고 있고, 페르시아 만의 정세가 불안한 것도 실크로드 부활에 한몫을 했다. 특히 중앙아시아의 우즈베키스탄은 유럽까지 잇는 도로와 철도를 건설하면서 동서를 잇는 새로운 실크로드를 꿈꾸고 있다. 또한 석유와 천연가스도 서남아시아와 중앙아시아를 통과하는 파이프라인을 통해 유럽, 인도, 중국으로 공급되고 있다.

하늘길의 가능성도 새롭게 열리고 있다. 동부 아시아에서 비행기로 유럽이나 아프리카로 이동할 때 중앙아시아가 중간 기착지로 각광을 받으면서 항공 교통의 요지가 되고 있다. 우리나라의 한 항공사에서 우즈베키스탄의 나보이 국제공항 화물 터미널 공사를 맡았는데, 이 화물 터미널이 완공되기 이전인 2008년과 2010년을 비교해 보면 연간 항공 운항 횟수는 445회에서 2059회로, 화물 처리량은 26톤에서 5만 톤으로 2000배나 증가했다. 실크로드의 부활로 사막길뿐 아니라 하늘길로도 서남·중앙아시아의 중요성이 부각되고 있는 것이다.

2

사막과 초원으로
이루어진 건조한 땅

서남·중앙아시아 사람들은 묘지 옆에 나무 심는 것을 좋아한다. 천국을 상상할 때 물이 풍부하게 흐르고 나무가 무성한 곳을 떠올리기 때문이다. 물은 생명의 원천을 지키는 것이기에 이 지역 사람들은 물을 신성하게 여긴다. 그러므로 이 지역을 이해하는 데 가장 중요한 키워드는 바로 '물'이다.

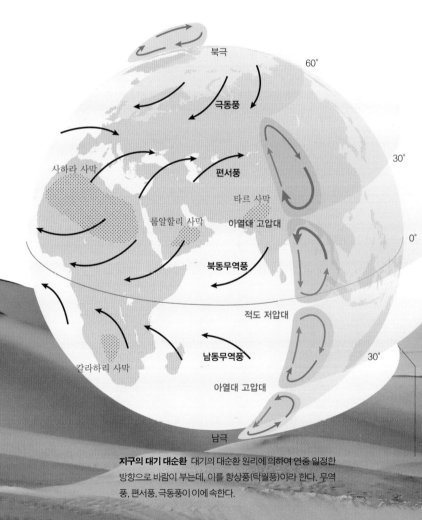

아열대 고압대 적도에서 올라온 뜨겁고 건조한 공기가 더는 고위도로 올라가지 못하고 회귀선 부근에서 하강하는 지역을 아열대 고압대라고 한다. 북반구의 아열대 고압대에 위치한 서남아시아에 건조한 사막이 넓게 나타난다.

지구의 대기 대순환 대기의 대순환 원리에 의하여 연중 일정한 방향으로 바람이 부는데, 이를 항상풍(탁월풍)이라 한다. 무역풍, 편서풍, 극동풍이 이에 속한다.

건조 기후와 반건조 기후가 나타나는 서남·중앙아시아

아열대 고압대 사막과 내륙 사막

서남아시아와 중앙아시아는 대부분 강수량보다 증발량이 많은 건조 기후 지대이다. 건조 기후 지역은 대체로 연평균 강수량 500mm 미만으로 정의한다. 건조 기후는 연평균 강수량 250mm 미만인 사막 기후와, 연평균 강수량이 250mm 이상이고 풀이 자라는 스텝 기후(반건조 기후)로 나누어진다.

사막이 만들어지는 원인은 크게 두 가지이다. 대기 대순환에서 아열대 고기압의 영향으로 형성되는 경우와, 바다에서 멀리 떨어진 내륙에 위치하여 형성되는 경우다.

비가 내리기 위해 가장 중요한 조건은 상승 기류, 즉 하늘로 올라가는 공기 흐름이다. 상승 기류가 있어야 구름이 만들어지고, 이 구름에서 비가 내린다. 지구에서 상승 기류가 가장 많은 곳은 더운 열대 지역이다. 적도에서는 많은 양의 공기가 수증기를 품고 상승해서 비로 쏟아진다.

대량으로 덥혀진 공기는 대기권 상층으로 올라가던 중 고위도로 더 이상 상승하지 못하고 하강하는데, 열대와 온대의 중간, 하강 기류가 집중적으로 형성되는 이 지역(위도 30°부근)을 아열대 고압대라고 한다.

아열대 고압대에는 북아프리카의 사하라 사막, 남아프리카의 칼라하리 사막, 사우디아라비아의 룹알할리 사막, 인도의 타르 사막, 오스트레일리아의 그레이트샌디 사막 등 세계적으로 유명한 사막들이 분포하고 있다.

그중 서남아시아의 룹알할리 사막은 사하라 사막에 이어 세계에서 두 번째로 넓은 사막이다. 면적이 65만 km^2로, 아라비아 반도 전체의 20%를 차지할 만큼 거대하기 때문에 '텅 빈 1/4'이라는 뜻인 '엠프티 쿼터'라고도 불린다.

중앙아시아의 몽골과 중국에 걸친 고비 사막과

서남아시아의 룹알할리 사막

사막의 마른 하천, 와디 우기 때 외에는 물이 없는 일시적 하천이다. 지도에서는 보통 청색 점선으로 표시한다.

타커라마간(타클라마칸) 사막, 투르키스탄 사막(북위 40°~45°)은 만들어진 원인이 다르다. 이 지역은 바다와 멀어서 수분이 내륙 깊숙이 공급되지 못하기 때문에 사막이 형성된 것이다. 대륙 깊숙한 곳에 있는 사막에서는 겨울에 기온이 영하 40℃ 이하로 내려가기도 한다.

연평균 강수량 250mm 미만의 의미

사막 지역에는 1년 내내 거의 비가 오지 않는다. 따라서 다른 지역보다 풍화작용이 느려서 고대의 석조 유물이 수천 년 동안 원형을 보존하고 있는 경우도 많다. 그래서 건조한 지역에서는 미라도 잘 만들어진다.

앞서 사막 기후는 연평균 강수량이 250mm 미만이라고 했는데, 이것은 250mm의 비가 매달 일정하게, 혹은 해마다 고르게 내린다는 의미가 아니다.

대부분의 강수는 3~4달 동안 집중되거나, 아니면 3~4년에 한 번씩 집중적으로 내린다. 즉 어떤 해에는 150mm가 내렸다가, 그다음 해에는 100mm, 또 나음 해에는 450mm, 이렇게 불규칙적으로 내려 연평균 250mm 미만이 된다는 의미이다. 서남아시아 지역의 연평균 강수량은 250mm에도 훨씬 못 미치는 120mm 미만이다.

이렇게 몇 년에 한 번씩 내리는 비로 구릉지와 산지가 침식되면서 지표면에 일시적으로 하천이 생기는데, 이를 '와디(건천)'라고 부른다.

와디는 우기 때만 가끔 물이 흐르기 때문에 평소에는 마른 골짜기를 이루어 교통로로 이용된다. 바닥을 파면 물이 나오기 때문에 사람들이 와디에서 살기도 한다. 그러다 갑자기 호우가 내리면 홍수가

세계의 스텝(초원) 지역

중앙아시아 키르기기스탄의 초원 스텝기후인 이 지역은 키 작은 풀이 자라 넓은 초원을 형성한다.

나서 피해를 입는다.

사막의 지하로 흐르는 물은 지하 수로를 통해서 오래전부터 생활용수나 관개용수로 사용해 왔다. 또 지하의 물이 여러 가지 지형적인 이유로 지상에 드러나 호수처럼 고여 있는 경우가 있는데, 이것이 바로 오아시스이다. 규모가 큰 오아시스 수변에는 예부터 도시가 발달했다.

한편 강수량이 풍부한 곳에서 발원하여 사막을 관통하여 흐르는 하천을 '외래 하천'이라고 한다. 가장 유명한 것이 나일 강이고, 티그리스 강이나 유프라테스 강도 이에 해당된다. 이러한 외래 하천은 그 지역 관개 농업의 주요 물줄기가 된다.

반건조 기후, 스텝

사막보다는 비의 양이 많아 풀은 자라지만 나무는 못 자라는 연평균 강수량 250mm 이상의 건조 기후 지역을 '스텝'이라고 한다.

스텝 기후가 나타나는 지역은 중앙아시아의 흑해 부근에서 키르기스 초원, 발하슈호 부근에서 중국 북부 내륙의 몽골 고원에 이르는 지역, 북아프리카에서 동쪽으로 이어져 이란과 이라크의 사막 지대를 둘러싸는 지역 등이다.

이 지역은 여름철에 짧은 우기가 나타난다. 이때 키 작은 풀이 자라 초원을 이루고, 이 풀들은 건기에 말라 부식되어 토양 속에 쌓인다. 따라서 사막에 비해 공급되는 유기물이 풍부하기 때문에 비옥한 토양이 발달한다. 우크라이나 지방의 넓은 초원에서 생성된 흑색토인 체르노젬에 농사를 지을 땐 비료가 거의 필요 없다고 한다.

생명의 원천, 물을 찾는 다양한 노력

사막 속의 천국, 오아시스

사막을 배경으로 하는 이야기의 단골 장면이 있다. 주인공은 사막에서 조난을 당했다. 강렬한 햇빛에, 아무리 눈을 씻고 주변을 봐도 모래와 돌밖에 보이지 않는다. 물통의 물은 이미 다 마신 지 오래다. 목이 타들어간다. 그런데 갑자기 지칠 대로 지친 주인공의 눈앞에 푸른 오아시스가 펼쳐지고, 여행자는 마지막 있는 힘을 다해 그곳으로 달려가지만 오아시스는 연기처럼 사라져버린다. 이름하여 신기루.

사막에서 정말 신기루가 보일까? 정말 보인다. 물체의 상(像)이 사막 지표의 뜨거운 열기에 의해 밀도가 희박해진 뜨거운 공기층을 지나면서 위쪽으로 구부러져, 관측자의 눈에 마치 물이 있는 것처럼 보이는 것이다. 한여름의 뜨거운 아스팔트에서도 우리도 비슷한 것을 볼 수 있지 않은가?

사막의 더위에 지친 사람이 찾고 싶어 하는 오아시스는 우리가 상상하는 모습과는 조금 다르다. 우리 상상 속의 오아시스는 모래 언덕 사이로 파란 물이 호수처럼 좍 펼쳐져 있지만, 사막은 엄청난 태양열로 증발이 활발한 곳이기 때문에 물이 넓은 면적에 고여 있기가 쉽지 않고, 있어도 짠 경우가 많다. 그럼 오아시스에 물이 없단 말인가? 있다. 아니다. 물이 있기 때문에, 물이 많기 때문에 초록 잎의 나무가 살 수 있는 것이다. 오아시스는 물보다 나무로

생명의 샘, 오아시스

구별해 찾기가 더 쉽다. 만약 사막 한가운데에 초록이 무성한 곳이 있다면 거기에 물이 있다는 뜻이고, 내가 살 수 있다는 뜻이다. 그래서 초록은 이 지역에서 파라다이스의 색깔이고 생명의 색이다. 이 지역 국기에 초록색이 많은 이유도 이 때문일 것이다.

서남·중앙아시아 지역은 물이 가장 귀한 지역이고, 이 지역을 이해하는 데 가장 중요한 키워드는 바로 '물'이다. 물만 있다면, 불모지인 건조 기후 지역은 일조량이 풍부해 농사짓기에 아주 좋다. 그럼 이 지역에서 물이 있는 곳은? 오아시스나 외래하천이 있는 곳이다. 당연히 오래전부터 이곳에서는 사람도 살고 농사도 지었다. 이곳에서 자라는 과일은 정말 달다. 과일은 일조량이 많을수록 당도가 높아지기기 때문이다. 우리가 좋아하는 포도와

석류, 복숭아, 멜론 등의 원산지가 바로 이란, 코카서스 지방 등 서남·중앙아시아 지역이다.

오아시스 주변에서는 전통적으로 적은 강수량으로도 재배가 가능한 대추야자가 주로 재배된다. 생으로도 먹고 말려서 먹기도 한다. 말린 대추 야자는 대상들의 비상식량이었고, 줄기는 목재로, 잎은 지붕이나 바구니 등의 재료로 사용한다. 그래서 이 지역 사람들은 대추야자를 '생명의 나무'로 소중히 보호하고 있다. 한편 많은 양의 물을 공급받을 수 있는 외래하천 주변에서는 밀과 보리 등의 식량 작물과 채소, 석류 같은 과일을 재배한다.

'카나트'로 오아시스를 잇다

물이 없는 지역에서 살기 위해서는 언제 내릴지도

생명의 나무, 대추야자 건조한 기후에서도 잘 자라는 대추야자는 특히 오아시스 주변에서 많이 재배되며 '생명의 나무'로 사랑받고 있다.

신기루 언덕 아래 물이 고여 있는 듯 보이지만 빛의 굴절로 땅 위에 무엇이 있는 것처럼 보이는 것일 뿐, 실제로는 물이 전혀 없는 모래사막이다.

모르는 비를 기다리는 것이 아니라, 늘 흐르는 물을 안정적으로 확보하는 것이 정말 중요했을 것이다. 늘 흐르는 물은 외래하천에 있거나, 지하 깊은 지하수에 있었다. 멀리 있는 고원의 눈이 녹은 물, 높은 산지의 지형성 강우가 지하로 흐르고 있는데 이 지하수의 물길을 찾아 수 킬로미터 떨어진 마을까지 연결한 것이 전통적 지하 관개 수로이다. 터널을 판 것처럼 지하에 물이 흐르는 터널을 사람이 만들고, 그 긴 굴의 중간 중간에 지상에서 들어갈 수 있는 구멍을 파서 터널과 연결시켜 만든 지하 상수도다.

이란에서 '카나트'로 불리는 이러한 관개 시설은 고대 페르시아에서 시작되어, 그 뒤 아라비아 세력권의 확대와 함께 여러 지역의 건조 기후 지대에 널리 보급되었다. 이렇게 전파된 카나트는 아프가니스탄에서는 '카레즈', 시리아·이라크·북아프리카 등에서는 '포가라' 라는 이름으로 불렸다.

카나트는 관개용수뿐 아니라 도시의 급수로도 이용되었다. 지하수로는 지상의 수로와 달리 관개수가 증발하거나 모래 속으로 스며드는 것을 방지할 수 있기 때문에 건조 지역에서 아주 유용하게 사용할 수 있었지만, 주기적으로 지하 깊은 수로에 사람이 내려가서 굴러들어온 모래나 자갈을 제거해 줘야 하는 어려움이 있어 최근에는 사용하지 않는다. 요즘은 지하수 개발, 수로 건설 등의 기술 발달과 함께 풍부한 오일머니로, 수원지에 댐을 건설하고 물을 끌어와서 사막 한가운데에서도 초록색 농경지를 보는 일이 어렵지 않게 되었다.

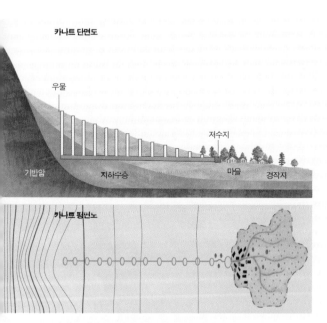

카나트 카나트는 산지에서 수직 우물을 판 뒤 수평식 수로를 연결하여 필요한 지점까지 물을 보내는 특수한 지하 수로이다.

건조 지대에서 지하수를 유도하는 카나트 하늘에서 본 지하 수로의 연결 모습과 지하수가 보이는 우물 안의 모습이다.

바다가 생수라면…

이 지역에서는 바다를 보며 '저 많은 바닷물이 마실 수 있는 물이라면' 하는 생각을 해 보지 않았을까? 그 바람이 정말 현실이 되었다. 바로 해수 담수화 설비 덕분이다. 해수 담수화란 바닷물에 녹아 있는 염분을 제거해서 사람이 마실 수 있는 물(담수)로 바꾸는 기술로, 가장 간단하고 오래된 방법은 바닷물을 끓여서 생긴 수증기를 응축시키는 것이다.

해수 담수화 설비 시설은 1960년 쿠웨이트에서 최초로 시행되었고, 현재 이스라엘 요르단 · 사우디아라비아 등 서남아시아의 여러 지역에서 가동되고 있다. 특히 이스라엘은 이 시설을 통해 생활용수의 30% 정도를 공급하고 있어, 관개로 인한 주변국과의 마찰을 피하며 물 자원을 확보하고 있다.

한국 기업이 건설한 사우디아라비아의 담수화 설비 시설 중동 지역의 담수화 설비 시설은 우리나라 기업들이 싹쓸이하다시피 하는 사업으로, 우리나라가 세계적인 경쟁력을 확보한 분야이기도 하다.

각 나라의 치열한 물 전쟁

건조 지역에서 물을 확보하는 가장 대표적인 방법은 비가 많이 오는 지역에서 물을 끌어오는 관개이

요르단의 관개 농업 건조한 사막 가운데 초록빛이 선명하다. 긴 스프링클러가 중앙 축을 중심으로 회전하면서 관개하기 때문에 초록빛 원형이 나타난다.

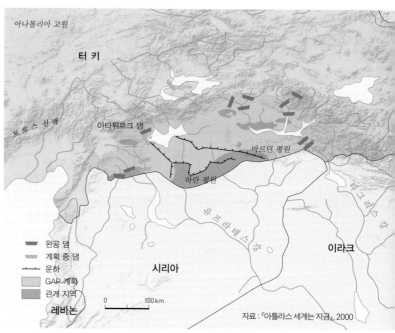

이스라엘 영토 1967년 이스라엘은 물 부족을 우려해 일으킨 3차 중동 전쟁으로 시나이 반도, 요르단 강 서안 지구, 골란 고원 등 넓은 영토를 차지했다.

터키의 초대형 댐 건설 터키는 아나톨리아 남동부 개발 계획(GAP)에 따라 유프라테스 강 상류에 초대형 아타튀르크 댐을 포함한 여러 개의 댐을 건설했다. 이로 인해 유프라테스 강 중하류에 있는 시리아와 이라크는 심각한 물 부족 상황에 처했다.

다. 그러나 수원(물의 근원지)이 국가 간의 국경을 이루거나 또는 여러 나라 영토를 거쳐 흐르는 국제 하천인 경우 국가 간 분쟁의 원인이 되기도 한다.

1967년 시리아는 물 부족을 해결하기 위해 이스라엘-요르단-레바논-시리아 등에 걸쳐 흐르는 국제 하천인 요르단 강 상류에 댐을 건설하려고 했다. 그러자 이스라엘이 자국으로 흘러 들어오는 물의 양이 줄어들 것을 우려해 전면 공격에 나섰다. 6일 만에 이스라엘의 승리로 끝난 이 전쟁이 바로 '3차 중동 전쟁'이다.

이 전쟁으로 이스라엘은 시나이 반도, 요르단 강 서안 지구, 골란 고원 등 넓은 영토를 점령했다. 요르단 강은 이후에도 이스라엘과 아랍 국가들 사이

에서 피할 수 없는 분쟁 지역으로 남았다.

티그리스 강과 유프라테스 강은 터키의 산지에서 시작된다. 터키는 아나톨리아 남동부 개발 계획(GAP)에 따라 티그리스·유프라테스 강 상류에 초대형 댐을 여러 개 건설했다. 이 댐에서 전력을 생산하고 수로를 만들어 터키에서 가장 낙후된 지역이던 마르딘 평원과 하란 평원에 물을 관개했다. 그 결과 메마른 땅이었던 이곳에서 곡식과 채소 등을 재배하게 되었다.

터키에서 댐으로 가둘 수 있는 물의 양은 유프라테스 강의 1년치 수량과 맞먹는다. 두 강의 하류에 있는 시리아와 이라크는 이로 인해 물의 양이 눈에 띄게 줄어들며 물 부족이 심각할 것으로 예상되었

다. 이에 터키는 1987년 시리아와 조약을 체결하여 일정량의 물을 보장해 주기로 했다.

그러나 시리아와 이라크의 인구가 증가하면서 확보된 수량만으로는 사람들이 마실 물도 부족했다. 농지를 개간할 엄두조차 내기 어려운 상황이 된 것이다. 게다가 상류의 농업 폐수 및 공장 폐수, 생활 하수 등으로 물이 오염되면서 장티푸스 등 수인성 전염병 환자가 급증했다. 결국 두 나라는 터키에게 조약 개정을 요구하며 이 문제를 국제 사법 재판소로 가져가기 위해 애쓰고 있다.

사막으로 변해 가는 아랄해

사막과 스텝 지역이 넓게 분포하는 중앙아시아에 위치한 아랄해는, 파미르 고원에서 시작하는 아무다리야 강과 텐산 산맥에서 시작하는 시르다리야 강에서 물이 유입되고 있으나 밖으로 흘려 내보내는 하천이 없는 거대한 폐쇄 호수이다.

20세기 중반까지 아랄해에는 물고기가 많아 어업이 활발했으며, 주변에서는 호수로 유입되는 물을 이용해 밀·쌀 등의 곡물부터 양파·오이 등의 채소류, 포도·멜론 등의 과일까지 다양한 작물을 재배했다. 그러나 1960년대 소련이 아무다리야 강과 시르다리야 강 주변의 사막 지역을 목화 생산의 중심지로 선포하며 용수 공급을 위해 대규모 수로 공사를 시작했다. 호수로 유입되는 물이 줄자 염도가 3배 이상 높아졌고, 수량이 빠른 속도로 감소하면서 말라 버린 호수 바닥은 소금 사막이 되었다.

설상가상으로 국영 농장과 집단 농장의 형태로 운영되는 기업형 농장들이 다량의 살충제와 화학

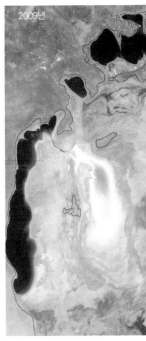

아랄해의 면적 변화 1960년대 약 69만 km²에 이르던 아랄해의 면적은 2001년 약 22만 km²로 줄었고, 2009년에는 60년대 면적의 13.5%인 9만여 km²만 남았다.

비료를 사용하면서 주변의 수질 오염 또한 심해져 농작물이 자라지 못하는 농토가 늘어나게 되었다.

현재 중앙아시아 국가 농민들의 주된 생계 수단은 목화로, 이 나라들의 최대 수출품이기도 하다. 하지만 여기에서 나오는 막대한 수입은 대부분 소수의 기업가에게 돌아가고, 푸른 물이 넘실대는 아랄해를 터전으로 살아가던 어부들과 농민들은 대부분 빈곤층으로 전락했다.

과거 비단길의 중심지로 밀과 쌀, 채소 등이 다양하게 재배되던 중앙아시아 지역은 이처럼 환경 파괴를 고려하지 않은 채 정책적으로 목화 재배를 강요당하게 되었고, 그 피해는 오늘날 현지 주민들에게 고스란히 이어지고 있다.

사막의 천연 에어컨, 바드기르

2022년 월드컵은 한여름 기온이 40℃를 웃도는 뜨거운 나라 카타르에서 개최된다. 당초 서남아시아 지역에서는 여름철의 뜨거운 기온 때문에 월드컵 개최가 불가능하다는 지적을 받았다. 하지만 카타르는 경기장 안에 최첨단 에어컨 시설을 완비하겠다는 아이디어를 내서 결국 승인을 얻었다. 그렇다면 에어컨이 없던 옛날에 이 지역 사람들은 어떻게

살았을까?

사막의 주된 건축 자재인 흙은 건조 지역에서 집을 짓기에 딱 알맞은 재료이다. 사막 지역의 흙집은 겨울에는 따뜻하고 여름에는 시원하다. 또한 공기를 정화하고 온도를 조절하는 특수 장치가 설치되어 있는데, 흙집 위로 솟아오른 '바드기르'라 부르는 시설이 그것이다.

페르시아 말로 '바람 탑'이라는 뜻의 바드기르는

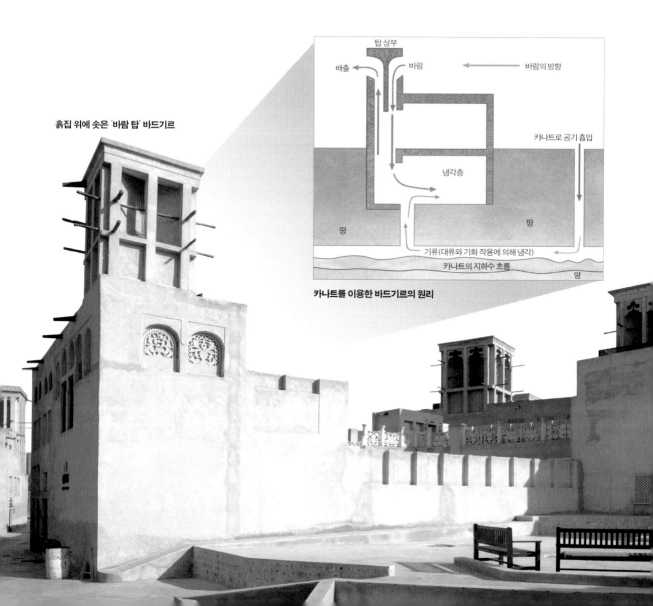

흙집 위에 솟은 '바람 탑' 바드기르

카나트를 이용한 바드기르의 원리

서남아시아에서 오랫동안 전해 내려오는 전통적인 천연 에어컨이다. 탑을 통해 공기를 아래로 내려 보내서, 중앙부의 관상수나 분수 같은 인테리어로 식힌 뒤 내보내는 원리이다.

좀 더 복잡한 형태는 카나트를 이용한 방식으로, 지하수의 차가운 온도와 지표 아래의 저온층을 이용하는 냉각 방법이다. 지면에서 부는 뜨거운 바람은 지하 수로(카나트)의 차가운 지하수에 닿아 열을 빼앗긴 상태로 건물 안으로 공급되고, 건물 안의 뜨거운 공기는 대류 현상으로 위로 올라 밖으로 배출된다.

예부터 서남아시아 지역에서는 바드기르의 규모로 그 집의 형편을 알 수 있었다고 한다. 가난한 집은 바람 탑이 아예 없거나 작고 볼품없지만, 부잣집은 크고 높았던 것이다. 최근에는 에어컨이 많이 보급되어 바람 탑만을 사용하는 집은 거의 없다. 그래도 지붕 위에 우뚝 솟아오른 바람 탑 모양의 전통 건축 양식은 건축미의 관점에서 계속 지어지고 있다.

뜨거운 사막에서 검은색, 긴 옷을 입는 이유

폭염으로 뜨거운 이 지역 사람들이 짧은 옷을 입지 않고 발목까지 가리는 긴 옷을 입는 이유는 뭘까?

사막은 직사광선이 내리쬐는 곳은 뜨겁지만 그늘진 곳은 서늘하다. 워낙 건조하다 보니 땀도 금세 증발해서 우리나라 여름처럼 공기가 끈적거리지도 않다. 덥다고 짧은 옷을 입으면 오히려 강렬한 햇빛에 화상을 입는다. 게다가 사막에서는 수시로 강한 모래바람이 불기 때문에, 화끈거리는 팔뚝

과 다리 화상 부위로 모래가 세차게 날아들 것이다.

흰색 옷은 여름에는 뜨거운 햇빛을 반사해서 시원할 테니 그런대로 입는 이유를 이해할 만하다. 그러나 북아프리카의 유목 민족인 베두인들은 흰색이 아닌 검은색 계통의 옷을 더 즐겨 입는다.

그들의 검은색 옷 속 온도는 흰색 옷보다 무려 6도 정도가 높다고 한다. 그런데도 열을 흡수하는 검은색 옷을 입는 이유는 무엇일까?

검은색이 열을 흡수하여 옷 안의 온도가 높아지면 더워진 공기가 목 위로 올라가거나 옷감의 작은 구멍들 사이로 빠져나간다. 그러면 외부의 찬 공기가 발밑을 통해 들어와 마치 바람이 부는 것처럼 공기의 순환이 일어난다. 이때 흐르는 땀이 빠르게 기화하면서 몸의 열을 내려 준다. 검은색 옷 속에는 열을 높여서 공기 순환이 잘되게 하는 원리가 숨어 있는 것이다.

검은색 옷을 즐겨 입는 베두인족

1 **사막의 베두인들** 이들은 농사를 전혀 짓지 않으면서 유목 생활을 한다.
2 **유목민들의 천막집, 유르트** 중앙아시아 지역의 유목민들이 거주하는 이동 가능한 천막 형태의 집을 말한다. 몽골에서는 '게르'라고 부른다.

풀을 찾아 이동하는 유목민들

농사를 짓기 힘든 건조 기후 지역에서는 사람들이 양·낙타·당나귀 등의 가축을 기르면서 풀을 찾아 이동 생활을 한다. 유목민의 생활은 여러 형태를 띤다. 베두인족은 농사를 전혀 짓지 않고 유목만 하고, 이란 고원에 사는 사람들은 농사를 지으면서 양이나 산양을 사육한다.

카스피해 북쪽과 동쪽에 펼쳐지는 키르기스 초원의 키르기스인, 카자흐인, 타지크인, 우즈베크인들은 전통적인 유목민들이다. 이들은 오랫동안 수십 명의 가족과 수백 마리의 낙타와 소, 수천 마리의 양과 산양과 말을 거느리고 풀을 따라 1000km 내외의 지역을 이동하면서 살아왔다.

이들은 이동하는 도중 가축으로부터 얻은 생산물을 오아시스 농업 산물이나 도시의 공산품과 맞바꿔 생필품을 조달했다. 그러나 간혹 농경민에게서 물품을 약탈해서 정착 생활을 하는 사람들에게 경계의 대상이 되기도 했다.

2차 세계 대전 후 이 지역에도 국경선이 그어지면서 국가를 넘나들기가 힘들고, 자원 개발과 산업화가 진행되면서 유목이 어려워지자 정착을 하는 사람이 늘고 있다.

유목민들은 생존에 필요한 모든 물건을 가축으로부터 얻는다. 양의 고기와 젖을 먹고, 털과 가죽으로는 양탄자나 옷을 만들고, 동물의 배설물은 연료로 사용한다. 그렇기 때문에 가축을 매우 소중히 여긴다. 주로 양·염소 등을 기르는데, 건조한 환경과 군집 생활에 적응할 수 있는 동물이기 때문이다.

유목민들은 풀을 찾아 계속해서 이동해야 하므로 소유하는 물건을 최소화하고 운반하기 쉽게 만들었다. 집도 조립과 해체가 간편한 천막을 이용했다. 초원에 천막집을 짓고 살며 가축을 방목하다가 풀이 없어지면 다시 가축을 이끌고 풀이 있는 곳을 찾아 이동하는 것이 초원 지역 유목민들의 전통적인 삶의 모습이다.

유목민들의 생활에서 아주 유용하게 쓰이는 물건의 하나가 바로 양탄자이다. 양탄자는 이동시 천막의 바닥이자 벽으로 쓰기도 하고 커튼이나 말안장으로 사용하기도 한다. 또한 양탄자는 무슬림들에게 언제 어디서든 기도할 수 있는 간이 예배 장소가 되기도 해서, 이 지역에서 양탄자가 발달한 것은 이슬람교 때문이라는 말이 있을 정도이다.

사막의 배, 낙타

서남·중앙아시아의 유목민들은 먼 거리를 이동하며 생활했다. 이 유목민들 중 일부가 낙타를 타고 사막을 건너 아주 먼 지역까지 오가며 물건들을 사고팔아 큰돈을 벌었다.

이슬람교의 창시자 무함마드도 상인이었으며, 중앙아시아 우즈베키스탄의 국가 영웅 티무르는 국가적 차원에서 상업을 장려하기도 했다. 이런 이유로 서남·중앙아시아에서는 일찍부터 상업이 발달했다. 그런데 만약 낙타가 없었다면 이 모든 것이 가능했을까?

낙타는 등의 혹이 하나인 단봉낙타와 두 개인 쌍봉낙타가 있다. 낙타는 아주 오래전부터 사막에 적응한 동물이다. 물 없이도 며칠, 심지어는 몇 달까지 살 수 있다. 낙타의 속눈썹 한 쌍은 길게 말려 있고, 또 한 쌍은 짧고 곧게 뻗어 있어서 모래바람을 헤치며 앞으로 나아가기 쉽다. 넓게 튀어나온 이마 뼈는 햇빛이 머리 위쪽에서 비칠 때 눈을 가려 준다.

낙타의 혹 속에 든 지방은 필요에 따라 영양분으로 쓸 수 있어 열흘 정도는 먹지 않아도 견딜 수 있다. 말랑말랑한 조직으로 된 발은 모래를 디딜 때마다 발바닥이 넓게 퍼지면서 발이 빠지지 않게 해 준다.

대부분의 동물들은 체온이 37℃이지만 낙타는 34℃에서 41℃ 사이여서 일교차가 큰 사막의 기후에 잘 적응할 수 있다. 이러한 신체 조건으로 인해 예부터 이 지역 사람들은 낙타를 사막 이동의 중요한 운송 수단으로 삼았고, '사막의 배'라고 부르며 귀하게 여겼다.

낙타는 사막민들에게 운송 수단뿐만 아니라 다양한 용도로 이용되기도 한다. 낙타 고기는 유용한 양식이며, 털로는 옷감이나 천막을 만들고, 가죽으로는 신발이나 가방 등을 만든다. 또한 뼈는 상아처럼 세공하여 값진 물품을 만드는 데 쓰인다.

낙타 가죽으로 만든 신발

낙타 젖을 짜는 모습

낙타 고기로 만든 스테이크

세계의 사막과 다양한 사막 지형

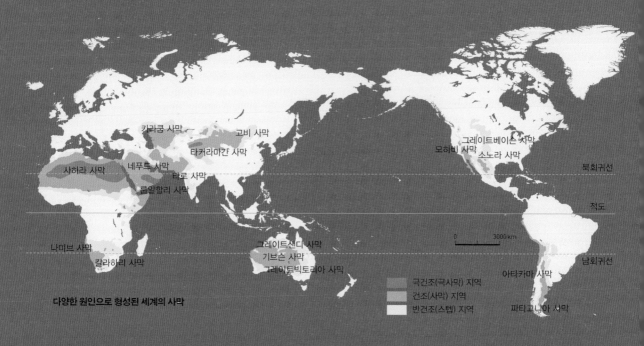

칼라쿰 사막
고비 사막
타커라마간 사막
그레이트베이슨 사막
모하비 사막
소노라 사막
북회귀선
사하라 사막
네푸트 사막
타르 사막
룹알할리 사막
적도
나미브 사막
그레이트샌디 사막
기브슨 사막
그레이트빅토리아 사막
3000 km
아타카마 사막
남회귀선
칼라하리 사막
파타고니아 사막

다양한 원인으로 형성된 세계의 사막

극건조(극사막) 지역
건조(사막) 지역
반건조(스텝) 지역

사막은 물이 귀한 곳이다. 물이 귀한 곳, 곧 수분을 공급받기 어려운 곳은 세계 곳곳에 있다.

상승 기류가 발달해 공기가 상승하여 온도가 낮아지면서 수분이 응결하여 구름이 만들어지고 비가 내린다. 그런데 지구 대기 대순환 원리에 의해 아열대 고압대가 발달한 남북회귀선 부근에서는 1년 내내 강한 하강 기류가 지속된다. 이곳에서는 공기가 하강하여 기온이 올라가고 건조해져 비가 잘 내릴 수가 없다. 이렇게 해서 대륙의 서쪽에 대규모 사막이 만들어졌는데, 시하리 사막, 킬라하리 사막, 룹알할리 사막, 타르 사막, 그레이트빅토리아 사막 등이 여기에 해당한다.

한편 대륙 내부 지역은 바다로부터 멀리 떨어져 있기 때문에 사막이 형성된다. 바다의 습기를 머금은 공기가 닿지 않는 것이다. 아시아 대륙 내부의 타커라마간 사막, 고비 사막 등이 여기에 해당한다.

한류가 흐르는 지역은 주변보다 공기가 차갑기 때문에 상승 기류가 형성되지 않아 비가 잘 내리지 않는다. 아열대 고압대가 지나는 데다가 한류까지 더해져 발달한 사막이 아타카마 사막, 나미브 사막, 모하비 사막이다.

바람에 의해 사막이 만들어지기도 한다. 습기를 머금은 바람이 산을 넘어가면서 바람받이 사면에 많은 비를 내리게 하고 그 반대편으로 넘어가면 건조해지는데, 이 건조한 바람이 사막을 만든다. 안데스 산맥 반대편에 위치한 파타고니아 사막이 바람 그늘에 의한 대표적인 사막이다.

독특한 경관을 연출하는 사막의 건조 지형

플라야 말라 버린 거대한 호수바닥. 와디와 달리 플라야는 주변이 분지처럼 막혀 있다. 사막에 갑자기 비가 올 때 익사 사고가 일어나기 쉬운 곳이 바로 플라야이다. 미국 데스밸리의 레이스트랙 플라야.

선상지 골짜기 어귀에서 하천에 의해 운반된 자갈과 모래가 평지를 향하여 부채 모양으로 퇴적하여 이루어진 지형. 미국 데스밸리의 선상지.

버섯바위 사막에서 부는 바람 속에 섞인 모래들이 바위를 지속적으로 침식하여 생긴 바위. 아래로 향하는 무거운 모래가 침식력이 더 강해 버섯 같은 모양이 생긴다. 이집트의 버섯바위.

와디 대부분 말라 있는 사막의 하천 바닥. 하천이 흘러나가는 통로가 있어 막혀 있는 플라야와 구분된다. 이스라엘 네게브 사막의 와디.

사구 바람에 의해 쌓인 모래 언덕. 모래 사막에서 볼 수 있는 대표적 지형으로, 초승달 모양의 사구 바르한이 대표적이다. 모로코의 거대한 사구인 에르그 세비.

3 성스러운 땅, 세계 문화와 문명의 산실

서남아시아는 크리스트교와 이슬람교의 발상지이며, 두 종교는 세계 문화 형성에 큰 기여를 했다. 그런데 오늘날 서남아시아에서 전쟁이 빈번한 이유는 무엇일까? 석유 때문인가, 종교 때문인가? 아랍 국가들과 이스라엘과의 분쟁은 유대인들이 이스라엘을 세우는 과정에서부터 이미 예견되어 있었다.

술탄 아흐메드 모스크 터키 이스탄불에 있는 이슬람 사원. 비잔틴(동로마 제국) 최고의 건축물인 성 소피아 성당에 대적하기 위해 1616년 술탄 아흐메트가 건축했다. 우뚝 솟은 첨탑(미나레트)은 술탄의 권력을 상징한다.

크리스트교와 이슬람교의 발상지, 서남아시아

성스러운 땅을 찾아서

크리스트교는 하느님을 유일신으로 섬기고 예수 그리스도를 구세주로 믿는다. 이슬람교는 알라를 유일신으로 섬기고, 쿠란을 전한 무함마드를 위대한 성인으로 추앙한다.

2018년 현재 세계 인구는 약 78억 명, 그중 절반이 넘는 약 43억 명이 크리스트교와 이슬람교 신자이다. 그리고 두 종교에서 신성하게 여기는 곳이 바로 서남아시아인데, 그 까닭은 두 종교가 발생한 성지가 모두 이 지역에 있기 때문이다.

크리스트교의 발상지가 이스라엘이라는 것을 모르는 사람은 거의 없다. 그런데 크리스트교가 유럽 지역 종교라는 느낌이 강해서인지 이스라엘이 유럽에 있다고 착각하는 사람도 많다. 하지만 이스라엘은 아라비아 반도, 곧 아시아에 속한다.

이슬람교의 발상지는 사우디아라비아이다. 사우디아라비아의 석유가 모두 고갈되더라도 무슬림들이 성지 순례를 오는 한 먹고사는 데는 아무 지장 없을 것이라는 이야기가 나도는 것은 바로 이 때문이다.

세계의 2대 종교인 크리스트교와 이슬람교가 바로 이 지역에서 탄생해서 세계 곳곳에 전파되었으니, 서남아시아야말로 전 세계 문화의 산실이자 요람이라고 할 만하다.

세계 무슬림 분포도

기타·무종교 25.6

2018년
세계 종교별
인구 비율
단위 : %

크리스트교 29

불교 6

힌두교 15.4

이슬람교 24

무슬림 비율
90~100
80~89
70~79
60~69
50~59
40~49
30~39
20~29
10~19
0~9 (%)

0   3000 km

자료 : 위키피디아, 2009

교역로를 따라 빠르게 확산된 이슬람교

이슬람교는 610년, 무함마드(마호메트)●가 창시한 종교이다. 무슬림들은 크리스트교에서 하느님의 아들로 믿는 예수를 무함마드와 같은 알라의 뛰어난 예언자로 본다.

이슬람교가 탄생하기 전, 아라비아 반도에 사는 사람들은 주로 가축을 키우거나 장사를 했다. 그러다가 서쪽의 홍해를 따라 유럽과 아시아를 잇는 무역로가 생긴 후, 메카에 살던 부족들이 장사로 큰돈을 벌었다. 이때부터 부족 안에 부자와 가난한 사람이 생기면서 다툼이 잦아졌다.

당시 상인이던 무함마드는 동굴에서 명상하던 중 하늘의 계시를 받았다고 한다. 세상에 신은 알라뿐이고 모든 사람은 알라 앞에서 평등하다는 무함마드의 가르침이 오늘날의 이슬람교가 된 것이다.

부자들은 이슬람교를 싫어했지만 가난한 사람들은 이슬람교의 교리를 지지하기 시작했다. 결국 무슬림들은 무함마드를 중심으로 아라비아 반도를 통일하고 아예 새로운 나라인 이슬람 제국을 세우게 된다. 무함마드는 새로운 종교의 창시자이자

동시에 제국의 왕이 되었다.

이슬람교는 당시 상인들의 교역로를 따라 빠른 속도로 퍼져서 750년경에는 중앙아시아에서 북아프리카, 유럽의 이베리아 반도, 인도까지 전파되며 거대한 이슬람 세계를 형성했다.

이슬람교가 사람들의 마음을 사로잡은 것은 신분 차별이 거의 없고, 평등을 중요시하며, 다른 종교에 대해서도 관용적인 교리 때문이었다. 뿐만 아니라 이슬람교로 개종하면 세금을 감면해 주었는데, 이는 입에 풀칠하기도 힘든 사람들에게는 중요한 이유가 되었을 것이다. 이후 아프리카에서도 무슬림이 점점 증가했고, 남아시아와 동남아시아까지 세력이 확장되어 오늘에 이르게 되었다.

무슬림들의 성지, 메카와 카바 신전

'축구의 메카', '패션의 메카' 같은 말을 들어 본 적이 있을 것이다. '메카'라는 단어에는 '모든 것의 중심지'라는 의미가 들어 있다. 국어사전에서 '귀의·숭배·동경의 대상이 되는 곳'이라고 설명하고 있는 이 '메카'라는 말은 이슬람교에서 비롯되었다.

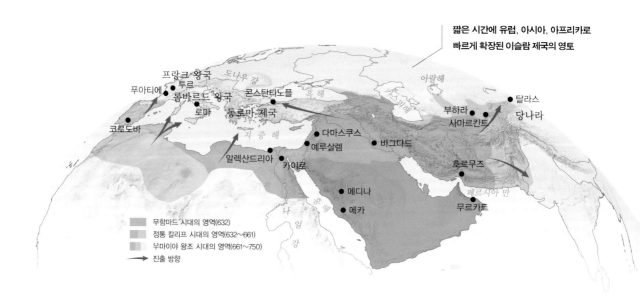

짧은 시간에 유럽, 아시아, 아프리카로 빠르게 확장된 이슬람 제국의 영토

카바 신전을 도는 무슬림들 이슬람 최대의 행사인 하지를 맞아 사우디아라비아의 메카에 모인 수백만 명의 이슬람 순례객들이 카바 신전 주위를 돌고 있다. 전 세계 무슬림들이 하루 5번 기도를 할 때 그 기준점이 바로 이 메카의 카바 신전이다.

메카는 사우디아라비아의 서쪽, 홍해 근처에 있는 도시로, 이슬람교의 창시자인 무함마드가 태어난 곳이다. 또한 이슬람 제국의 첫 시작지인 이곳 메카는 이슬람교 제1의 성지가 되었다.

16억 명의 이슬람 신도들은 세계 어디에 있든 하루 5번씩 정해진 시간에 메카를 향해 기도를 한다. 이 기도 방향을 '키블라'라고 하는데, 특별한 지형지물이 없는 사막 같은 곳에서는 키블라를 찾는 것이 쉽지 않다. 그런데 우리나라의 한 휴대폰 회사가 키블라가 표시되는 '키블라 폰'을 만들어 한때 이슬람 현지에서 큰 인기를 끌기도 했다.

무슬림이라면 지켜야 하는 중요한 다섯 가지 의무* 중 하나가 '하지'이다. 하지는 이슬람의 성지인 메카를 죽기 전에 꼭 한 번 순례하는 것을 말한다.

하지의 시작과 끝은 카바 신전을 7번 도는 것이다. 카바 신전을 방문하는 순례 관행은 이슬람교가 만들어지기 이전에도 있었다. 여러 부족이 카바 신전에 자신들이 섬기는 우상을 모시고 일정한 기간에 카바 신전을 순례했는데, 예언자 무함마드는 이러한 전통을 적극적으로 받아들임으로써 기존 종교에 익숙해져 있는 아랍인들을 이슬람교로 끌어들였다. 전 세계 무슬림들이 메카를 향해 기도할 때 그 기준점 되는 곳이 바로 이 카바 신전이다.

● **무함마드? 마호메트?**
마호메트는 아랍어 이름인 무함마드의 영어식 이름이다. 따라서 마호메트와 무함마드 중에서 무함마드라 부르는 것이 맞다.

● **무슬림의 다섯 가지 의무**
1. 신앙 고백을 한다 2. 하루 5번 메카를 향해 기도한다 3. 가난한 이들을 위해 기부를 한다 4. 이슬람력으로 9월(라마단)에 해가 떠 있는 동안 단식한다 5. 일생에 한 번은 꼭 메카 성지 순례를 한다

도시 문명이 최초로 시작된 곳

메소포타미아는 티그리스 강과 유프라테스 강이 만든 비옥한 평야 지대를 말한다. 이 지역은 세계에서 가장 오래된 고대 문명의 발상지이다.

메소포타미아 지역에는 지금의 이라크를 중심으로 시리아의 북동부, 이란의 남서부가 포함된다. '이라크'라는 이름은 '강과 강 사이'를 의미하는 '우르(우르크)'에서 유래했다. 기원전 4000년경에 세워진 세계 최초의 문명 도시 우르도 메소포타미아 남부 지역에 있었다.

바벨탑으로 추정되는 지구라트 유적도 이 지역에서 찾아볼 수 있다. 성경에 나오는 바벨탑 이야기를 보면, 바벨탑을 쌓던 사람들이 결국 각기 다른 언어를 사용하게 되어 흩어진다고 나온다. 이를 기원전 2000년 이전에 이미 다양한 언어를 사용하는 사람들이 한곳에 모여서 교역을 했다는 것으로

터키 이스탄불의 그랑바자르 우리가 흔히 아케이드라 부르는 지붕 덮인 시장의 원조가 바로 이 이슬람 지역의 시장이다.

해석하기도 한다.

문명의 교차로였던 이 지역은 오래전부터 도시가 발달했다. 예멘의 수도 사나와 우즈베키스탄의 사마르칸트는 약 2500년 전부터, 시리아의 수도 다마스쿠스와 이란의 야즈드는 약 3000년 전부터 교역로를 따라 번성했다. 이렇듯 오래된 도시들은 서남아시아 지역이 예부터 교역의 중심지였음을 말해 준다.

서남·중앙아시아 지역에서는 교역이 이루어지던 시장을 바자르 또는 수크라고 부른다. 우리가 알고 있는 '사랑의 바자회' 할 때의 바자라는 말도 아랍어 '바자르'에서 왔다. 터키 이스탄불의 그랑바자르는 많은 관광객이 찾는 시장이다. 그랑바자르의 돔 모양의 지붕은 우리가 흔히 아케이드라 부르는 지붕 덮인 시장의 원조 격이라고 할 수 있다.

다양한 문화를 흡수해 탄생한 이슬람 양식

중세 유럽은 그리스 로마 문명이 단절된 시대였다. 그리스 로마의 유산은 단지 동로마 제국에서 그 명맥을 유지하는 정도였다.

같은 시대에 이슬람은 빠른 속도로 영토를 확장하며 대제국을 건설했고, 각 지역의 문화까지 적극적으로 수용했다. 그리스 로마 문명, 동로마 제국의 문명, 페르시아 문명과 인도 문명 등을 이슬람이라는 용광로에 집어넣고 용해시킨 것이 바로 이슬람 문명이다.

둥근 천장으로 유명한 이슬람의 모스크는 원래

이란의 야즈드

서남아시아의 오래된 도시 풍경
도시 문명이 최초로 시작된 곳도 문명의 교차로에
자리한 서남아시아 지역이다. 동서 교역로를 따라
이미 기원전부터 도시가 번성했다.

우즈베키스탄의
사마르칸트

시리아의
다마스쿠스

예멘의 사나

고색창연한 황토색 도시, 야즈드 진흙 벽돌로 지은 집들과 좁은 골목길이 엉켜 있는 인류가 거주해 온
가장 오래된 도시의 하나임을 느끼게 한다.

1 **사우디아라비아 메카의 대(大)모스크** 이슬람 문명은 세계의 다양한 문화를 흡수해 적극 활용했다. 현재 이슬람의 건축에서 볼 수 있는 지붕의 돔과 창문의
 아치 모양은 모두 동로마 제국의 건축 양식을 받아들인 것이다. 원 안의 사진은 동로마 제국의 건축물인 성 소피아 성당이다.

2 **아라베스크 타일** 이슬람 문명은 페르시아의 전통 무늬인 아라베스크에 동로마 제국의 모자이크 기술을 적극적으로 받아들여 독특한 건축 양식인 아라베
 스크 타일을 탄생시켰다.

3 **라파엘로의 〈아테네 학당〉에 그려진 아베로에스** 터번을 쓴 아베로에스는 〈아테네 학당〉에 나오는 유일한 이슬람 학자이다. 그가 없었다면 아리스토텔레
 스의 철학은 잊혔을지도 모른다.

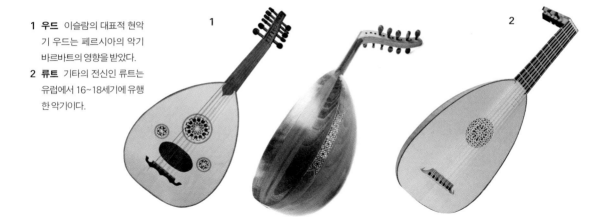

1 **우드** 이슬람의 대표적 현악기 우드는 페르시아의 악기 바르바트의 영향을 받았다.

2 **류트** 기타의 전신인 류트는 유럽에서 16~18세기에 유행한 악기이다.

동로마 제국(비잔틴 제국)의 건축 양식이었다. 이슬람은 동로마 제국의 건축 양식 중에 특히 돔과 원주, 아치 등을 모스크 건축에 적극 활용했다.

현재의 이란 영토에 있던 고대 페르시아 제국은 로마 제국과 힘을 겨루던 강대국이었으나 650년 이슬람 제국에 복속된다. 당시 이슬람 제국은 페르시아 문화를 적극적으로 흡수했는데, 대표적인 것이 아라베스크 무늬이다. 이슬람의 대표적인 문양으로 알려진 아라베스크는 식물의 줄기와 잎을 단순화한 덩굴 무늬나 기하학 무늬를 정교하게 배합시킨 좌우 대칭의 무늬로, 주로 양탄자나 타일에 쓰였다. 여기에 동로마 제국의 발달한 모자이크 기술을 받아들여 만들어진 아라베스크 타일은 이슬람의 대표적인 건축 양식이 되었다.

이슬람교의 경전인 쿠란은 우상을 금지하기 때문에 이슬람 예술은 대부분 기하학적 디자인이나 식물, 과일, 아랍어 서체, 환상적인 동물 모양 등을 얽어 맞춘 복잡한 패턴을 보인다.

음악 역시 페르시아의 영향을 받았다. 아랍의 대표적 현악기는 우드이다. 이는 페르시아의 현악기 바르바트를 개량한 것인데, 이것이 유럽으로 전해지면서 류트가 만들어졌다. 류트가 기타의 기원이니, 많은 사람들이 치는 기타가 이슬람에서 왔다는 것을 아는 사람은 별로 없을 것이다.

유럽에 놀라운 지적 영향을 미친 이슬람 문명

이슬람 문명은 주변의 여러 문화를 수용하고 발전시키면서 중세 문명을 꽃피웠다. 특히 고대 문명과 근대 문명을 이어 주는 다리 역할을 하며 인류사적으로 큰 공헌을 했다.

이슬람 문명은 철학, 수학, 천문학, 지리학, 광학, 화학, 자연과학 등에서 유럽 문명의 놀라운 지적 성장을 이끌었다. 세계 최초의 대학도 학문을 중시하는 이슬람 문명에서 탄생했다.

고대 이래 전해 내려온 그리스의 중요한 과학적 저술들이 아랍어로 번역되었고, 이들 대부분은 훗날 서유럽에서 라틴어로 재번역되어 유럽의 르네상스 문명을 탄생시키는 데 중요한 역할을 했다.

또한 이슬람 문명이 없었다면 우리는 철학자 아리스토텔레스에 대해 전해 듣기 어려웠을지도 모

3~7세기 인도 숫자

9세기 동아라비아 숫자

1   11세기 서아라비아 숫자

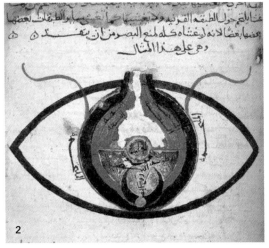

2

1 **11세기 서아라비아의 숫자** 서아라비아에서 오늘날의 아라비아 숫자와 거의 같은 숫자가 만들어졌다. 유럽은 16세기에 와서야 아라비아에서 전해진 숫자가 정착되었다.

2 **눈의 해부학** 아랍인들은 개방적인 태도로 인도와 그리스 등의 산술, 기하학, 대수학을 받아들였고, 이를 기초로 광학, 해부학, 천문학 등을 크게 발전시켰다.

른다. 이 시기의 이슬람 학자들이 아리스토텔레스의 글을 보존하고 해석했기 때문이다. 특히 아베로에스는 아리스토텔레스 철학을 발굴하고 라틴어로 정리해서 중세 유럽에 전달했을 뿐 아니라, 합리주의 전통을 이어 준 인물로 평가된다.

인도에서 0의 개념을 포함해 아라비아 숫자를 도입한 이슬람의 수학자들은 이후 십진법에 기초한 산술과 대수학(수의 관계, 성질, 계산 법칙 따위를 연구하는 학문)을 발전시켰다. 또한 천문학자

들은 천체 운동을 연구한 그리스 기하학에 입각해 구면 삼각법(구면 도형의 기하학적 성질을 연구하는 방법)에서 커다란 진보를 이룩했다.

이슬람 학자들은 의학 분야에서도 탁월하여 결핵이 전염성 질환임을 발견했고, 질병이 물과 흙의 오염으로 확산될 수 있다고 지적했다. 페르시아의 이븐 시나가 쓴 『의학전범』은 17세기 말까지 유럽에서 권위 있는 의학서로 받아들여졌다. 페르시아와 시리아, 이집트 등 주요 도시에는 34곳 이상의 대형 병원이 있었고, 각 병원에는 질병의 증세에 따른 병동과 함께 약국과 도서관이 설치되었다.

전 세계를 누비던 이슬람 상인들 때문이었을까? 아니면 어느 곳을 가든 하루 5번씩 기도 방향을 메카로 맞추어야 했던 종교적인 이유에서일까? 이슬람 학문에서는 지리학과 천문학의 비중이 매우 크며, 그 성과 또한 크다.

13세기 초 나시르 알딘 알투시라는 학자는 기존의 지구 중심설을 비판하며 지구의 공전을 주장했는데, 이것은 16세기 유럽에서 코페르니쿠스가 지동설을 주장한 것보다 무려 300년이나 앞선 것이다. 또한 아스트롤라베는 고대 그리스에서는 단순히 지표상의 위치만을 알려 주는 데 그쳤으나 이슬람으로 넘어와 수많은 기능이 추가되면서 정교한 천문 기계로 탈바꿈했다.

이슬람 학자들은 광학, 화학 분야에서도 위대한 업적을 이룩했다. 물리학자들은 광학이라는 학문을 확립하여 확대경 이론, 빛의 속도·투과·굴절에 관한 많은 결론을 이끌어 냈다. 이슬람의 연금술에서 화학이 발달했다는 것은 잘 알려진 사실이다.

1 **수업을 하는 아리스토텔레스** 그림에서 검은 얼굴에 흰 수염이 난 사람이 아리스토텔레스이다. 이슬람 학자들은 아리스토텔레스의 철학을 보존하고 연구했는데, 이것이 다시 유럽으로 유입되어 중세의 스콜라 철학에 영향을 주었다.

2 **아스트롤라베** 10세기경 만들어진 아스트롤라베는 별의 위치, 시각, 경·위도 등을 관측하기 위한 천문 기계로, 최초의 아날로그 컴퓨터라고 할 수 있을 만큼 정교했다.

3 **아즈하르 대학교의 대모스크** 983년 이집트 카이로에 세워진 세계에서 가장 오래된 대학이다. 고등 교육의 전당인 대학은 이슬람 문명에서 먼저 출발했다. 이곳은 이슬람 문명의 전파와 연구를 선도하는 학문의 최고 전당으로 이름을 날렸다.

우리가 몰랐던 이슬람교 바로 알기

이슬람교는 다른 종교를 배척하는 종교인가?

크리스트교는 예수를 믿고, 이슬람교는 무함마드를 믿는다? 이는 틀린 말이다. 무함마드는 이슬람교의 창시자로, 예수 이후의 최후의 예언자이지 신은 아니다. 이슬람교에서 믿는 신은 크리스트교에서 믿는 하느님의 아랍어 표기, 곧 알라이다.

무슬림들이 다른 종교나 문화를 무조건 배척한다는 생각도 편견이다. 이슬람 문화는 세계주의적이고 역동적이며, 역사적으로 다른 문화를 적극 수용해 왔다.

이슬람 문명은 거대한 종교와 공동의 제도를 통해 아랍인, 페르시아인, 튀르크인은 물론 아프리카 부족들과 인도인 등 다양한 민족의 문화를 통합했다. 이 '다양성 속의 통합'이야말로 이슬람의 가장 큰 특징이라고 할 수 있다.

무슬림들은 또한 다른 종교에 대해 관대했다. 상대가 어떤 종교를 믿든 개종을 강요하지 않았고, 자국 내에 유대인과 크리스트교인의 거주를 허용했다. 초기의 한 칼리프(이슬람 왕국의 수장)는 크리스트교인을 재상으로 임명하기도 했으며, 우마이야 왕조(옴미아드 왕조, 661~750)는 아랍어로 시를 쓴 크리스트교인을 후원했다.

이슬람은 형제애, 평등, 자유 같은 가치관과 중용, 관용의 덕목을 강조한다. 그리고 종교는 강요하는 것이 아니라는 가르침에 따라 자발적으로 무슬림이 되도록 했다.

술, 돼지고기는 싫어! 커피, 양고기는 좋아!

전 세계인이 가장 즐겨 마시는 차는 커피이다. 하지만 이 커피가 크리스트교가 아닌 이슬람교의 음료라는 것은 많이 알려지지 않았다.

쿠란에서는 술을 금하므로 이슬람 사회에는 커피 문화가 발달했다. 커피는 처음에는 이슬람 지도자들이 수도 과정에서 잠을 쫓기 위해 마신 신비의 음료였다. 특히 커피의 독특한 맛에 매료된 무슬림들이 늘어나면서 커피는 이슬람 사회를 대표하는 음료가 되었다. 이는 포도주를 성혈로 여기며 널리 마셨던 크리스트교와는 대조적이다. 이후 커피는 오스만 제국의 황제에게 바쳐지면서 유명해졌고, 서로마 교황에게까지 선물로 보내졌다. 크리스트교인들은 처음에는 이교도가 보낸 커피를 사탄의 음료라고 하며 마시지 않았다.

쿠란에 술이 금지되어 있는 이유는 이 지역의 자연환경을 고려하면 이해하기가 쉬워진다. 일정량의 술을 만들려면 엄청난 양의 곡식이나 과일이 필요하다. 그래서 전통적으로 술은 귀한 손님이 왔을 때 대접용으로 내놓거나 부잣집에서만 구경할 수 있는 음료였다.

농경에 불리한 건조 기후 지역에서 술을 많이 마신다면 어떤 일이 생길까? 부자들이 마실 술을 위해 수많은 가난한 사람들이 굶어죽을 수도 있다. 그렇기 때문에 강력한 종교의 힘으로 술을 금기시함으로써 이 지역의 생태계적 균형과 생존을 보장했다고 보기도 하는 것이다.

무슬림은 돼지의 고기도 먹지 않고 돼지 가죽도 사용하지 않는다. 대신 이 지역에서 많이 키우는 양고기를 즐겨 먹는다. 쿠란에서 돼지고기를 먹지 못하도록 하기 때문이다. 그 이유 역시 과학적인 설명이 가능하다. 돼지는 잡식 동물로 나무 열매와 과일, 식물 뿌리는 물론이고 곡식도 먹어치워 식량을 두고 인간과 직접 경쟁한다. 그러니 인간이 마실 물도 부족한 건조 기후 지역에서 돼지를 키우기가 힘들었을 것이다.

이슬람교가 국교인 나라에서는 비행기 안에서 돼지고기는 물론 술도 제공하지 않는다. 하지만 모든 이슬람 사회에서 돼지고기를 금하는 것은 아니다. 굶주렸거나 부득이한 상황에는 어떤 고기도 먹을 수 있다. 같은 이슬람교를 믿고 있지만 중앙아시아 지역에서는 돼지고기를 먹는 문제에 대해 좀 더 유연한 태도를 보인다.

이슬람교는 여성을 억압하는 종교인가?

이슬람교에 대한 대부분의 오해는 이슬람교와 아랍 사회를 동일시하는 데서 비롯된다. 대부분의 아랍 사람들은 이슬람교를 믿지만, 이슬람교와 아랍 사회는 다르다.

이슬람교는 아랍 지역을 중심으로 빠르게 성장하면서 아랍 유목민의 문화를 흡수했다. 크리스트교가 게르만족에게 종교를 전파하기 위해 우상 숭배의 논란이 있는 성상을 사용했던 것과 비슷하다. 우리가 알고 있는 일부다처제나 여성과 관련한 부분들 역시도 이슬람교의 교리적 특색이라기보다 아랍 유목민의 문화적 관습에서 비롯된 것이 많다.

1 **커피를 마시는 무슬림들** 16세기 이스탄불의 카페 풍경을 그린 그림. 커피는 이슬람 문화에서 시작되어 유럽과 전 세계로 전파되었다.

2 **키르기스스탄의 돼지고기 요리 샤슬릭** 중앙아시아의 키르기스스탄은 이슬람교 국가이지만 돼지고기를 먹는 것이 허용된다.

침략과 약탈은 아랍 유목민의 자연스러운 생활 방식이었다. 전쟁이 잦아 남성이 여성보다 훨씬 적다 보니 일부다처제는 여성을 경제적으로 안정시키기 위한 일종의 사회 보장 제도라고 볼 수 있다. 아브라함, 다윗, 솔로몬도 여러 명의 아내를 두었다.

이처럼 이슬람 전파 이전에도 이 지역에서는 일부다처의 풍습이 있었다. 오히려 무함마드는 '4명'의 아내만을 허용했는데, 이는 그 이전에 비해 크게 '제한'을 둔 것이었다.

여성 이슬람교도, 곧 무슬리마가 베일을 쓰는 관습은 고대 셈족*으로부터 시작되었다. 예수의 어머니 마리아도 베일을 쓰고 있고, 이는 가톨릭 미사 때 여자들이 머리에 쓰는 미사포의 전통으로 남아 있다.

이 지역은 따가운 모래바람을 막고 뜨거운 햇볕으로부터 머리를 보호하기 위해 남자들도 머리에 구트라를 쓰고 이깔로 고정한다.

얼굴을 가리는 베일은 전쟁이 잦은 이 지역의 여성들을 보호하기 위한 것이었다. 베일은 얼굴을 드러내는 낮은 계층의 여성들에 비해 신분과 권위가 높다는 것을 드러내는 일종의 표식과도 같았다. 명예를 중시하는 이슬람 사회에서 베일은 가문의 명예를 지키는 방어 수단으로도 사용되었던 것이다.

무슬리마들이 착용하는 베일은 나라나 종교, 계층, 나이, 취향에 따라 모양이 다양하다. 베일의 종류에는 히잡, 차도르, 부르카, 니캅 등이 있다. 이중에서 가장 보수적인 탈레반 정권 하의 아프가니스탄 여성들은 온몸을 뒤덮는 부르카를 입는다.

서구 사회에서는 이슬람교의 원리주의 체제가 아랍 여성들의 부르카 착용을 강요한다고 보는 시각이 많다. 벨기에와 프랑스 정부가 공공장소에서

● **고대 셈족**
오늘날 셈족은 대체로 아랍어나 히브리어 같은 셈어를 사용하는 종족이라고 정의할 수 있다. 셈족은 에티오피아 · 이라크 · 이스라엘 · 요르단 · 레바논 · 시리아 · 아라비아 반도 · 북아프리카 등지에 주로 살고 있다. 셈족은 알파벳과 유일신 사상을 전 세계에 전파했는데, 유대교 · 크리스트교 · 이슬람교 같은 주요 종교가 이 셈족에게서 유래했다.

이슬람 여성들의 화려한 히잡 패션
이슬람 여성들에게 히잡은 이제 하나의 패션이 되었다.

베일 쓰는 전통을 지키는 이슬람 여성들

아랍 여성들에게 베일을 쓰는 전통은 뿌리 깊다. 그러나 베일 착용을
법에 의무로 정한 나라가 있는가 하면, 공공장소에서 베일을 쓰지 못하게
제한하는 나라도 생겨났다.

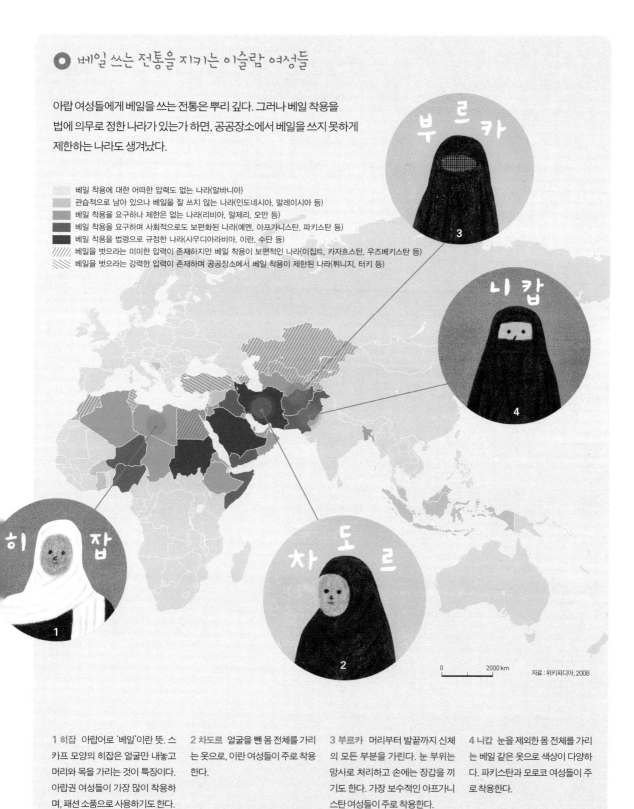

베일 착용에 대한 어떠한 압력도 없는 나라(알바니아)
관습적으로 남아 있으나 베일을 잘 쓰지 않는 나라(인도네시아, 말레이시아 등)
베일 착용을 요구하나 제한은 없는 나라(리비아, 알제리, 오만 등)
베일 착용을 요구하며 사회적으로도 보편화된 나라(예멘, 아프가니스탄, 파키스탄 등)
베일 착용을 법령으로 규정한 나라(사우디아라비아, 이란, 수단 등)
베일을 벗으라는 미미한 압력이 존재하지만 베일 착용이 보편적인 나라(이집트, 카자흐스탄, 우즈베키스탄 등)
베일을 벗으라는 강력한 압력이 존재하며 공공장소에서 베일 착용이 제한된 나라(튀니지, 터키 등)

부르카
니캅
차도르
히잡

0   2000 km

자료 : 위키피디아, 2008

1 히잡 아랍어로 '베일'이란 뜻. 스
카프 모양의 히잡은 얼굴만 내놓고
머리와 목을 가리는 것이 특징이다.
아랍권 여성들이 가장 많이 착용하
며, 패션 소품으로 사용하기도 한다.

2 차도르 얼굴을 뺀 몸 전체를 가리
는 옷으로, 이란 여성들이 주로 착용
한다.

3 부르카 머리부터 발끝까지 신체
의 모든 부분을 가린다. 눈 부위는
망사로 처리하고 손에는 장갑을 끼
기도 한다. 가장 보수적인 아프가니
스탄 여성들이 주로 착용한다.

4 니캅 눈을 제외한 몸 전체를 가리
는 베일 같은 옷으로 색상이 다양하
다. 파키스탄과 모로코 여성들이 주
로 착용한다.

부르카 착용을 금지하는 법을 통과시킨 것은 무슬리마들이 억압을 받고 있다는 인식이 크게 작용한 결과이다. 한편으로 부르카 착용은 강요가 아닌 종교적 신념이자 개인의 선택이라고 주장하며 부르카 착용 금지 법안이 자신들의 권리를 침해했다고 주장하는 무슬리마들도 있다.

현대 이슬람 여성들의 사회적 지위는 국가마다 천차만별이다. 아랍 국가들의 경우 아직도 여성의 80%가 문맹일 정도로 전근대적 사회이지만 비아랍권은 다르다.

터키에서 민선 여성 수상 탄수 칠레르가 '남편의 성을 아내의 성으로 바꿀 수 있도록' 하는 법안을 통과시킨 것을 보더라도 이슬람이라는 종교가 여성을 억압하는 것이 아니며, 지역과 역사에 따라 다른 상황을 만들어 냈다는 것을 알 수 있다.

"베일 착용은 개인의 선택" 2011년 프랑스에서 니캅, 부르카 등 이슬람식 베일 착용으로 인해 처음으로 벌금형을 선고받은 이슬람 여성이 니캅을 입은 채 한 지방 법원 앞에서 벌금으로 낼 수표를 들고 서 있다.

무슬림은 테러리스트인가?

1, 2차 세계 대전 이후 전쟁이 가장 빈번했던 지역이 서남아시아이다. 그런데 이 지역에서 분쟁이 잦았던 이유는 석유 때문이지 무슬림들 때문은 아니다. 또한 아랍 국가들과 이스라엘의 분쟁은 유대인들이 이스라엘을 세우는 과정에서부터 이미 예견되어 있었다.

현재 이스라엘 땅에는 오랜 옛날부터 팔레스타인 사람들이 살고 있었다. 그런데 1차 세계 대전 당시 많은 돈이 필요했던 영국 정부가 나라가 없어 떠돌이 신세였던 유대인들에게 국가를 건설하게 해 주겠다는 밸푸어 선언을 한다. 그러면서 동시에 아랍인들을 전쟁에 참여시키기 위한 목적으로 후세인-맥마흔 서한을 통해 아랍인들의 국가 독립을 약속하는 이면 계약을 체결함으로써 분쟁의 씨앗을 뿌린 것이다.

이후 이 지역에는 이스라엘과 팔레스타인으로 대변되는 아랍 국가들 간의 분쟁이 끊이지 않고 있다. 따라서 팔레스타인 사람들이 무슬림이기 때문에 분쟁이 일어나는 것이 아니다.

9·11 테러 ˙ 이후 전 세계 사람들은 무슬림의 극히 일부인 원리주의사 ˙들을 전체 무슬림으로 오해하고, 무슬림들만 보면 테러를 일으키지는 않을까 하고 경계한다.

할리우드 영화에서도 이슬람 세계가 매우 가부장적이고 폐쇄적이며 폭력적이라는 이미지를 무차별하게 전파하고 있다. 무슬림 전체를 테러리스트처럼 왜곡하여 자신들이 일으킨 전쟁이 부득이한 선택이었음을 강조하는 것이다.

실제 탈레반 등 과격파 원리주의자들은 정부가 힘을 제대로 못 쓰는 아프가니스탄 같은 분쟁 지역에서만 활동한다. 하지만 여러 경로를 통해 무슬림들은 폭력을 일삼는 과격한 테러리스트라는 인상이 강한 것이 사실이고, 신문에서 오르내리는 과격한 테러 용의자들 중에 무슬림이 많은 것도 사실이다.

신문이나 방송 뉴스는 사건과 사고 중심으로 보도를 한다. 따라서 이런 매체를 통해 아랍 사회의 본질적인 문제를 균형 있는 시각으로 접하기는 쉽지 않다. 특히나 우리나라는 이슬람에 대해 적대적인 태도를 취하는 미국과 이스라엘을 통해 그들의 정보를 접한다는 한계도 있다.

목적을 위해 수단과 방법을 가리지 않는 테러리스트는 실제 무슬림 사회에서도 지지를 받지 못한다. 이슬람 회의 기구(OIC)에 가입한 57개국 가운데 급진적인 테러리즘 세력이 정권을 잡을 가능성이 있는 나라는 없다. 따라서 대부분의 건전한 무슬림들과 소수의 테러리스트는 확실하게 구별해야 한다.

● 9·11 테러

2001년 9월 11일 미국의 세계무역센터 쌍둥이 빌딩이 괴한에게 납치된 여객기 2대가 충돌하면서 건물이 모두 무너져 내리고 약 5000여 명의 희생자가 발생한 사건이다. 당시 미국의 부시 대통령은 유력한 용의자로 사우디아라비아 출신의 오사마 빈 라덴을 지목하고 그를 비호해 준 아프가니스탄의 탈레반 정권을 공격하여 무너뜨렸다. 그 과정에서도 많은 희생자와 난민이 발생했다.

● 이슬람 원리주의자

'이슬람 원리주의'라는 용어는 크리스트교 원리주의에서 따온 말로, 서구 사회에서 과격 이슬람 단체를 가리킬 때 사용하는 용어이다. 따라서 아랍 세계에서는 찾아볼 수 없는 표현이다. 이런 교파는 이슬람교 안에 없다.

아랍인을 테러리스트로 묘사한 영화 〈밴티지 포인트〉 쫓기는 사람은 아랍인이고, 양복을 입은 사람들은 미국인이다. 많은 미국 드라마나 영화에서 미국의 안보를 위협하는 아랍의 과격한 테러리스트들과 맞서 싸우는 주제를 다룸으로써 이슬람 세계가 폭력적이고 위험하다는 왜곡된 이미지를 전파하고 있다.

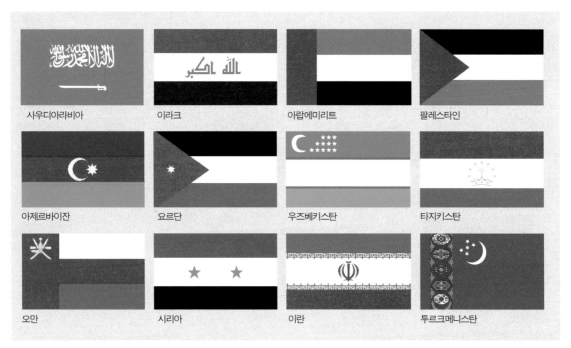

이슬람교를 믿는 서남·중앙아시아 국가들의 국기 국기에 초승달이나 별, 초록색이 있다면 그 국가의 종교는 이슬람일 가능성이 높다.

사우디아라비아 | 이라크 | 아랍에미리트 | 팔레스타인
아제르바이잔 | 요르단 | 우즈베키스탄 | 타지키스탄
오만 | 시리아 | 이란 | 투르크메니스탄

이슬람 국기에 초록색과 초승달이 많은 이유

이슬람 세계에서 초록색은 '신성한 색'으로 통하는데, 이슬람을 창시한 무함마드가 가장 좋아했던 색이라고 한다. 무함마드는 초록색 외투에 초록색 터번을 쓰고, 초록색 깃발을 들고 전쟁터에 나갔다고 전한다.

물이 절대적으로 부족한 사막 지역 사람들은 늘 푸른 파라다이스('정원'을 뜻히는 페르시아 말에서 유래)를 꿈꾼다. 파라다이스에서는 풍족한 물과 푸른 나무들 사이에서 아름다운 얼굴의 무슬림들이 초록색 비단옷을 입고 평화롭게 살고 있다고 믿는다. 건조 기후 지역 사람들의 염원인 초록색이 이슬람교의 상징과 일치한 것으로 볼 수 있다.

아랍 지역의 여러 나라 국기에는 초록색 이외에 검정색·흰색·빨간색도 많이 사용하는데, 모두 이슬람의 전통 색이다.

초승달과 별도 이슬람교를 상징한다. 무함마드가 최초의 계시를 받던 날 밤에 '초승달과 별'이 나란히 떠 있었다고 한다. 무슬림들에게 이 초승달과 별은 새롭고 영원한 '진리의 빛'을 내려 준 순간을 상징하는 것이다.

건조 기후 지역의 상인들은 뜨거운 낮의 태양을 피해 밤에 주로 이동했는데, 이때 길잡이 역할을 했던 초승달이나 별은 전통적으로 이 지역 사람들에게 중요한 상징이었을 것이다. 이 또한 건조 기후 지역의 문화적 특징과 이슬람교의 상징이 일치하는 경우이다.

이라크 바스라에 사는 열세 살 알리의 이야기

폭격 속에서 우리가 지킨 것

안녕? 내 이름은 알리, 여기는 이라크의 바스라라는 항구 도시야. 「신드바드의 모험」에서 신드바드가 배를 타고 모험을 떠나는 곳이 이 바스라 항이었지. 오늘은 금요일이라 학교에 가지 않았어. 우리 무슬림들은 금요일이 안식일이거든. 그래서 금요일엔 쉬고 일요일에 학교에 가. 난 책 읽는 것을 좋아해서 도서관에 가는 것을 가장 좋아해. 하지만 지금은 도서관에 갈 수 없어.

내 고향 바스라는 2003년 미군이 후세인을 없애려고 쳐들어오면서 만신창이가 되었어. 폭발음과 총소리와 함께 건물들이 파괴되어 도시 곳곳이 아수라장이 되었지.

폭격이 잠잠해진 뒤 난 도서관에서 놀라운 광경을 봤어. 글쎄, 도서관 관장님과 마을 사람들이 도서관 책을 다른 곳으로 옮기고 있지 뭐야. 알리아 관장님은 며칠 동안 밤을 새워 가며 책을 옮기셨대. 나도 기꺼이 책 옮기는 일을 도와드렸어. 힘들긴 했지만 언제 도서관에 폭탄이 떨어질지 모르는 상태여서, 온 마을 사람이 한마음으로 책을 날랐어.

며칠 뒤 도서관은 큰 불이 나서 완전히 잿더미가 되고 말았어. 난 너무 슬퍼서 눈물이 났어. 관장님도 충격을 받아 쓰러지셨지. 병문안을 온 마을 사람들에게 관장님은 이렇게 말씀하셨어.

"여러분의 도움으로 3만 권의 책을 구할 수 있어서 정말 다행입니다. 전 어렸을 때, 1248년 몽골군이 침입하여 우리 이라크의 바그다드에 있던 도서관 서른여섯 곳을 파괴했다는 글을 읽고 마음이 너무나 아팠어요. 그때 전 어렸지만, 수천 년 동안 쌓아 왔던 이라크와 세계의 지혜가 어른들의 전쟁으로 파괴되는 일이 있어서는 절대 안 된다고 생각했어요. 그리고 어른이 된 지금 그것을 실천할 수 있었어요. 여러분의 힘으로 말이지요."

비록 지금은 전쟁으로 힘들긴 하지만, 나는 우리 이라크와 이슬람의 오랜 역사가 자랑스러워.

폐허가 된 바스라의 도서관 풍경

4 알라의 선물, 페르시아 만과
중앙아시아의 석유

1960년 서남아시아 국가들이 석유 수출국 기구(OPEC)를 결성하고 나서 석유는 산유국들의 부를 늘려 주었다. 그러나 최근 미국 등 선진국들은 석유를 얻기 위해 이 지역을 분쟁 지역으로 만듦으로써 '검은 황금'을 '검은 눈물'로 바꾸어 버렸다. 이제 에너지 쟁탈전은 서남아시아를 넘어 중앙아시아까지 확대되고 있다.

아랍에미리트 연합의 부를 상징하는
두바이의 호텔 '버즈알아랍'

사막 한가운데 만들어진 두바이의
실내 스키장 '스키두바이'

석유는 어떤 자원일까?

가난한 나라를 한순간에 부자로 바꿔 준 보물

세계에서 가장 비싼 호텔 중 하나가 있는 곳, 사막 한가운데에 인공 눈을 뿌려 스키장을 만든 곳, 바다를 메워 세계에서 가장 큰 인공 섬을 만든 이곳은 어디일까?

바로 '두바이'이다. 두바이는 서남아시아에 있는 아랍에미리트 연합*의 토후국(부족의 수장이나 실력자가 지배하는 나라)으로, 예전에는 어업과 진주 조개잡이가 주업인 작은 어촌이었다.

아랍에미리트 연합의 수도이자 최대 토후국인 아부다비의 왕자 만수르는 영국 프리미어리그의 맨체스터시티 구단과 미국 뉴욕의 랜드마크인 크라이슬러 빌딩을 소유하고 있고, 영국 최대 규모의

은행 바클레이스 은행과 독일의 벤츠 자동차에 투자하는 등 엄청난 부를 소유하고 있다.

아부다비 역시 1936년 석유가 발견되기 전에는 작은 어촌에 불과했다. 뽕나무밭이 변해 바다가 되었다는 '상전벽해'라는 말이 딱 어울리는 두바이와 아부다비. 두 나라의 변신은 어떻게 가능했을까? 두말할 것도 없이, 두 나라 모두 석유를 통해 엄청난 돈을 벌었기 때문이다.

두바이는 뉴스에서 흔히 접하는 '두바이유'가 거래되는 곳이는 곳이다. 두바이유는 흔히 중동이라

● **아랍에미리트 연합**

페르시아 만 남쪽에 있는 아부다비, 두바이, 앗샤리카, 아지만, 움알카이와인, 라스알카이마, 알푸자이라의 7개국 연방 국가. 세계적인 산유국이다.

두바이에 있는 세계 최대 규모의 인공 섬 '팜아일랜드'

부르는 서남아시아와 북아프리카 지역의 석유를 대표하며 그 지역에서 생산되는 석유 가격을 결정한다. 이 때문에 두바이유는 영국의 북해산 브렌트유, 미국의 서부 텍사스유와 함께 세계 3대 유종으로 꼽힌다.

서남아시아와 북아프리카 지역은 세계 석유 매장량의 60% 이상을 차지하고 있기 때문에 두바이유는 세계 석유 시장에서 가장 큰 영향력을 발휘하고 있다. 그렇기에 이 지역에서 발생하는 일 하나하나가 세계의 관심사가 되고 있는 것이다.

자동차에서 교복까지, 석유의 무한 변신

인류가 언제부터 석유를 사용했는지는 정확하지 않지만 역사학자들은 신석기 시대부터 사용했을 것이라고 추정한다.

구약 성서에는 하느님이 노아에게 "방주의 안팎을 역청으로 칠하라"고 명령했다는 구절이 나오는데, 여기서 역청은 석유를 말한다.

산업화 이전에는 석유가 지금처럼 쓰임새가 그리 크지 않아서 방수용 도료, 진통제, 방부제 등으로 많이 사용되었다. 이후 내연 기관, 즉 증기 기관 같은 외연 기관과 달리 연료의 연소가 기관 내부에서 이루어져 열에너지를 기계적 에너지로 바꾸는 기관이 개발되었다. 이때부터 석유의 사용이 급격하게 늘어서 석유를 여러 가지 에너지나 동력 자원 가운데 단연 으뜸으로 꼽게 되었다.

이제 석유는 단순히 에너지나 동력 자원으로만 이용되는 것이 아니다. 알게 모르게 인류는 일상생활 속에서 석유가 주원료인 제품들을 수없이 사용하며 살아가고 있다.

● 호모 오일리쿠스의 하루

오늘은 월요일. 일찍 일어나 세수를 하고 이를 닦는다. 그 다음 거울을 보며 화장품을 바르고 교복을 챙겨 입는다. 아침밥을 서둘러 먹고 버스를 타고 등교를 하면 아침부터 졸음이 쏟아진다. 졸린 눈을 비벼 가며 볼펜으로 열심히 노트에 필기를 하며 수업을 듣는다. 점심시간에는 잠깐 짬을 내어 도서관에 가서 인터넷으로 자료를 검색한다. 힘든 학교 일정을 끝내고 집에 오면 좋아하는 TV 프로그램을 시청하거나 친구와 운동을 하기도 한다. 엄마는 세탁기로 빨래를 하고 그 옆의 동생은 장난감을 가지고 노느라 정신이 없다. 오늘따라 옷을 얇게 입었는지 몸에 열이 나고 머리가 아프다. 해열제와 진통제를 챙겨 먹고 일찍 잠자리에 든다.

석유가 원료인 제품들 치약, 비누, 화장품, 교복, 버스, 볼펜, 컴퓨터, TV, 세탁기, 전기, 장난감, 해열제, 진통제

검은 황금 vs 검은 눈물

석유의 최대 매장지, 서남아시아

석유의 활용도나 쓰임새는 상상을 초월하는데, 생활 곳곳에서 석유가 차지하는 비중이 높을수록 그 값은 올라가게 마련이다. 산업의 발달 속에서 석유의 쓰임새는 날로 커져 갔고, 산유국들은 석유를 수출하여 달러를 벌어들였다. 이렇게 석유로 벌어들인 돈을 '오일머니'라고 한다.

특히 석유는 서남아시아의 페르시아 만 지역에 가장 많이 매장되어 있고, 개발 또한 가장 활발해서 이 지역 국가에 막대한 부를 가져다주었다.

그러나 이 지역 국가들이 처음부터 석유로 돈을 번 것은 아니었다. 석유 개발이 시작된 1900년대부터 1950년대까지는 석유 이익의 대부분을 석유 시추 기술을 갖고 있던 미국 중심의 서방 선진국들이 가져갔다. 당시 석유 개발에 가장 적극적으로 참여했던 서방 선진국의 7대 국제 석유 자본(석유 메이저)을 '세븐 시스터즈'라 부른다. 이 시기에 서남아시아 국가들은 이익의 1%만을 받았을 뿐이다.

하지만 1960년에 사우디아라비아를 비롯한 서남아시아 국가들이 석유 개발의 모든 권한을 국유화하며 석유 수출국 기구(OPEC)를 결성했다.

이후 석유 수출국 기구는 석유 개발과 가격을 결정하는 데 상당한 영향력을 발휘했다. 이때부터 석유 개발로 인한 이익이 산유국에게 돌아가게 되었다. 산유국들 중에는 이 오일머니로 대학교까지 무상 교육을 실현하기도 한다.

1 **알제리의 석유 선적항** 사막에서 뽑아 올린 석유는 송유관을 통해 항구까지 수송된 뒤 거대한 유조선에 실려 수출된다.
2 **사우디아라비아의 석유 정제소** 국영 정유사 아람코의 정유 공장에서는 전 세계에 석유를 공급하기 위해 밤낮으로 기계를 가동하고 있다.

1 미국의 국기를 태우는 이라크 학생들 **2** 이라크 바스라 항, 저항 세력의 공격으로 불타는 송유관 미국은 자원 확보를 위해 서남아시아 지역에 친미 세력을 키웠지만, 오히려 반미 세력도 늘어나 갈등과 분쟁이 끊이지 않게 되었다.

검은 황금이 검은 눈물로 변한 전쟁

석유는 배사 구조 ●가 발달한 곳에 주로 매장되어 있다. 하지만 석유를 가장 필요로 하는 나라는 미국과 일본, 유럽, 그리고 최근 급속한 경제 성장을 이루고 있는 중국과 인도 등이다. 석유 소비가 많은 이 국가들은 많은 양의 석유를 수입하며 개발에도 적극적이다.

석유 소비가 많은 대표적인 나라 미국은 안정적인 에너지 확보와 경제적 이권을 차지하기 위해 2차 세계 대전이 끝나자마자 세계 제1의 유전 지대인 서남아시아에 눈독을 들이기 시작했다.

또한 미국은 중앙아시아, 북아프리카 지역에서 정치적·경제적 영향력을 키울 목적으로 국가 건립을 돕거나 왕정 또는 독재 정치를 유지하는 데 상당한 도움을 주었다. 이스라엘, 사우디아라비아, 쿠웨이트, 이집트 등은 이렇게 해서 적극적인 친미 정권이 들어선 국가들이다.

미국은 친미 세력을 기반으로 이 지역에서 정치

적 문제나 경제적 이권에 강력한 영향력을 행사했고, 석유를 안정적으로 확보하며 큰 이득을 챙겼다. 하지만 그 과정에서 미국에 반대하는 국가들이 생기면서 그들과의 충돌도 피할 수 없게 되었다.

미국은 자신들을 반대하는 국가나 단체에는 무력을 행사하는 것도 서슴지 않았다. 대표적 사건이 이라크 침공이다. 당초 미국은 이라크가 가지고 있는 대량 살상 무기를 제거하여 국민들을 보호하고 세계 평화에 이바지한다는 명분으로 침공했지만, 결국 대량 살상 무기라고 했던 생화학 무기는 어디에도 없었다.

미국의 진짜 목적은 미국에 적대적인 사담 후세인을 몰아내고 이라크의 석유를 차지하는 것이었다. 결과적으로 미국은 후세인 전 이라크 대통령에

● **배사 구조**
습곡 작용을 받은 지층에서 산봉우리처럼 볼록하게 올라간 부분. 주로 배사 구조에 석유가 고인다.

의해 쫓겨난 지 36년 만에 이라크 석유 개발권의 대부분을 가져갔다. 하지만 최근에는 원유 확보에 혈안이 된 중국에게 개발권을 많이 내주었다.

한편 미국은 중동 지역에서 자신들의 역할이 매우 중요하다는 것을 정당화하기 위해 다양한 주장을 펴고 있다. 특히 석유 수출국 기구가 '자원 민족주의'로 자신들의 이익만을 위해 산유량이나 석유 가격 등을 조절하며, 오일머니 역시 올바르게 사용하지 못해 빈부 격차 등을 심화시켰다고 주장한다. 그러므로 석유의 안정적인 공급과 이들 지역의 고른 발전을 위하여 미국이 정치적·군사적으로 개입할 수밖에 없다는 것이다.

결국 미국 등 선진국들은 석유를 얻기 위해 이 지역을 분쟁 지역으로 만듦으로써 '검은 황금'을 '검은 눈물'로 바꾸어 버렸다.

제2의 중동, 중앙아시아

이제 에너지 쟁탈전은 서남아시아를 넘어 중앙아시아까지 확대되고 있다. 특히 중앙아시아 최대의 석유 매장지로 알려진 카스피해 주변에 대한 관심이 크다.

사실 석유 개발은 서남아시아보다 중앙아시아에서 먼저 이루어졌다. 중앙아시아는 석유와 가스가 지표 가까이에 매장되어 있어 개발이 쉬웠다.

아제르바이잔의 경우, 천연가스가 지표 가까이에 있어 지금도 자연 발화로 불타는 곳이 많다. 노벨상으로 유명한 노벨 형제는 20세기 초에 아제르바이잔의 바쿠에서 석유 사업으로 엄청난 부를 축적했는데, 당시 중앙아시아는 전 세계 석유 소비량

석유와 수송로를 둘러싼 서남 및 중앙아시아 분쟁 지역

이라크-쿠웨이트 쿠웨이트 국경 지대에 있는 유전 개발을 빌미로 이라크가 쿠웨이트를 침공했고, 미국과 연합군이 참전하면서 걸프전으로 확대되었다. (1990년 초)

미국-아프가니스탄 카스피해 석유를 기존의 지중해를 통과하는 루트 대신 아프가니스탄을 통과하여 인도양으로 수송할 루트를 확보하기 위해 미국이 탈레반 소탕이란 명분을 내세워 군대를 파견하여 통제하게 되었다. (2001년 9월)

미국-이라크 미국이 이라크 내 석유 개발 우위권과 석유 회사들의 이익을 위해 사담 후세인 전 이라크 대통령의 독재 정치를 끝내고 대량 살상 무기를 없앤다는 명분으로 침공했다. (2003년 3월)

이스라엘-레바논 레바논의 헤즈볼라 무장 세력을 소탕한다는 명분을 내세웠지만, 이스라엘이 지중해를 통해 서방으로 가는 서남아시아의 송유관과 선적항을 확보할 의도가 강했다. (2006년 7월)

터키-이라크 쿠르드족 거주 지역 터키가 쿠르드족 반군 세력을 소탕한다는 명분으로 침공했으나, 이라크 내 석유의 대부분은 쿠르드족 거주 지역에 집중되어 있기 때문에 실질적으로는 경제적 이권을 차지하기 위한 쟁탈전이다. (2007년 10월)

이스라엘-팔레스타인 가자 지구 내의 팔레스타인 무장 세력을 소탕한다는 명분이었지만, 가자 지구 내의 천연가스 유전 개발과 이곳을 통과하는 석유 수송로 확보를 위한 목적이 컸다. (2008년 12월)

러시아-조지아 카스피해 주변 석유 자원의 수송로 확보를 위한 친서방 세력과 러시아 세력 간의 충돌이다. (2008년 8월)

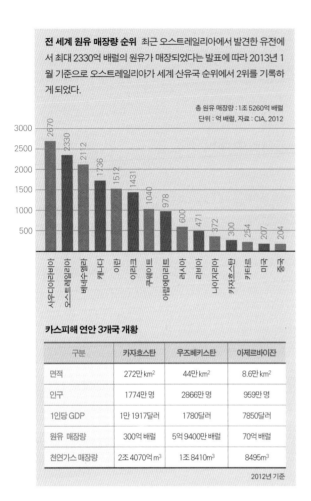

전 세계 원유 매장량 순위 최근 오스트레일리아에서 발견한 유전에서 최대 2330억 배럴의 원유가 매장되었다는 발표에 따라 2013년 1월 기준으로 오스트레일리아가 세계 산유국 순위에서 2위를 기록하게 되었다.

총 원유 매장량 : 1조 5260억 배럴
단위 : 억 배럴, 자료 : CIA, 2012

(막대그래프 수치)
2670, 2330, 2112, 1736, 1512, 1431, 1040, 978, 600, 471, 372, 300, 254, 207, 204

사우디아라비아 / 오스트레일리아 / 베네수엘라 / 캐나다 / 이란 / 이라크 / 쿠웨이트 / 아랍에미리트 / 러시아 / 리비아 / 나이지리아 / 카자흐스탄 / 카타르 / 미국 / 중국

카스피해 연안 3개국 개황

구분	카자흐스탄	우즈베키스탄	아제르바이잔
면적	272만 km²	44만 km²	8.6만 km²
인구	1774만 명	2866만 명	959만 명
1인당 GDP	1만 1917달러	1780달러	7850달러
원유 매장량	300억 배럴	5억 9400만 배럴	70억 배럴
천연가스 매장량	2조 4070억 m³	1조 8410m³	8495m³

2012년 기준

의 70%를 공급했다.

카스피해 인근 지역은 소련의 사회주의 붕괴 이후 석유 개발이 급속히 이루어지고 있다. 이곳의 원유 추정 매장량은 2600억 배럴, 천연가스 매장량은 7조 3057억 m³이다. 원유는 전 세계가 10년간 쓸 물량이며, 천연가스는 9년간 쓸 수 있는 양이어서 이 지역은 '제2의 중동'으로 일컬어진다.

특히 '중앙아시아의 사우디아라비아'로 불리는 카자흐스탄의 원유 매장량은 아직 발견되지 않은 추정치까지 포함하여 1000억 배럴에 이르며, 그중

카스피해 부근의 카샤간 유전은 지난 30년간 발견된 유전 중 최대 규모에 속한다.

상황이 이렇다 보니, 유럽 연합(EU)과 미국을 비롯한 선진국들뿐 아니라 러시아와 중국도 큰 관심을 보이고 있다. 다국적 석유 메이저 회사들 역시 1990년대부터 이곳으로 속속 모여들었으며, 우리나라도 자원 확보를 위해 한국 석유 공사를 중심으로 유전 개발에 참여하고 있다.

카스피해 주변의 에너지 파이프라인 전쟁

2006년 초에 러시아가 우크라이나에 공급하던 천연가스를 중단한 사건이 있었다. 이로 인해 우크라이나는 물론 천연가스의 25%를 우크라이나를 통해 들여오던 유럽까지 추위에 떨어야 했다.

당시 사건은 러시아 국영 기업이 영국의 에너지 회사를 사들이려고 하다가 유럽 연합 등 국제 사회의 반발을 사자 러시아가 에너지 수출을 유럽에서 아시아로 돌리겠다고 위협하면서 실력 행사를 한 것이다.

2006년까지만 해도 카자흐스탄과 투르크메니스탄 등 중앙아시아의 천연가스를 유럽으로 수송하는 통로는 러시아 국영 회사가 독점하고 있었다. 여기에 유럽과 미국이 뛰어들면서 소리 없는 전쟁이 일어나고 있다.

유럽 연합은 러시아가 독점하고 있던 카스피해의 천연가스를 러시아를 우회하여 유럽으로 공급하는 파이프라인인 '나부코'를 건설하고 있다. 이 파이프라인이 완성되면 카스피해 연안국에서 유럽까지 3300km에 걸친 천연가스 수송관이 만들어

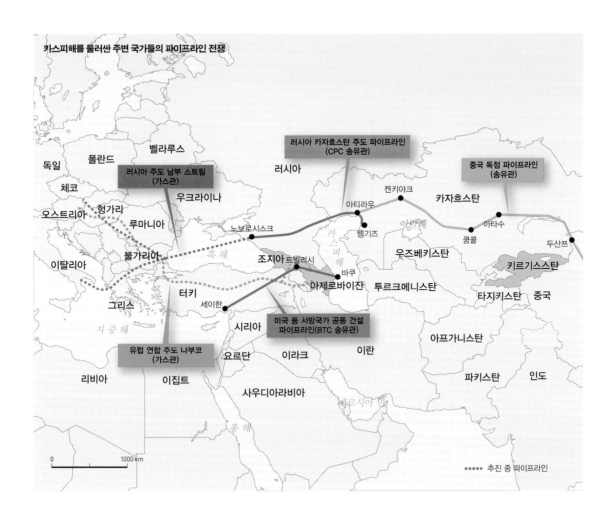

카스피해를 둘러싼 주변 국가들의 파이프라인 전쟁

지는 것이다.

이에 맞서 러시아는 흑해 연안에서 출발해 불가리아를 거쳐 오스트리아와 이탈리아로 이어지는 최대 3200km의 남부 스트림 건설에 열을 올리고 있다. 러시아는 카스피해 연안국의 가스를 일단 자국 영토로 끌어들인 뒤 이 가스관을 통해 유럽으로 수출하겠다는 계산으로, 이 지역의 천연가스 독점권을 다시 가져오기 위한 승부수를 띄운 셈이다.

카스피해의 석유나 천연가스가 러시아를 거치지 않고 유럽으로 나가려면 아제르바이잔과 조지

아를 거쳐야 한다. 중앙아시아와 중국을 연결하는 통로는 키르기스스탄이다. 이렇게 석유나 천연가스를 실어 나르는 파이프라인이 지나가는 위치에 있기 때문에 이들 나라의 중요성이 커지고 있다.

한편 이란은 파키스탄을 거쳐 인도와 중국으로 이어지는 2500km의 천연가스 파이프라인을 건설해 에너지 수요가 급증하고 있는 인도에 대한 영향력을 확대하려는 계획을 세워 두고 있다.

'포스트 오일' 시대에 대비하는 대체 자원은?

석유는 곧 고갈된다 vs 석유로 인한 위기는 없다

인류는 언제까지 석유를 사용할 수 있을까? 이는 전 세계인들의 중요한 관심사이다. 인구 증가와 산업 발달로 석유 소비가 꾸준히 늘어나던 20세기 초부터 석유 고갈 문제는 꾸준히 제기되어 왔다.

최근 석유의 확인 매장량은 약 1조 3000억 배럴로 추정되는데, 현재 소비량인 연간 약 300억 배럴씩을 사용한다면 40년 안에 고갈될 것이라는 비관론이 신문의 1면을 장식했던 적이 많았다.

이 비관론에 따르면, 인구 증가와 산업 발달로 석유의 소비량이 급격히 증가하면 이로 인해 오일 피크(생산량이 정점에 달하는 것)가 빨라질 것이라고 한다. 세계 최대 산유국인 사우디아라비아도 석유 채굴 기술의 발달 수준에 비해 실제 생산량은 예전보다 줄어든 상황이다.

반면에 낙관론자들은 날이 갈수록 탐광과 시추 기술이 발전하고 해저 유전 등 새로운 매장 지역이 발견될 것이라고 주장한다. 그와 더불어 오일샌드(4~10%의 중질 타르 원유가 섞인 모래), 셰일가스(모래와 진흙이 퇴적되어 형성된 셰일층에 함유된 가스) 등의 비통상적인 석유까지 합하면 현재 캐낼 수 있는 매장량은 약 3조 배럴이 넘는데, 이는 현재 소비량을 기준으로 향후 100년 동안 인류가 안정적으로 쓸 수 있는 양이라는 것이다.

이렇게 되면 대체 자원을 개발할 수 있는 시간이 충분히 확보되고, 또한 새로운 지층도 더 발견될 수 있기 때문에 위기는 전혀 근거가 없다고 주장한다. 더 나아가 석유 고갈이라는 위기 상황을 조장하는 것은 더 많은 경제적 이익을 노리는 석유 메이저나 산유국들의 노림수라고 단언한다.

'포스트 오일' 시대를 대비하는 사람들

비관론이든 낙관론이든 석유는 결국 고갈될 수밖에 없다. 또한 화석 연료인 석유를 지속적으로 사용할 경우 지구 온난화가 빨라지는 것은 물론, 2007년 우리나라 태안반도에서 발생한 삼성 중공업 황해 기름 오염 사고나 2010년 미국의 멕시코 만에서 발생한 브리티시페트롤륨(BP) 기름 유출 사태와 같은 환경 재앙을 피하기가 어렵다. 따라서 석유를 사용할 수 없는 '포스트 오일' 시대를 하루빨리 대비해야 한다는 사실에는 누구나 공감한다.

"아버지는 낙타를 탔고, 나는 자동차를 타지. 이

브리티시페트롤륨 기름 유출 사태 2010년 4월 20일, 멕시코 만에 위치한 영국 석유 회사 브리티시페트롤륨의 석유 시추 시설 폭발로, 해저 약 1.5km 지점에 있는 시추 파이프가 부러져 기름이 유출되는 사고가 발생했다.

세계 최초의 탄소 제로 도시, 마스다르시티 1 마스다르시티 건물의 옥상에 태양 전지판이 보인다. **2** 자동차 대신 운행하는 무인 전기차 PRT

들은 비행기를 탈 거라네. 아들의 손자는 아마 다시 낙타를 타야 할 거야." 이것은 석유 자원 고갈에 대한 우려를 나타낸 사우디아라비아의 격언이다.

석유가 풍부하게 매장된 이 지역들 역시 포스트 오일 시대에 발 빠르게 대응하고 있다. 특히 석유가 펑펑 쏟아지는 서남아시아의 사막 한가운데에 세계 최초로 탄소 제로 도시가 들어선다고 하니 놀랄 일이다. 그 핵심 지역은 바로 아랍에미리트 연합의 아부다비이다.

아부다비에는 태양열·풍력 등 재생 에너지에만 의존하는 100% 친환경 도시가 건설되고 있다. 도시의 이름은 '마스다르시티'이다. 마스다르는 아랍어로 '자원, 근원, 끝이 없는' 등의 뜻이 있으며, 모든 에너지의 시작인 태양 에너지를 상징한다.

일반 건물에 비해 80% 이상 에너지 효율을 개선한 건물을 비롯해, 사막에서 가장 활용도가 높은

태양광 에너지를 활용한 전력 사용, 그리고 재활용 등을 통해 쓰레기를 배출하지 않는 친환경 자족 도시로 건설할 이 도시에서는 사막의 뜨거운 지열을 분수 설비로 식히고, 풍차를 이용해 환기를 해결하며, 자동차는 볼 수 없게 된다. 또한 아랍에미리트 연합은 석유가 필요 없는 원자력 발전소를 건설하기로 결정하는 등 전력 생산에서도 변화를 꾀하는 모습을 보이고 있다.

새로운 대체 자원 개발에 열을 쏟고, 그동안의 풍부한 오일머니를 나라 발전을 위한 경제구조 개혁에 쏟아 붓고 있는 그들의 행보가 미래 이 지역에 어떤 변화를 가지고 올까? 최근 국제 유가의 하락으로 인한 이 지역 경제의 어려움으로 2016년에 완공 예정이었던 마스다르시티는 잠시 숨을 고르고 있지만, 20세기 에너지 산실이었던 이곳이 21세기 에너지에는 어떤 비전을 제공할 수 있을까?

Ⅳ

남태평양의 보물섬

오세아니아

오스트레일리아와 뉴질랜드는 청정한 이미지로 전 세계 사람들의 사랑을 받고 있다. 그렇지만 바다를 삶의 터전으로 일궈 온 남태평양의 조그만 섬, 그 섬에 사는 사람들에 대해 우리는 얼마나 알고 있을까? 너무 멀리 떨어져 있어 신비롭기까지 한 오세아니아 대륙. 이곳에 사는 사람들의 어제와 오늘은 어떻게 다를까? 그곳에선 지금 어떤 일이 벌어지고 있을까?

오스트레일리아의 울루루 생태 관광

세계 최대의 산호초 지대인 오스트레일리아의 그레이트배리어리프. 앞에 있는 하트 모양의 산호초가 하트 리프이다.

뉴질랜드의 양떼 목장

1 독특한 자연 경관을 자랑하는 오세아니아

넓은 면적에 비해 인구가 적은 오세아니아 대륙은 개발이 더디게 이루어지면서 어느 대륙보다 아름다운 원시 자연의 모습을 잘 간직하고 있다. 이곳에 가면 남반구의 색다른 모습과 신비로운 자연 경관, 특이한 동식물을 만날 수 있다. 또한 하늘과 땅, 바다에서 다양한 레포츠를 즐길 수 있다.

그레이트오션로드 파도에 의해 침식된 바위들과 절벽, 굴곡 있는 해안선으로 이루어진 오스트레일리아 남동부의 해안도로. 300km에 이르는 지역 중 특히 파도에 침식되지 않고 남아 바닷물 속에 동상처럼 서 있는 12사도는 해안 경관의 백미이다.

신비한 자연이 살아 숨 쉬는 곳

남반구에서의 색다른 체험

오스트레일리아(호주)와 뉴질랜드 여행은 겨울에 가는 것이 좋을까, 여름에 가는 것이 좋을까? 사람마다 취향은 다르겠지만, 쾌청한 날씨에 해양 스포츠를 즐기고 싶다면 겨울에 가야 한다. 우리나라가 겨울인 12월부터 2월까지가 이곳의 여름이기 때문이다. 그래서 이때는 반팔 티셔츠에 반바지 등 여름옷을 챙겨 가야 한다.

오스트레일리아에서 한여름의 크리스마스를 즐기는 사람들

우리나라에서 오스트레일리아와 뉴질랜드로 가려면 적도를 지나 남반구로 가게 된다. 북반구와 남반구의 가장 큰 차이는 계절이다. 지구가 기운 채로 태양 주위를 공전하기 때문에 6개월간은 북반구에 햇빛이 많이 비치고 나머지 6개월간은 남반구에 햇빛이 많이 비쳐 계절이 반대로 나타난다.

남반구에서 경험할 수 있는 또 하나의 색다른 체험은 해가 동쪽에서 북쪽으로 움직이다가 서쪽으로 진다는 것이다. 해가 동쪽에서 남쪽으로 움직이다가 서쪽으로 지는 북반구와는 다르다. 그래서 남향 집을 좋아하는 우리와 반대로 이곳 사람들은 북향 집을 선호한다. 만일 남반구에서 장거리 자동차 여행이라도 하게 되면 햇볕이 따가운 북쪽 좌석보다는 남쪽 좌석에 앉는 것이 좋을 것이다.

세계에서 가장 오래되고 편평한 땅, 오스트레일리아

오스트레일리아는 세계에서 유일하게 한 국가가 하나의 대륙을 차지하고 있다. 면적은 한반도의

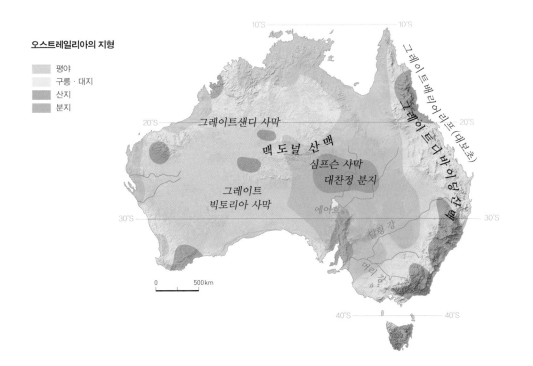

오스트레일리아의 지형

- 평야
- 구릉 · 대지
- 산지
- 분지

그레이트샌디 사막

맥도널 산맥

심프슨 사막

대찬정 분지

그레이트 빅토리아 사막

그레이트배리어리프(대보초)

그레이트디바이딩 산맥

에어호

달링 강

머리 강

0   500km

약 35배이고, 세계에서 6번째로 넓다. 국토는 남위 10~43°에 걸쳐 있는데, 적도와 가까운 북쪽은 열대 기후, 남동과 남서부 해안은 온대 기후, 나머지 내륙의 대부분은 건조 기후로, 열대 우림부터 사막까지 다양한 경관이 나타난다.

오스트레일리아는 세계에서 가장 오래된 대륙일 뿐만 아니라 대륙 중에서 가장 작고 편평하며 해발 고도가 낮다. 고생대에 지각 운동이 일어난 후 오랜 시간 침식이 이루어져 대지의 대부분이 해발 330m 이하로 평탄하다. 세상에서 가장 큰 바위로 유명한 오스트레일리아 중부의 울루루는 오랜

침식 지형의 증거물인 셈이다.

하지만 동부에는 평균 해발 고도가 800~1500m인 그레이트디바이딩 산맥이 남북으로 길게 뻗어 있어 이곳 사람들의 삶의 모습을 동서로 크게 가르고 있다. 산맥의 동쪽은 기후가 온화하고 물이 풍부해서 사람들이 해안을 따라 도시를 이루고 산다. 반면 산맥의 서쪽에서 대륙의 중부에 이르는 곳은 이곳 사람들이 '아웃백'이라고 부르는 오지로 매우 건조해서 사람이 살기에 적합하지 않다. 하지만 지하수가 풍부한 대찬정 분지에서는 목축업과 농업이 활발히 이루어진다.

건조 기후를 극복한 인공샘, 찬정 오스트레일리아에서는 우물을 파서 지하수를 얻는 찬정의 개발로 농사나 가축 사육이 건조한 내륙 지역까지 크게 확대되었다.

대찬정 분지 모식도 중동부 저지의 대찬정 분지는 여러 찬정 분지 중에서 가장 넓은 지역이다. 강수량이 많은 동부 산지에 비가 내리면 그 빗물이 지하로 스며들어 중앙의 낮은 지역으로 모인다. 이 지하수층에 구멍을 뚫어 그 물로 밀 재배와 양 사육이 이루어진다.

그레이트 디바이딩 산맥

강수량이 많음

사막

방목 지대

깊이 판 우물(찬정)

지하수

불투수층

기반암

생생 지리토크

대찬정 분지에서 보내 온 제인의 편지

거대한 대륙을 실감해 보자!

안녕? 나는 오스트레일리아 대찬정 분지의 한 목장에 사는 제인이라고 해. 나이는 열두 살이고. 이곳에서는 목장 하나를 스테이션이라 부르는데, 스테이션 하나의 면적이 서울의 3배가 넘어. 사람들이 사는 마을이나 시장, 병원, 학교에서 수백, 수천 km나 떨어져 있기 때문에 라디오와 전화, 인터넷, 비행기로 외부와 연락을 한단다. 어디서나 늘 무전기를 점검하고 자동차도 잘 정비해야 해. 멀리 나갔다가 차가 고장이 나면 큰 사고가 날 수도 있거든.

학교가 너무 멀리 떨어져 있어서 나는 통신으로 학교 교육을 받아. 매일 아침 8시 45분이면 선생님이 무전기로 10만 km² 안에 있는 친구들 15명의 출석을 부르면서 수업이 시작되지. 쉬는 시간에는 개와 놀고, 점심시간에는 말에게 먹이를 주기도 해. 오후엔 다시 공부방으로 가거나 친구들과 토론도 하고 서로 자기 지역의 소식을 나누기도 한단다.

일주일에 한 번 우편물을 배달하는 경비행기가 근처 활주로에 도착하면 나는 직접 차를 몰고 나가 우편물을 받아 오기도 해. 부모님이 편찮으시거나 일이 있을 때는 수백 km를 운전해서 이웃 농장에 도움을 청해야 하니까 여기서는 누구나 어려서부터 운전을 배우지. 위급할 때는 왕립 항공 의료 서비스를 이용하기도 해. 비행기로 오지인 아웃백 지역에 사는 환자들을 돌보는 비상 의료 지원 서비스란다.

어때, 땅이 넓으니까 생활도 너희들이랑 많이 다르지? 난 비록 어리지만, 어엿한 가족의 일원으로 맡은 일을 해내고 이런저런 일을 돕는 것이 뿌듯하고 보람 있어.

앨리스스프링스 방송통신학교 방송 통신과 인터넷 등을 활용하여 아웃백에 흩어져 있는 학생들을 교육한다.

왕립 항공 의료 서비스 아웃백 지역의 의료를 담당하는 시스템으로, 무선과 전화로 진료 상담을 진행하고 비행기를 이용해 환자를 후송한다.

경관이 전혀 다른 뉴질랜드의 북섬과 남섬

영화 〈반지의 제왕〉의 배경으로 나오는 험준한 산과 계곡 등 신비롭고도 웅장한 자연이 바로 뉴질랜드의 독특한 풍광이다.

오스트레일리아가 오래되고 안정된 지형인 반면 뉴질랜드에서는 지금도 화산 활동, 융기와 침식이 활발하게 일어난다. 남위 34~47°에 위치한 뉴질랜드는 남북 방향으로 길게 놓인 두 개의 큰 섬(북섬과 남섬)과 주변의 여러 섬으로 이루어져 있다. 섬나라이면서 편서풍 지대에 위치하여 기후가 연중 온화하다. 특히 북섬은 남섬보다 기후가 더 온화하여 인구가 집중되어 있다.

지역에 따라 강수량의 차이도 뚜렷한데, 편서풍의 영향을 직접 받는 서부가 동부보다 강수량이 훨씬 많다. 그래서 남섬의 서부는 울창한 삼림 지대가 형성되어 있고, 산지에는 눈이 많이 내리고 기온이 낮아 빙하가 발달했다. 거대한 빙하는 빙하의 침식 작용으로 형성된 피오르와 함께 남섬의 주요 관광 자원이다.

북섬과 남섬은 자연 경관이 다른데, 이는 지각 운동과 관련이 있다. 북섬은 태평양 판이 오스트레일리아 판 아래로 들어가면서 지각에 균열이 생겨 수십 개의 화산과 온천, 지열 지대 등이 나타난다. 반면 남섬은 오스트레일리아 판이 태평양 판을 밀어올려 지금도 융기하고 있다. 이렇게 해서 형성된 남알프스 산맥은 3000m가 넘는 봉우리가 18개나 있을 정도로 높고 험준하다. 산의 정상 부분은 만년설로 덮여 있고 수백 개의 빙하가 장관을 이룬다.

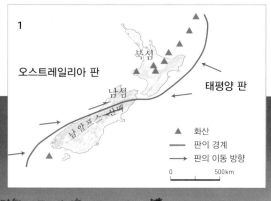

1 오스트레일리아 판 / 북섬 / 남섬 / 태평양 판 / 남알프스 산맥

▲ 화산
— 판의 경계
→ 판의 이동 방향

0 500km

1 뉴질랜드의 지각이 불안정한 이유 오스트레일리아는 지각판의 경계로부터 떨어져 있어 지각이 상당히 안정되어 있다. 반면 뉴질랜드는 태평양 판과 오스트레일리아 판이 충돌하는 경계에 위치하여 지각이 불안정하다.

2 북섬의 와이오타푸 지열 지대 뉴질랜드의 북섬에는 화산, 온천, 지열 지대가 많다. 사진은 유황이 만들어 낸 오렌지색의 테두리가 있는 샴페인 풀이다.

대자연을 마음껏 즐길 수 있는 곳

고립되어 진화한 특이한 동식물들

나무에서 꾸벅꾸벅 졸고 있는 코알라와 새끼를 배 주머니에 넣고 껑충껑충 뛰어가는 캥거루는 오스트레일리아에서만 볼 수 있는 특이한 동물들이다. 새는 새인데 날개가 없는 키위새, 어른 키만큼 큰 은고사리는 뉴질랜드에서만 볼 수 있다.

이처럼 오스트레일리아와 뉴질랜드에는 다른 대륙에서는 볼 수 없는 특이한 동식물이 많다. 그 이유는 오랫동안 다른 대륙과 분리되어 고립된 채 진화가 이루어졌기 때문이다. 오스트레일리아가 원산지인 유칼립투스는 350만 년 전부터 오스트레일리아에 서식하는 나무로, 코알라가 이 유칼립투스 잎만 먹고 산다는 것이 알려지면서 더 유명해

졌다.

뉴질랜드의 키위새는 천적이 없는 환경에서 살다보니 날개가 퇴화하여 비행 능력을 상실했다. 그 대신 지상 생활에 적응하여 튼튼한 다리가 발달했다. 한때 멸종 위기에 처했다가 지속적인 보호로 그 수가 늘어나고 있다. 또한 뉴질랜드에는 국조인 키위새뿐 아니라 대표 과일 키위가 있고, 마오리족이나 이민족들을 제외한 뉴질랜드 현지인을 뜻하는 키위라는 말도 있다. 뉴질랜드에 세 종류의 '키위'가 있는 셈이다.

뉴질랜드는 강수량이 풍부하여 삼림이 울창하고 다양한 식물군이 형성되어 있다. 그중에 고사리가 총 80여 종이 자생하는데, 특히 은고사리는 뉴

남섬의 밀퍼드사운드 빙하의 침식으로 만들어진 피오르이다. 급격하게 경사진 골짜기와 폭포를 볼 수 있다.

질랜드의 상징으로 널리 알려져 있다. 은고사리의 앞면은 일반 고사리와 같은 초록색이지만 뒤집어 보면 온통 은색이어서 그 모습이 무척 신비롭다.

광활한 자연 속에서 즐기는 레포츠

다른 나라들에 비해 문화와 역사 유산이 빈약하고 쇼핑이나 오락거리가 부족한 오스트레일리아와 뉴질랜드는 생태 관광, 레포츠 관광을 활성화하여 차별화를 꾀하고 있다. 오염되지 않은 광활한 자연 속에서 자유롭게 레포츠와 모험을 즐길 수 있어 해마다 이곳을 찾는 관광객이 상당수에 이른다.

하늘에서는 스카이다이빙과 열기구 등을 체험할 수 있는데, 대기 오염이 적어 선명하고 아름다운 자연 풍경까지 감상할 수 있어 많은 사람들이 선호한다. 바다에서는 스노클링·스킨스쿠버 다이빙 등으로 총천연색 산호초와 열대어의 군무를 감상할 수 있고, 땅에서는 번지 점프·산악자전거 등을 즐길 수 있다. 모험을 즐기려는 사람들은 높은 산지에 빙하와 하천의 침식으로 협곡과 급류가 많은 뉴질랜드 남섬을 많이 찾는다.

거칠고 활동적인 프로그램을 선호하는 젊은 층만 오세아니아 대륙을 선호하는 것이 아니다. 노년층도 곤돌라, 유리바닥 보트 등을 이용해 아름답고 특이한 자연 경관을 편안히 감상할 수 있다.

1 **협곡에서 번지 점프 도전하기** 뉴질랜드 퀸스타운의 카와라우 강
2 **거대한 해안 사구에서 샌드 보드 타기** 오스트레일리아의 캥거루 아일랜드
3 **바닷속에서 스노클링 즐기기** 오스트레일리아의 그레이트배리어리프

은고사리 뉴질랜드의 상징

키위새 뉴질랜드의 국조

체험을 넘어 관광 산업으로

오스트레일리아와 뉴질랜드는 우리나라보다 국토 면적은 넓지만 인구는 훨씬 적다. 그 덕분에 개발이 더디게 이루어지면서 아름다운 원시 자연의 신비로움과 다양한 매력을 간직할 수 있었다.

남반구의 색다름과 신비로운 자연 경관, 특이한 동식물 자원에다 하늘과 땅, 바다에서 다양한 레포츠를 즐길 수 있어서 이곳은 더한층 매력적인 관광지가 되었다. 여기에는 정부의 노력도 한몫했다. 정부가 적극 나서서 광고와 캠페인 등 자국의 관광 상품을 세계에 알려 관광객을 불러모으는 데 성공했다. 관광 산업은 전체 서비스 수출에서 차지하는 비중이 오스트레일리아는 71.9%, 뉴질랜드는 58.2%나 될 정도로 두 국가의 주요 산업으로 자리 잡았다. 2013년에 130개국을 대상으로 관광 산업의 경쟁력을 평가한 결과, 한국은 25위에 그친 데 비해 오스트레일리아는 3위, 뉴질랜드는 12위를 차지했다.

이곳을 찾는 사람들이 다양한 체험을 즐기는 덕분에 관광객 1인당 지출하는 비용이 프랑스, 에스파냐, 이탈리아 같은 관광 대국보다 많아서 수익성도 그만큼 높다. 관광객들의 국적도 다양해져서 과거에는 영국, 독일 등 유럽과 미국에서 온 사람들이 대부분이었지만 최근에는 일본, 중국, 한국, 말레이시아 등 아시아 지역에서 오는 관광객의 비중이 날로 높아지고 있다.

코알라 멸종 위기에 처해 철저한 보호를 받고 있다.

호빗 마을로 유명한 뉴질랜드의 마타마타 영화 〈반지의 제왕〉에서 호빗 마을 촬영지로 이용된 곳이다. 뉴질랜드를 배경으로 촬영한 이 영화의 세계적인 성공으로 뉴질랜드는 새로운 관광 명소로 급부상했다.

캥거루

오스트레일리아와 뉴질랜드의 새로운 시도, 생태 관광

최근 환경을 파괴하지 않고 자연과 문화를 즐기는 여행, 이를 위해 기꺼이 불편함을 감수하는 새로운 형태의 여행인 생태 관광(Eco-tourism)이 전 세계의 주목을 받고 있다. 신체 건강은 물론 정신 건강도 함께 지키자는 웰빙에 대한 관심이 높아지고, 지구 온난화가 전 세계적인 문제로 떠오르면서 생태 관광은 더욱 각광받고 있다. 이러한 추세에 힘입어 독특하고도 아름다운 자연 경관을 자랑하는 오스트레일리아와 뉴질랜드는 생태 관광 분야에서 지속 가능한 성장 동력 개발이 절실한 나라들에게 좋은 모델이 되고 있다. 세계 관광 기구(WTO)에 따르면, 생태 관광은 1990년대 이후 매년 20~34%의 성장을 보이고 있어 다른 관광 분야보다 3배 이상 빠르게 성장했다. 오늘날 생태 관광은 세계 여행 시장의 5~10%를 점유하고 있다.

불편을 감수하는 '착한 관광'

사람들은 왜 불편하기 짝이 없는 생태 관광을 즐길까? 이는 그 지역의 자연과 문화를 현지인처럼 경험할 수 있다는 강력한 매력과 함께 자연 보호를 실천한다는 점에서 보람을 느낄 수 있기 때문이다. 게다가 생태 관광에서 얻는 수입은 그 지역의 자연과 문화를 보존하고 연구하는 데 활용된다. 관광객들은 '책임'이라는 짐을 져야 하지만, 자신의 선택으로 인해 관광 지역뿐 아니라 지구의 미래를 지키는 데 큰 기여를 하는 것이니, 그 자체가 한마디로 '착한 관광'이라 할 수 있다.

아웃백 생태 관광 프로그램 광활하게 펼쳐진 미개척지 아웃백에서는 원시 자연의 순수한 모습을 생생하게 느낄 수 있다. 또한 이곳 선주민의 전통 문화를 직접 체험할 수 있는 프로그램도 다양하게 운영하고 있다.

오스트레일리

멸종 위기에 처한 동식물을 보호하고, 이런 동식물로 만든 상품을 구입하지 않는다.

방문하는 곳의 문화와 그에 따른 적절한 행동을 알고 가야 한다.

0   500km

'지구의 배꼽' 울루루 세계에서 가장 큰 바위 울루루를 보고 싶다면 환경 보호를 위해 소그룹으로 움직여야 하며, 원주민 안내원이 안내하는 곳으로만 다녀야 한다. 이곳에선 개별 행동은 안 되고, 바위를 올라가거나 함부로 사진을 찍는 것도 금지한다.

세계 최대의 산호초 군락, 그레이트배리어리프
1500여 종의 물고기, 4000여 종의 연체 동물, 350여 가지의 산호 등이 있어 대표적인 생태 관광지로 꼽힌다. 이곳을 보려면 환경 변화에 민감한 산호에 대해 교육을 받은 뒤 닻을 내리지 않는 배와 헬리콥터를 타고 가야 한다.

그레이트배리어리프(대보초)

쓰레기를 버리지 말고, 물과 전기를 아껴서 사용한다.

해당 지역의 특산품, 음식, 숙박 시설을 이용하여 지역 공동체를 도와준다.

케언스

앨리스스프링스

루

브리즈번

ⓗ

시드니

캔버라

멜버른

프란츠요제프 빙하 탐험 이색적인 빙하 걷기 체험을 할 수 있는 뉴질랜드 남섬의 빙하 지형. 빙하 탐험 코스가 관광 상품으로 개발되어 많은 관광객이 찾는다. 관광객들은 12km 길이의 이 빙하를 직접 걷기 위해 전문 안내원을 따라 소규모로 나뉘어 트레킹을 한다.

뉴질랜드 최고봉, 마운트쿡 국립공원 만년설과 빙하로 만들어진 계곡이 장관인 마운트쿡 국립공원에서는 환경 보존을 위해 휴대용 개인 변기를 지참해야 한다. 또한 관광 투어는 소수로 구성해야 하고, 예비 교육을 받은 뒤 전문 안내원의 동행 하에 등산을 시작해야 한다.

오클랜드

북섬

뉴질랜드

프란츠요제프 빙하
마운트쿡 국립공원

남섬

웰링턴

크라이스트처치

밀퍼드
사운드

오타고 반도

야생동물의 낙원, 오타고 반도
철새를 비롯하여 다양한 동물들의 서식지인 오타고 반도에서는 앨버트로스, 펭귄, 물개 등을 가까이에서 관찰할 수 있다. 이 야생 관찰 프로그램은 최근 뉴질랜드 생태 관광 분야의 최우수상을 두 번이나 수상할 정도로 유명하고 인기가 있다.

2

원시 문화와 외부 문명의
갈등과 화해

오스트레일리아의 선주민 애버리지니와 뉴질랜드 마오리족들의 평화로운
삶은 유럽 사람들이 들어오면서 파괴되기 시작했다. 20세기 이후 오스트레
일리아와 뉴질랜드 정부는 선주민들의 삶을 파괴한 사실을 인정하고, 그들
과의 공존을 꾀하면서 유럽의 그늘에서 벗어나려는 노력을 기울이고 있다.

거대한 바위 울루루 앞에 서 있는
오스트레일리아 선주민 애버리지니

오스트레일리아와 뉴질랜드에 먼저 도착한 사람들

이방인이 된 선주민, 애버리지니

18세기 중엽까지 오스트레일리아 대륙에는 진한 갈색 피부의 사람들만 살고 있었다. 이들은 약 4만 년 전 아시아에서 건너와 온화하고 물이 풍부한 남동부의 해안 지역을 중심으로 채집과 사냥을 하며 생활했다. 우리가 알고 있는 부메랑은 이들이 사냥이나 전투, 놀이에 사용하던 도구이다. 이들은 동굴과 바위, 나무 등 자연 곳곳에 자신들의 삶의 모습을 표현했고, 사람도 자연의 한 부분임을 나타내기 위해 자신들의 몸에도 그림을 그렸다. 이들이 '애버리지니'라고 불리는 오스트레일리아의 선주민이다. 오스트레일리아에는 약 200개의 선주민 부족이 있다.

그러나 이들의 평화로운 삶은 유럽 사람들이 들어오면서 파괴되기 시작했다. 1770년 영국의 제임스 쿡 선장이 상륙한 이후 유럽 각 나라에서는 이곳의 선주민을 무시하고 오스트레일리아 땅을 자기들 소유라 주장하기 시작했다. 죄수들의 유배지가 필요했던 영국은 오스트레일리아의 선주민들을 몰아내고 뉴사우스웨일스 지역에 식민지를 건설하여 약 16만 명의 죄수들을 수감했다. 이후 유럽에서 죄수가 아닌 사람들도 금광 개발과 풍부한 양모로 돈을 벌기 위해 이곳으로 몰려들어와 멜버른과 시드니 등 현대적인 도시들이 건설되었다.

유럽의 백인들은 선주민들로부터 땅을 빼앗은 뒤 그들을 오지로 쫓아냈다. 그 과정에서 애버리지니들의 수는 급격히 줄어들었다. 애버리지니의 말과 전통 문화 역시 사라져 갔다. 현재 오스트레일리아 인구의 약 2%에 불과한 50여만 명의 애버리지니들은 대륙의 중앙부를 중심으로 정부의 보호 정책 아래 여러 부족을 이루며 살고 있다.

애버리지니의 문화는 오스트레일리아의 내륙에 위치한 앨리스스프링스에서만 겨우 명맥을 유지하고 있다. 대부분의 애버리지니들은 경제적으로 최하층을 이루며, 관광 상품 등을 팔아 근근이 생계를 이어 가고 있다.

애버리지니들이 사냥이나 전투, 놀이 등에 사용하던 부메랑

전통 악기 디저리두를 연주하는 애버리지니

1 **오스트레일리아 선주민인 왈피리족의 생활 공간** 애버리지니들이 집단으로 거주하는 앨리스스프링스 부근에 있다.

2 **뉴질랜드 마오리족의 전통 음식, 항이** ① 구덩이를 파고 지열로 뜨거워진 돌을 넣는다. ② 고기와 채소류를 나뭇잎 등으로 싸거나 바구니에 넣어 올려 놓는다. ③ 흙을 덮고 3~4시간 기다리면 담백한 찜 요리인 항이가 완성된다.

3 **마오리족의 집단 퍼포먼스, 하카** 뉴질랜드 국가 대표 럭비팀 '올 블랙'은 경기 전 하카를 추며 사기를 북돋운다.

4 **마오리 식 인사법, 홍이** 코를 각각 다른 편으로 두 번 맞대며 "키아오라(안녕하세요)."라고 인사한다. 코를 비비는 것은 '너의 영혼은 나와 함께 뜻을 같이한다'는 의미이다.

뉴질랜드의 선주민, 마오리족

뉴질랜드는 '새로운 바다의 땅(new sea land)'이란 의미로 유럽인들이 붙인 이름이다. 하지만 뉴질랜드에는 10세기경에 이미 열대 폴리네시아에서 이주해 온 사람들이 정착해서 살고 있었다. 바로 마오리족이다. 이들은 섬의 이름을 '길고 흰 구름'이란 뜻의 '아오테아로아'라고 붙였다.

마오리족은 따뜻한 지열 지대에 집을 짓고, '마라에'라 불리는 집회소를 중심으로 부족 단위로 무리를 지어 살았다. 타로, 얌, 고구마, 조롱박 등의 작물을 들여와 재배하고, 구덩이를 파고 땅속에서 올라오는 열기로 음식을 익혀 먹었다.

마오리족의 성향은 부족끼리 단결력이 강하고 호전적이다. 전투에 나가기 전에는 힘과 단결을 과시하기 위해 모두 모여 하카를 추었고, 용맹함을 과시하기 위해 인육을 먹기도 했다. 온몸에 정교한 무늬의 문신을 새기고, 다양한 목조 공예품과 건축물을 만들며 고립된 환경에서 독자적인 문화를 발전시켰다.

1830년 이후 이곳에 유럽 이주민이 들어오면서 이들과 마오리족 사이에 토지를 둘러싼 마찰이 자주 발생했다. 그러자 1840년 영국 정부는 마오리족 부족장들로부터 뉴질랜드의 통치권을 승인받는 대신 마오리족에게 토지에 대한 권리를 보장해주기로 했다. 이것이 '와이탕이 조약'이다.

그러나 유럽 이주민이 대거 늘어나면서 마오리족의 권리는 사실상 무시되었으며, 질병과 전쟁 등으로 마오리족의 숫자는 계속 줄어들었다. 현재 북섬의 로터루아 등에 살고 있는 마오리족은 뉴질랜드 인구의 약 14%인 56만여 명이며, 대대로 전해 오던 이들의 전통 풍습은 거의 사라져 버렸다.

오스트레일리아와 뉴질랜드의 선주민 정책

2008년 2월, 오스트레일리아 총리가 국회의사당에서 처음으로 애버리지니들 앞에 고개를 숙였다. 특히 '빼앗긴 세대', 즉 오스트레일리아의 대표적 차별 정책인 '동화 정책'의 피해자들에 대해 공식적으로 사과했다.

동화 정책은 애버리지니 아이들을 부모에게서 강제로 빼앗아 교회나 고아원 등 강제 수용 시설에서 기르며 영어를 가르치고, 서구 문화에 동화가 됐다고 생각하면 시민권을 주는 정책이었다. 백인 가정에 입양된 아이들은 노동과 구타에 시달리기도 했고, 백인과의 사이에서 태어난 혼혈 애버리지니는 자식으로 인정받지도 못했다. 1869년부터 약 100년 동안 최대 10만 명으로 추산되는 선주민 아이들이 이러한 정책의 희생양이 됐다.

제대로 된 보상이 없는 총리의 사과에 애버리니지들의 분노는 사그라들지 않았다. '빼앗긴 세대' 뿐 아니라 전체 애버리지니에 대한 백인들의 차별로 현재까지 고통이 계속되고 있기 때문이다.

선주민 학대에 대한 배상 문제와 함께 토지 소유권 문제도 오스트레일리아가 해결해야 할 과제이다. 유럽에서 들어온 백인 후손들은 애버리지니가 조상 대대로 물려받은 땅에 대한 소유권과 권리를 인정하지 않았다. 그러나 1992년 오스트레일리아 대법원에서 애버리지니의 토지 소유권을 최초로 인정하면서 상황이 달라졌다. 이로 인해 앞으로 내륙의 아웃백을 중심으로 광범위한 지역에서 토지에 대한 권리 분쟁이 일어날 가능성이 높아졌다.

뉴질랜드에서도 1860년대에 토지 문제로 이주민과 마오리족과의 분쟁이 일어난 이후 정부에서 마오리족에 대한 동화 정책을 펼쳤다. 1990년대 들어 마오리족의 토지 권리를 인정하라는 판결이 내려지면서 토지 권리에 대한 마오리족의 요구가 더욱 거세졌다. 1995년에는 와이카토 지역의 마오리족 여왕과 뉴질랜드 수상이 1억 7000만 달러의 배상금 지불과 국유지 반환 등에 합의했다. 전쟁 과정에서 마오리족의 재산을 몰수하는 등 선주민

들의 삶을 파괴한 사실을 정부가 공식적으로 인정한 것이다.

현재 뉴질랜드 헌법은 영어와 마오리어 두 가지를 공용어로 규정하고 있다. 정부 기관의 명칭과 공용 문서, 거리 표지판에 영어와 마오리어를 동시에 표기하며, 뉴질랜드 국가도 1절은 영어, 2절은 마오리어 가사로 부른다. 뿐만 아니라 국회의원의 일정 수는 마오리족에서 선출한다.

선주민을 동반자로 여기는 정부의 지속적인 노력으로 마오리족과 그들의 문화는 점차 뉴질랜드의 상징으로 받아들여지고 있다.

뉴질랜드 국가 문장 마오리족과 영국 여인이 동등하게 서 있는 모습이다.

시위하는 애버리지니 오스트레일리아의 선주민인 애버리지니들이 정부의 선주민 정책에 대해 항의 시위를 벌이고 있다.

◉ 새롭게 주목받는 오스트레일리아 선주민 예술 '애버리지널 아트'

오스트레일리아를 찾는 관광객이 늘어나면서 선주민 애버리지니 문화에 대한 관심도 점차 증가하고 있다. 오스트레일리아에서 열리는 대부분의 예술 페스티벌에는 애버리지니들의 뮤지컬, 댄스 공연 등이 반드시 포함되는데, 특히 '애버리지널 아트'라 불리는 독특한 회화 기법이 주목받고 있다.

애버리지니들은 처음에 바위나 동굴에 칼이나 뾰족한 철 등을 이용해서 점, 선, 면으로 단순하게 그림을 그리기 시작했다. 문자를 대체하는 역할을 했던 그림은 애버리지니의 역사적 기록이자 일상과 문화의 표현, 지식과 문화를 전수하는 도구로도 이용되었다.

현대 애버리지널 아트는 주로 '꿈의 시대(세계가 처음 창조되었을 때의 지극히 행복한 상태)'를 주제로 생명의 소중함과 자연의 에너지를 표현하며, 춤과 노래와 제례의 전통을 그림으로 되살린다. 애버리지니 화가들은 나무껍질 등을 캔버스로 사용해 그림을 그리며, 자연에서 얻은 산화물과 황토 물감을 섞어 생생하고 아름다운 자연의 빛깔을 낸다. 이 작품들에는 문명사회에서 볼 수 없는 원시의 힘과 마음에서 우러난 생생함이 살아 있어 오스트레일리아뿐만 아니라 여러 나라에서 높은 평가를 받고 있다.

오늘날 애버리지널 아트는 오스트레일리아의 가장 역동적이며 개성이 강한 예술 형태일 뿐 아니라 국제 무대에서 오스트레일리아의 국가 정체성을 대표하기도 한다.

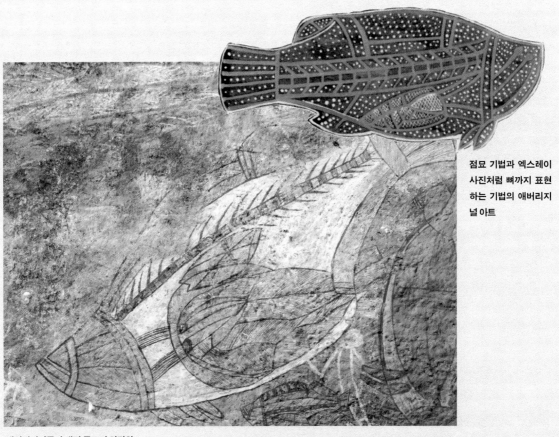

점묘 기법과 엑스레이 사진처럼 뼈까지 표현하는 기법의 애버리지널 아트

애버리지니들이 새긴 물고기 암각화

차별화된 농목업으로 세계의 높은 벽을 깨다

세계적인 농축산물 수출국

겨울철 추운 발을 따뜻하게 감싸 주는 양털 부츠, 오스트레일리아산 청정 쇠고기 스테이크, 뉴질랜드산 산양유로 만든 분유와 이유식 제품……. 오스트레일리아와 뉴질랜드에서 생산되는 제품들은 어느새 우리 일상생활에서도 인기 품목으로 자리 잡았다.

오스트레일리아는 양털, 양고기, 낙농 제품, 밀, 쇠고기 등을 주로 생산하는 세계적인 농목업 국가이다. 생산물의 약 65%를 세계 시장에 수출하는데, 특히 양털 생산량과 수출량은 세계 1위를 자랑한다. 오스트레일리아는 유럽 연합, 뉴질랜드와 더불어 세계 3대 유제품 수출국이며, 밀과 쇠고기 수출도 세계 5위 안에 든다.

뉴질랜드의 농산물 수출은 전체 수출의 절반 이상을 차지하고 있으며, 국민 5명 중 1명이 농업 관련 산업에 종사하고 있다. 주요 수출 농산물은 양고기, 양털, 유제품, 쇠고기, 과일 등이다. 뉴질랜드의 대표 과일인 키위는 전 세계 생산량의 1/4을 차지한다. 양고기와 분유·치즈·버터 등 유제품 수출은 세계 1위로 세계적인 경쟁력을 갖추고 있다.

양털로 만든 부츠

뉴질랜드의 청정한 자연에서 방목하는 양떼들 뉴질랜드산 산양유 제품과 양털 제품은 품질이 좋아 세계적으로 인기가 많다.

청정 이미지를 내세우는 오스트레일리아

2008년 7월 오스트레일리아의 한 신문은 광우병 파동으로 일어난 한국의 촛불 시위 모습을 전하면서, 한국에서 미국산 쇠고기에 대한 불신으로 오스트레일리아산 쇠고기에 대한 선호도가 크게 높아졌다고 보도했다.

오스트레일리아산 쇠고기는 2003년 광우병 우려로 미국산 쇠고기 소비가 감소하는 사이 우리나라 시장에서 비중을 크게 높였다. 2007년 미국산 쇠고기 수입이 재개된 이후 다소 주춤하긴 했지만, 이후 '청정 쇠고기'의 이미지와 각국 소비자의 입맛을 고려한 맞춤식 생산 노력 덕분에 오스트레일리아산 쇠고기는 우리나라에서의 시장점유율이 2013년 현재 49.2%로 가장 높다. 이는 2위인 미국산(39.2%)보다 10% 정도 높은 점유율이다.

실제로 오스트레일리아는 오염이 적은 환경과 풍부한 목초지를 소유하고 있어 가축 사육에 적합하며, 다른 대륙과도 멀리 떨어져 있어 가축 질병으로부터도 안전한 편이다. 또한 위생 기준이 엄격하고, 광우병을 방지하기 위해 고기와 뼈 등이 포함된 동물 사료는 절대 사용하지 않는 것을 원칙으로 하며, 생산 이력제(모든 소에 대해 생산, 가공, 유통 과정을 추적할 수 있는 축산물 추적 시스템)를 운영하여 소비자들의 신뢰가 높은 편이다.

친환경 농목업에 총력을 기울이는 뉴질랜드

뉴질랜드 농산물 중에서 많이 수출되는 품목 중 하나가 골드키위이다. 골드키위는 그동안 뉴질랜드 농민들이 생산해 온 그린키위에 비해 단맛이 훨씬 강해 높은 가격에 팔리고 있다. 이 품종은 유전자 조작이 아니라 16년간 접붙이기 등 전통적인 교배 방식을 연구해 개발한 것이다. 뉴질랜드에서는 수자원과 토양을 보호하기 위해 모든 농산물에 농약 대량 살포를 금하고 있다. 특히 유기농 키위는 최소 1005일 동안 무농약·무비료를 검증받은 토양에서 재배되어 재활용 재질로 포장된다.

뉴질랜드 농민들은 유전자 조작 식품의 등장과 각종 축산 관련 질병으로 식품 안전에 대한 관심이 높아지는 상황을 더 큰 기회로 보고 있다. 식품 안전성뿐만 아니라 동물의 복지와 청정 자연환경의 장점을 부각시켜 뉴질랜드산 농축산물에 대한 신뢰를 높이는 데 총력을 기울이는 것이다.

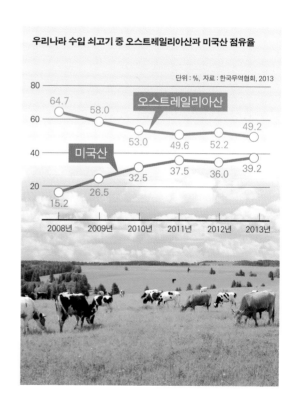

우리나라 수입 쇠고기 중 오스트레일리아산과 미국산 점유율

단위 : %, 자료 : 한국무역협회, 2013

오스트레일리아산: 64.7 (2008년), 58.0 (2009년), 53.0 (2010년), 49.6 (2011년), 52.2 (2012년), 49.2 (2013년)

미국산: 15.2 (2008년), 26.5 (2009년), 32.5 (2010년), 37.5 (2011년), 36.0 (2012년), 39.2 (2013년)

뉴질랜드의 유기농 포도 재배 농장 포도 농장에서 말을 부려 소의 배설물로 만든 비료를 뿌리고 있다.

뉴질랜드에서는 동물 복지법을 제정해 동물의 종별로 사육 단계별 매뉴얼을 만들어 지키고 있다. 실제로 뉴질랜드에서는 '100% 퓨어 뉴질랜드'라는 슬로건에 걸맞게 양, 소, 돼지, 사슴 등의 가축을 축사에 가두지 않고 대부분 목장에서 방목한다. 이렇게 자란 가축들은 질병에 대한 저항력이 강해 항생제를 사용할 필요가 없으며, 목초지가 워낙 넓어 굳이 인공 사료를 먹일 필요도 없다. 유일하게 축사에서 기르는 가축인 닭의 배설물은 화훼 농가에서 거름으로 쓰이고 있다.

유기농 와인을 생산하는 농장에서는 화학 비료 대신 소의 배설물을 숙성시켜 천연 비료를 만들고, 말이 수레를 끌고 다니며 비료를 준다. 트랙터를 사용했을 때보다 땅에 충격을 주지 않아 자연 그대로의 땅을 유지할 수 있기 때문이다. 뉴질랜드 와인은 프랑스나 이탈리아 와인의 역사와 전통, 칠레 와인의 가격 경쟁력에선 밀리지만, 유기농 와인 덕분에 지난 10년간 7배 이상의 성장을 이루었다.

이러한 친환경 농목업은 주어진 자연환경을 적극 활용하여 품질이 보증된 농축산물을 생산하고, 생산품을 브랜드화하여 높은 수익을 낼 수 있게 한다. 여기에 동물 복지와 소비자 신뢰라는 1석 3조의 효과까지도 얻을 수 있다.

메탄가스의 주범인 양떼들 소와 양이 배출하는 메탄가스가 지구 온난화에도 영향을 미치고 있어 이에 대한 대책이 필요한 상황이다.

기업형 농목업 확대에 따른 온실가스 배출 문제

오스트레일리아에서는 그동안 목초지를 조성한다는 명분으로 수백 년 된 고목들을 잘라 내고 목장을 만들었다. 그 결과 엄청난 면적의 야생 유칼립투스 나무들이 줄어들면서 코알라 같은 이 지역만의 독특한 동물이 멸종 위기에 놓이게 되었다.

또한 세계적으로 육류 소비가 증가하면서 이산화탄소와 메탄가스 등 온실가스 배출량이 급증하여 기업형 방목 위주의 목축업에 대한 우려도 커지고 있다. 오스트레일리아의 온실가스 배출량 가운데 농업 분야의 비율이 12% 정도인데, 그중 약 70%가 소와 양이 배출하는 메탄가스이다. 2008년

오스트레일리아는 탄소 배출량 감소 계획을 내놓았지만 농업 분야는 2015년까지 보류될 예정이다.

뉴질랜드도 5000여만 두의 양과 900여만 두의 소를 기르고 있어 이들이 온실 효과에 미치는 영향이 매우 크다. 뉴질랜드 온실가스 배출 총량의 절반가량은 양과 소의 방귀, 트림, 배설물 등에서 발생하는 메탄과 이산화탄소에서 비롯된다.

한편 뉴질랜드는 국토의 62%가 농장과 목장으로 이용되고 있지만, 자연 상태라기보다는 땅을 갈아엎어 만든 인공 목초지가 대부분이다. '퓨어'를 슬로건으로 내세운 뉴질랜드에서도 '순수' 친환경 농목업을 지향하는 것은 쉽지 않은 일이다.

산업과 이민 정책의 변화 : 유럽의 그늘에서 벗어나다

유럽에서 아시아로 무게중심이 바뀐 무역

한국 축구는 2010년 남아공 월드컵까지 7회 연속 월드컵에 진출하며 아시아 축구의 강국다운 면모를 과시했다. 하지만 2014년 월드컵에서는 상황이 좀 달라졌다. 오스트레일리아가 아시아 축구 연맹에 가입하여 월드컵 예선을 치르기 때문이다. 아시아와 가까운 오스트레일리아는 과거 아시아보다 유럽을 우선으로 하는 정책을 추진했지만 이제 그 방향을 바꾸었다.

영국의 식민지였던 오스트레일리아의 무역 상대국은 영국 등 유럽과 미국 중심이었다. 그러나 2차 세계 대전 이후 영국의 경제 영향력이 축소되고, 1970년대 유럽 공동체(EC)가 결성되자 유럽 국가와의 무역량이 눈에 띄게 줄었다. 이에 오스트레일리아는 지리적으로 가까운 아시아와 태평양 연안 국가들과의 무역에 집중하여 이들 국가와의 무역 비중이 증가했다. 특히 한국, 일본 등 동아시아 국가를 상대로 한 농산물, 광물 수출이 빠르게 증가했다. 세계적인 제철소를 보유한 우리나라는 해마다 엄청난 양의 철과 석탄을 오스트레일리아로부터 수입하고 있고, 현지의 광산을 직접 사들이기도 한다.

뉴질랜드 역시 전통적으로 영국과 안정적인 경제적 유대 관계를 갖고 양고기를 비롯하여 양모, 낙농 제품, 과일 등의 농산품을 수출했다. 그러나 영국이 유럽 공동체에 가입하여 안정적인 시장을 잃게 되자 프랑스, 이탈리아 등과 경쟁하지 않을

수 없었다. 뉴질랜드는 이를 계기로 무역 상대국을 다양화하기 위한 노력을 기울여 왔다.

현재 뉴질랜드의 가장 중요한 경제 협력국은 지리적으로 가까운 오스트레일리아이며, 이어서 아세안(동남아시아 국가 연합)과 일본, 한국, 중국 등 아시아 지역 국가들과도 교역을 늘리려 애쓰고 있다. 동아시아로의 총 수출액은 뉴질랜드 전체 수출액의 20% 이상이며, 아세안 국가들에 대한 수출 및 직접 투자도 지속적으로 늘고 있다.

오스트레일리아의 주요 교역 대상국 및 최근 교역 규모

순위	국가	2008년	2009년	2010년	2011년
	전체	3780	3134	4062	5059
1	중국	573	620	902	1178
2	일본	589	431	568	707
3	미국	328	251	294	363
4	한국	208	175	255	315
5	싱가포르	138	134	145	213

단위 : 억 US $, 자료 : World Trade Atlas, 2011

뉴질랜드의 주요 무역 상대국(수출)

순위	국가	무역액	비중
1	오스트레일리아	10,798	22.6%
2	중국	5,965	12.5%
3	미국	4,048	8.5%
4	일본	3,343	7%
5	한국	1,654	3.5%

단위 : 백만 NZ $, 자료 : 뉴질랜드 통계청, 2012

농목업 위주에서 벗어나는 산업 구조

오스트레일리아는 전통적으로 농목업이 발달한 국가였다. 그렇다면 지금도 그럴까? 수출액으로 본다면 지금도 그렇지만, 국내 총생산(GDP)으로 따지면 지금은 아니다. 오스트레일리아는 풍부한 지하자원을 보유하고 있다. 2012년 통계 자료에 의하면, 우라늄과 니켈, 아연 매장량은 세계 1위이고, 세계 최대의 석탄, 철광석 수출국이다. 총 수출액에서 지하자원이 차지하는 비중이 절반 정도나 된다.

한편 국내 총생산에서 서비스업이 차지하는 비중은 2000년대 이후 이미 70%를 넘어서 산업 구조상 오스트레일리아는 3차 산업 중심의 사회라고 볼 수 있다. 3차 산업 중에서도 그동안 관광 산업이 대부분을 차지했지만 최근에는 다른 분야의 비중이 커지고 있다.

금융 서비스는 아시아·태평양 지역 1위로 꼽히며, 금융 및 보험 부문은 국내 총생산의 7%를 차지할 정도이다. 멜버른은 금융 기관의 본사와 벤처 캐피털, 금융 서비스 센터를 유치해 최근 국제 금융의 중심지로서 인지도를 높이고 있다.

정보 통신 기술(IT) 분야는 오스트레일리아 경

서비스업 **74.9**%
농수산업 **2.6**%
광업 **6.8**%
제조업 **8.7**%
건설업 **7.1**%

자료 : KOTRA, 2010

오스트레일리아의 산업별 GDP 비중

국제 금융 도시로 부상하고 있는 오스트레일리아의 멜버른

'이민자의 천국' 오스트레일리아의 한 대학 풍경 세계 여러 나라에서 온 유학생들이 함께 어울려 공부하고 있다.

제에서 가장 빨리 성장하고 있는 혁신적인 산업 중 하나이다. 370여 개의 생명공학 관련 기업과 600여 개의 의료 장비 및 의료 서비스 회사가 있어 생명 공학 산업도 빠르게 성장하고 있다.

뉴질랜드는 '100% 퓨어'라는 이미지만으로는 차세대 산업을 육성하기 어렵다는 판단 아래 IT 시장의 틈새를 공략하여 관련 제품 수출에서 성장세를 보이고 있다. 2006년 뉴질랜드 IT 제품의 수출은 약 20%의 빠른 성장을 기록했으며, 바이오 기술 산업에서도 다국적 제약 회사들의 투자를 유치하고 있다.

'농목업 위주로 하며 제조업이 발달하지 않은 나라'라는 이미지에서 벗어나려는 노력이 두 국가의 미래에 어떤 변화를 가져올까?

좁아지는 이민 기회

2014년 현재 오스트레일리아의 인구는 2300만 명을 넘어섰다. 이중 1/3만이 영국계이며, 매년 아시아에서 들어오는 이민자 수가 유럽 이민자와 오스트레일리아 인구의 자연 증가분을 합친 것보다 많다. 1945년 이후로 전 세계에서 600만 명 이상의 사람들이 새로운 삶의 터전을 찾아 오스트레일리아로 이주해 왔다. 1990년대 초반에는 매년 15만 명 정도가 이민을 왔는데, 대부분 홍콩, 베트남, 중국, 필리핀, 인도, 스리랑카에서 온 사람들이었다.

'이민자의 천국'으로 불리는 오스트레일리아는 영국, 인도, 중국 출신 이민자들이 대부분을 차지하지만 우리나라의 이민자 수도 꾸준히 증가하고 있다. 또 유학이나 워킹홀리데이(외국을 여행하면서 취업을 할 수 있게 허가하는 제도) 형태로 방문하는 경우도 많아 2008년 현재 오스트레일리아에 거주하고 있는 한국인은 약 11만 명으로 추정된다.

뉴질랜드는 '에코미그레이션(ecomigration)' 대상지로 손꼽힌다. 온화한 기후와 청정한 환경을 잘 보전하고 있고 정치적으로도 안정되어 높은 삶의 질을 추구하는 이민자들에게 인기가 높다. 에코미그레이션은 생태·환경을 의미하는 접두사 '에코(eco)'와 이주를 뜻하는 '이미그레이션(immigration)'을 합쳐 만든 신조어이다.

최근엔 오스트레일리아가 이민의 문을 좁히기 시작했다. 경기 침체가 지속되자 오스트레일리아 정부는 수용 가능한 수준의 이민자들만 받아들이겠다며 이민 규제를 강화하여, 단순 기술직 이민을 대폭 축소하고 자국의 IT 산업 육성을 위한 전문 기술직 이민만 확대했다(2010년 2월).

전통적으로 노동력이 부족하여 이민을 적극 장려해 온 오스트레일리아가 이민 정책을 바꾸자 이민을 준비하는 사람들뿐 아니라 현지 이민 사회에도 영향을 미쳤다. 우리나라에서도 단순 기술직으로 이민을 준비하던 사람들에게 타격이 컸는데, 이는 현지에 정착해 있는 한인 타운의 경제에까지 큰 영향을 주고 있다.

한편 뉴질랜드에서는 젊은이들이 가까운 오스트레일리아로 떠나기를 원하는 경우가 많아 이것이 사회 문제가 될 정도이다. 이유는 오스트레일리아의 많은 일자리와 높은 임금 수준 때문이다. 인구도 많지 않고 경제 규모도 크지 않은 뉴질랜드에서는 원하는 직업을 얻을 수 없다는 불만이 오스트레일리아에 대한 동경을 계속 키우는 것이다.

한국인의 오스트레일리아 이민자 수 현황

연 도	이민자 수(명)
2001~2002	2044
2002~2003	2336
2003~2004	2742
2004~2005	3549
2005~2006	4021
2006~2007	4255
2007~2008	5155
2008~2009	5202
2009~2010	4350
2010~2011	4326

2010~2011년 오스트레일리아 이민 톱10 국가

순위	국가	이민자 수(명)
1	중국	2만 9547
2	영국	2만 3931
3	인도	2만 1768
4	필리핀	1만 825
5	남아프리카 공화국	8612
6	말레이시아	5130
7	베트남	4709
8	스리랑카	4597
9	한국	4326
10	아일랜드	3700

*영주 비자 발급 기준, 뉴질랜드 제외

3

천혜의 자연,
태평양의 섬나라들

오스트레일리아와 뉴질랜드를 제외한 오세아니아의 섬들은 민족에 따라 미크로네시아, 멜라네시아, 폴리네시아로 나뉜다. 20세기에 들어 태평양 섬 지역은 유럽과 미국, 일본 등 강대국의 침입으로 수난을 겪었다. 오늘날에는 지구 온난화로 인한 해수면 상승으로 주민들의 생존이 큰 위협을 받고 있다.

하늘에서 내려다본 남태평양 군도

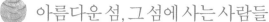

아름다운 섬, 그 섬에 사는 사람들

산호섬을 기반으로 살다

에메랄드 빛 바다와 눈부시게 흰 백사장, 푸른 야자수 그늘, 그 아래에서의 달콤한 휴식……. 언제부터인가 태평양의 섬들은 바쁘고 피곤하게 살아가는 현대인들이 가장 가 보고 싶어 하는 곳 중의 하나가 되었다. 이 '환상의 섬들'은 어떻게 생겨났을까?

태평양의 섬들은 대부분 화산 활동으로 만들어졌다. 규모가 커서 해안 주변에 산호초가 잘 발달한 섬이 있는 반면, 바닷물에 의해 침식되거나 서서히 가라앉으면서 작아지다가, 아예 바닷속으로 가라앉아 버린 경우도 있다. 바닷속으로 가라앉거나 작아져 버린 화산섬 바깥으로는 산호섬이, 그 안쪽으로는 호수와 같은 얕은 바다(초호)가 형성된다. 이 산호섬이 길게 뻗어 있으면 보초, 안쪽 초호를 고리 모양으로 둘러싸면 환초라고 한다.

환초와 보초 형태의 산호섬은 대개 규모가 작고 생시도 적기 때문에 농시를 짓기가 어렵다. 또 먹을 물도 거의 없어 사람이 살기에 적당하지 않다. 이런 곳에 사는 사람들은 대부분 초호의 바다에서 수산물을 잡아 올려 생활한다. 바깥쪽 바다의 수심은 보통 5000m에 달할 만큼 깊어서 물고기를 찾기가 힘들지만 초호의 얕은 바다에는 각종 수산물이 풍부해 주민들의 생활 근거지가 되어 왔다. 오늘날에는 보초나 환초의 얕은 바다에서 수영이나 스노클링, 스쿠버다이빙 등을 즐기며 아름다운 산호초를 관찰할 수 있어 관광지로 각광받고 있다.

이렇게 작은 산호섬과는 대조적으로 규모가 큰 화산섬에서는 고구마, 카사바, 타로(토란) 등의 농사를 짓고 소, 돼지, 닭 등을 사육하여 주변 섬들에 공급해 준다. 또한 코코넛, 사탕수수, 망고, 파파야를 재배하고 진주를 양식해 수출하기도 한다.

미크로네시아, 멜라네시아, 폴리네시아

오스트레일리아와 뉴질랜드를 제외한 오세아니아의 섬들은 민족에 따라 '작은 섬들'이라는 뜻의 미크로네시아, '검은 섬들'이라는 뜻의 멜라네시아, '많은 섬들'이라는 뜻의 폴리네시아로 나뉜다. 이 지역에는 1만 개 이상의 크고 작은 섬들이 있다. 약 7000만 km²에 달하는 해역에 비해 섬들의 면적은 총 100만 km²로, 뉴기니 섬(80만 km²)을 제외하면 대부분 작다. 이들 여러 섬에 거주하는 인구는 약 470만 명이고, 인구 밀도는 1km²당 5명으로 매우 낮다.

멜라네시아인들은 짙은 흑색의 피부에 곱슬머리인 반면, 오래전 동남아시아에서 이주해 온 것으로 여겨지는 폴리네시아인들은 밝은 갈색의 피부에 직모이고 키가 큰 것이 특징이다. 미크로네시아인은 멜라네시아와 폴리네시아, 말레이, 몽골로이드 등의 혼혈이다. 그러나 이렇게 세 지역으로 나눈 것은 유럽인의 편의에 따른 것이고 실제로는 훨씬 다양한 민족이 분포한다. 민족에 따라 언어도 다양하지만 넓게는 말레이-폴리네시아어에 속하고, 가장 널리 사용되는 언어도 폴리네시아어이다.

거초·보초·환초의 형성 과정 ❶ 섬의 가장자리를 따라 산호초가 발달하여 거초가 형성된다. ❷ 거초는 섬이 바닷속으로 가라앉으면서 섬과 거초 사이에 호수와 같은 얕은 바다가 있는 보초로 변해 간다. ❸ 섬이 완전히 가라앉으면 섬을 둘러싼 고리 모양의 산호초만 남아 환초를 형성한다.

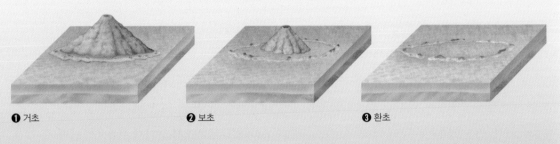

❶ 거초   ❷ 보초   ❸ 환초

남태평양 누벨칼레도니(뉴칼레도니아)의 보초

남태평양 토켈라우 제도의 아타푸 환초

근세 이후 식민 지배를 받으며 유럽과 중국, 인도, 일본 사람들이 이주하여 혼혈도 많다. 식민 지배의 영향으로 많은 지역이 영어나 프랑스어를 공용어로 사용하고 있으며, 아직 독립하지 못한 나라도 많아서 문화도 매우 복합적인 양상을 보인다.

바닷길을 따라 섬을 개척하다

밤하늘에 빛나는 별처럼 점점이 흩어져 있는 남태평양의 화산섬에 어떻게 사람들이 살게 되었을까?

이 지역의 선주민들은 오래 전부터 배를 타고 섬을 오가며 교류를 했다. 폴리네시아인들은 때로는 화산 폭발로 새로 생긴 섬을 향해, 때로는 목적지도 불분명한 상태로 구름과 바람, 조류와 새의 움직임을 살피며 망망대해로 항해를 나섰다. 그들은 두 개의 카누를 하나로 연결하고 돛을 단 2중 카누를 사용하여 항해의 안전성을 높였다.

미지의 항해 끝에 작은 산호섬이라도 발견하면 바위와 산호를 쌓고 맹그로브를 심어 흙이 바닷바람에 날아가지 않게 했다. 이렇게 선주민들은 새로운 섬을 찾아 나서며 주식인 벼와 타로, 얌을 비롯한 여러 가지 식량 작물과 지붕을 덮는 아이보리 야자 등을 전파했다. 폴리네시아인의 항해를 통한 문화 전파는 여러 섬의 탄생 신화에도 남아 있다.

이들이 위험을 무릅쓰고 새로운 섬을 찾아 나선 이유는 섬이 좁아 점점 높아지는 인구압을 견뎌 내기 힘들었기 때문이다. 원래 동남아시아 일대의 언어인 말레이-폴리네시아어는 수천 년 동안 바닷길을 개척한 폴리네시아인들을 통해 중앙태평양과 남태평양의 섬에 전파되었다. 그 결과 태평양 서쪽의 뉴기니 섬과 동쪽의 이스터 섬, 북쪽의 하와이 섬에 이르기까지 주민들의 생김새도 비슷하고 같은 어족에 속하는 언어를 사용하게 된 것이다.

말레이-폴리네시아 어족의 확산

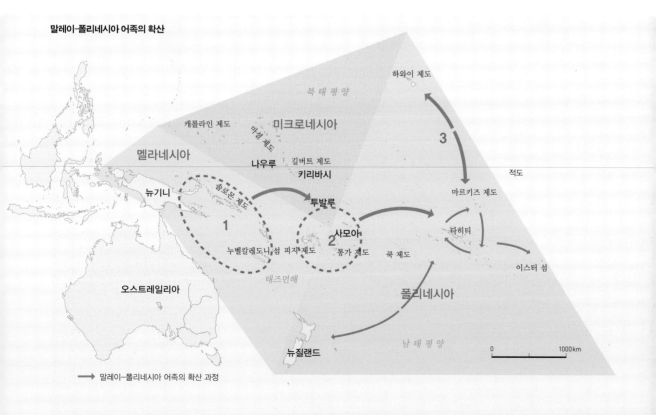

→ 말레이-폴리네시아 어족의 확산 과정

서구 열강의 손으로 넘어간 태평양의 보석들

△△△ 섬(영), ○○○ 제도(프)의 의미

남태평양의 지도를 보면 △△△ 섬(영), ○○○ 제도(프)와 같이 표기되어 있는 섬들이 많다. 섬 이름 옆에 영국령, 프랑스령 등이 붙은 것은 아직도 독립하지 못했다는 뜻으로, 제국주의의 상처가 여전히 남아 있는 것이다. 이 지역이 지금까지 이러한 아픔을 겪고 있는 이유는 무엇일까?

평화롭던 남태평양의 섬 지역에 어느 날 유럽 사람들이 등장하면서 전통적 삶은 그 수명을 다했다. 오스트레일리아와 뉴질랜드에는 18세기 중반부터 유럽 사람들이 정착했지만, 남태평양 지역은 목적지에 이르는 통로에 불과했기 때문에 정복당하지 않았다.

하지만 19세기 이후 이 지역에 대한 관심이 높아지면서 남태평양은 열강들의 식민지 분할의 무대가 되었다. 결국 네덜란드와 프랑스, 독일, 영국, 미국 등이 이 섬들을 식민지로 삼으면서 자원 개발·무역·어업·식민·선교 활동 등이 활발해졌다. 급기야 2차 세계 대전 기간에는 태평양 전역이 전쟁터로 변했다. 이 지역에서 독립 국가가 등장하기 시작한 것은 2차 세계 대전 이후부터이다.

서구 열강들이 머나먼 태평양의 작은 섬까지 와서 치열한 식민지 쟁탈전을 벌인 가장 큰 이유는 무엇보다 이 지역이 아메리카 대륙과 아시아를 잇는 어업과 해상 무역의 거점이자 군사 기지로서 중요한 가치를 갖기 때문이다. 이들은 무역·군사·교통상의 거점을 확보하기 위해 앞다투어 남태평양에 진출했다.

남태평양은 수산 자원이 풍부하여 19세기에는 고래 기름을 얻기 위한 포경 어업이 성행했고, 최근에는 참치와 다랑어 등의 원양 어업이 많이 이루어지고 있다. 또한 따뜻한 열대 기후 덕분에 열강들은 이곳에 식민지를 건설하고 상품 작물의 플랜테이션 개발에 열을 올렸다. 이 지역의 상품 작물 중 특히 코코넛 과육을 말린 코프라는 코코야자유의 원료로 식용과 공업용으로 두루 쓰이고, 목재인 백단향은 고급 약재이자 향료로 쓰인다.

이 지역엔 지하자원도 풍부하다. 남태평양의 나우루 공화국은 섬 전체가 새똥이 산호초 위에 쌓여 만들어진 인광석으로 이루어졌다. 인광석은 고급 비료의 재료로 쓰이는데, 한때 수많은 유럽인들이 귀한 인광석을 캐러 나우루로 몰려들었다. 하지만 무분별한 채취로 인광석이 고갈되어 현재 나우루는 빈곤의 늪에 허덕이고 있다.

관광지로 유명한 누벨칼레도니(프)의 경우 관광 수입보다 광물 수출로 벌어들이는 수익이 더 크다. 2012년 전 세계 니켈의 약 7%가 매장되어 있는 누벨칼레도니는 세계 6위의 니켈 수출국이다.

무엇보다 이 지역은 엄청난 가능성을 품고 있다. 산호섬은 관광과 어업 활동으로 평균 $1km^2$당 매년 140만 달러의 부가가치를 창출할 수 있다. 또한 산호 추출물로 만든 아지노티미닌과 택솔이 에이즈 치료와 항암제로 쓰이는 등, 새로운 의약품을 개발할 가능성도 열려 있다. 그 밖에도 대륙 가까이에

앨버트로스의 똥으로 만들어진 나라, 나우루 나우루는 새똥으로 만들어진 고급 비료의 재료인 인광석을 수출하여 한때 최고의 부를 누리기도 했다. 하지만, 지금은 파괴된 생태계와 빈곤만 남았다.

코코넛 과육을 말리는 피지 섬의 코프라 농장 코코넛 열매가 달리는 코코야자는 열대 지방에서 중요한 경제 식물로 그 용도가 다양하다.

있는 산호섬은 해일과 태풍으로부터 해안을 보호하는 등, 돈으로 환산하기 어려운 혜택을 인간에게 제공하고 있다.

섬에 새겨진 식민 지배의 상처들

태평양 섬의 선주민들은 땅과 바다에서 나는 생산물의 균형을 중시했고 소유의 개념이 없는 공동체 생활을 했다. 전통 사회에서 가장 중요한 재산은 토종 돼지였다. 또한 돼지 어금니와 돗자리, 조개 등이 화폐를 대신했다.

그러나 19세기 초 영국, 오스트레일리아, 미국의 포경선이 들어와 선원들이 돈을 주고 식량과 물품을 구입하면서 이들에게 화폐 개념이 생기기 시작

했다. 이러한 자본주의적 가치관이 퍼지면서 주민 간의 갈등도 새로운 문제로 대두되었다.

이때 함께 들어온 선교사들이 선주민들에게 크리스트교 개종을 강요하자 전통 관습과 도덕도 큰 변화를 겪게 되었다. 이들 사이에 구전되어 오던 역사, 축제 및 제의의 노래와 춤, 땅과 바다와 영혼에 대한 지식은 모조리 '원시적, 야만적, 미개한' 것으로 치부되어 빠른 속도로 파괴되어 갔다.

게다가 전염병으로 수많은 선주민이 사망하면서 인구가 대폭 감소했다. 태평양 전역을 휩쓸고 다니던 포경 선단이 성병, 천연두, 홍역, 독감 등을 무차별적으로 퍼뜨린 것이다. 그 결과 하와이의 경우 100만 명이 넘던 인구가 1890년경에는 4만 명

이하로 줄었다.

이후 태평양 섬에 이주민들이 몰려들었다. 그들은 식민 지배자인 유럽인들과, 사탕수수·코코야자·파인애플 등을 재배하는 플랜테이션 농장에서 일할 노동자들이었다. 하와이에는 일본인, 피지에는 인도인, 사모아에는 중국인들이 노동자로 대거 유입되었다. 이때 우리나라 사람들도 하와이에 농장 노동자로 많이 들어갔다. 오늘날에도 피지 인구의 약 44%가 인도 사람들이고, 하와이 인구의 약 30%가 일본 사람들이다. 이들은 대체로 선주민보다 경제적 지위가 높아 인종과 언어, 종교를 둘러싼 선주민과의 갈등이 끊이지 않는다.

20세기 들어 선주민 사회는 더 큰 위기를 맞았다. 19세기 말 유럽이 쇠퇴하면서 신흥 제국으로 성장하던 일본과 미국은 태평양으로 세력을 확장하는 데 주력했다. 특히 미국은 서쪽으로 영향력을 넓히기 위해 태평양의 여러 섬들을 식민지화하고 해군·공군 기지를 건설하면서 이곳을 군인들의 유흥과 매매춘을 위한 장소로 변질시켰다. 하와이의 와이키키가 대표적인 곳이다. 하와이의 훌라 춤은 문자가 없던 선주민들이 그들의 감정과 노래, 기도, 신의 찬미를 표현하는 수단이었지만, 관광 산업이 활성화되면서 손님 접대용 춤으로 전락하고 말았다.

거대한 바다를 카누 하나로 항해하던 선주민들의 역동성과 주체성은 열강들의 식민 지배로 인해 사라졌다. 대신 괴기스럽고 게으르며 나약하다는 이미지로 왜곡되고 변질되면서 선주민에 대한 편견은 더욱 심해졌다.

1 쌀라우 '남사의 집'의 벽화 함께 사냥하고 배를 만들어 고기잡이하는 공동체 생활을 묘사했다.

2 전투에 나서기 전 의식을 치르는 피지 섬의 전사들

3 관광객을 위한 춤으로 변질된 하와이의 훌라 춤

1946년 태평양 바다에 있는 비키니 섬에서 일어난 수중 핵실험 장면

새 역사를 만들어 가려는 노력

태평양 섬들의 반핵 기지 운동

수영복인 '비키니'의 유래가 된 마셜 제도의 비키니 섬은 미국이 선주민들을 강제 이주시키고 67차례나 핵 실험을 했던 곳이다. 히로시마 원자 폭탄의 7000배에 이르는 파괴력을 가진 핵 실험으로 인해 환초의 일부는 무너져 구덩이가 되고 주변까지 방사능에 오염되었다.

1946년부터 1984년까지 태평양의 많은 섬에서 무려 200회 이상의 원자폭탄과 수소폭탄 실험이 이루어졌다. 이를 주도한 나라는 태평양에 식민지를 둔 미국, 영국, 프랑스 등의 강대국들이었다. 소련과 중국은 북태평양과 피지 섬 부근의 해상을 핵 미사일 시험 사격지로 사용하기도 했다. 그러나 그린피스 같은 환경 단체들이 반핵 시위를 벌여 세계 여론을 환기시키면서 태평양의 섬들에서도 반핵 운동이 일어나기 시작했다.

그중에서 가장 완강한 나라는 팔라우였다. 팔라우 주민들은 자치적으로 헌법을 제정하여 75% 이상의 찬성표를 얻지 못하면 핵에 관한 모든 물자의 수송, 저장 실험을 금지한다는 조항을 결정했고, 1979년 국민 투표를 통해 비핵 헌법을 통과시켰다. 그러나 미국은 이를 승인하지 않은 채 방해 공작을 계속했고 '자유 연합 협정'을 제안했다. 미국이 팔라우에 대해 경제적 원조를 제공하는 대신 팔라우 영토 내에 미군 기지를 설치한다는 것이 그 내용이었다. 그러나 팔라우 국민은 1983년 2월 10일의 국민 투표에서 '자유 연합 협정'의 핵에 관한 규정을 거부해 비핵, 비기지를 고수했다.

열대 휴양지로 많은 관광객이 찾고 있는 키리바시의 크리스마스 섬

해수면 상승으로 인한 바닷물의 유입으로 죽어 가는 어린 바나나 나무

천혜의 자연을 이용한 관광 산업의 활성화

영국의 식민 지배를 받다가 1979년에 독립한 키리바시는 국토의 대부분이 산호섬으로 고기잡이 외에는 생계를 유지할 만한 것이 없었다.

그런데 최근 정부가 관광을 최우선 역점 산업으로 육성하고 더 많은 관광객을 유치하기 위해 '관광 부문 5개년 행동 계획'에 착수했다. 관광객을 유치하기 위해 낚시나 유람선 등과 같은 특별한 관심 분야를 개발하고 배를 댈 수 있는 기반 시설을 구축하겠다는 것이다. 또한 관광객들에게 키리바시의 문화와 주민들이 살아가는 모습, 있는 그대로의 자연을 경험할 수 있도록 한다는 계획이다.

누가 산호섬의 생존을 위협하나

지구 온난화로 인해 해수면이 상승하면서 가장 큰 위험에 처한 곳은 태평양의 산호섬들이다. 특히 전 국토의 80% 이상이 해발 고도 1m 미만인 투발루는 국토의 대부분을 잃을 위기에 처해 있다.

해수면이 상승하면 지하수면도 상승하므로 섬의 식수가 부족해지고 농작물이 제대로 자라지 못한다. 투발루의 경우 땅을 파 보면 거품이 부글부글 일 정도로 해수의 유입이 심각하다. 주민들의 주요 식품원인 바나나와 플루아카를 기를 수 있는 땅도 거의 사라져 버렸다. 바다 온도가 상승하면 어류도 줄어든다. 이는 어업에도 심각한 타격을 미쳐 결국 주민들의 생존마저 위협하게 된다.

국 5.2억 톤

러시아 15.7억 톤

캐나다 5.4억 톤

중국 77.1억 톤

일본 10.9억 톤

미국 54.2억 톤

한국 5.2억 톤

인도 16억 톤

세계 총배출량 304억 톤

자료 : 기후 변화 행동 연구소, 2009

국가별 이산화탄소 배출량으로 재구성한 카토그램 온실가스의 배출로 인한 기후 변화로 국토 전체가 바다에 잠겨 사라질 위기에 처한 투발루의 문제는 지구에 사는 우리 모두의 책임이다.

산호섬들은 지구 환경 차원에서도 중요하다. 세계의 산호초는 전체 대양 면적의 0.1%로 아주 좁은 지역에 분포한다. 하지만 해양 생물의 25% 이상이 이곳에서 살고 있고, '바다의 열대 우림'이라 불릴 수 있는 곳이 바로 산호섬이다.

산호섬의 위기는 과연 누구의 책임일까? 2004년 국제 에너지 기구의 통계에 따르면, 미국의 1인당 이산화탄소 배출량은 19.73톤, 오스트레일리아는 17.53톤, 한국은 9.6톤, 뉴질랜드는 8.04톤에 달하지만 투발루는 0.46톤에 불과했다. 그러나 그 직접적인 피해자는 투발루에 살고 있는 주민들이다.

투발루는 2009년에 열린 제15차 유엔 기후 변화 협약(UNFCCC) 당사국 총회에서 선진국뿐만 아니라 중국, 인도 등의 개발도상국들도 부분적으로 책임이 있으므로 온실가스 감축을 위한 새로운 협약을 맺자고 제안했다. 작은 섬나라와 저지대 해안 국가들이 결성한 군소 도서 국가 연합(AOSIS)은 일제히 투발루의 제안을 지지했고 아프리카의 여러 나라도 이에 동조했다. 회의장 바깥에서는 환경 단체 회원들이 "투발루를 지지합니다"라고 쓰인 피켓을 들고 시위를 벌였다.

지구 온난화가 가속화되면 2100년에는 해수면의 수위가 당초 예상보다 2배나 상승해 투발루, 키리바시 등 일부 저지대 섬나라가 물에 잠길 것이라는 우려가 높아지고 있다. 이에 대한 전 지구적인 응답이 필요한 시점이다.

prologue

권정화, 2005,『지리교육의 이해를 위한 지리사상가 강의 노트』, 한울아카데미
레이철 루이즈 스나이더, 최지향 옮김, 2009,『블루진, 세계 경제를 입다』, 부키
마크 몬모니어, 손일 옮김, 2006,『지도전쟁 : 메르카토르 도법의 사회사』, 책과함께
박경화, 2006,『고릴라는 핸드폰을 미워해 : 아름다운 지구를 지키는 20가지 생각』, 북센스
박승규, 2009,『일상의 지리학 : 인간과 공간의 관계를 묻다』, 책세상
에드워드 홀, 최효선 옮김, 2002,『숨겨진 차원 : 공간의 인류학』, 한길사
오지 도시아키, 송태욱 옮김, 2007,『세계지도의 탄생』, 알마
이희연, 1998,『지리학사』, 법문사
재레드 다이아몬드, 김진준 옮김, 2005,『총, 균, 쇠』, 문학사상사
전종한 · 장의선 · 서민철 · 박승규, 2005,『인문지리학의 시선』, 논형
제러미 하우드, 이상일 옮김, 2014,『지구 끝까지 : 세상을 바꾼 100장의 지도』, 푸른길
존 레니 쇼트, 김의상 옮김, 2009,『지도, 살아 있는 세상의 발견』, 작가정신
크리스티앙 그라탈루, 이대희 · 류지석 옮김, 2010,『대륙의 발명』, 에코리브르
하름 데 블레이, 유나영 옮김, 2007,『분노의 지리학』, 천지인
하름 데 블레이, 황근하 옮김, 2009,『공간의 힘 : 지리학, 운명, 세계화의 울퉁불퉁한 풍경』, 천지인
허남혁, 2008,『내가 먹는 것이 바로 나 : 사람, 자연, 사회를 살리는 먹거리 이야기』, 책세상

김대훈, 2010,「몸의 지리성에 대한 현상학적 검토와 지리교육적 함의」, 한국지리환경교육학회지, 18(3), pp. 309-321
매경이코노미, 2008. 2. 27. "인간의 모습을 한 세계화"
오상학, 2001,「조선 후기 원형 천하도의 특성과 세계관」, 국토지리학회지, 35(3), pp. 231-247
오상학, 2001,「조선시대의 세계지도와 세계 인식」,『지리학논총』별호43, pp. 1-305
Coe, N. M., Kelly, P. & Yeung, H. W. C., 2007, *Economic Geography : A Contemporary Introduction*, Blackwell Pulblishing Ltd.
Continent http://en.wikipedia.org/wiki/Continent
Harvey, D., 1989, *Editorial : a breakfast vision*, Geography Review, 3, 1
Herod, A., 2009, *Geographies of Globalization : A Critical Introduction*, Wiley-Blackwell
Hubbard, P., Kitchin, R., Bartley, B., Fuller, D., 2002, *Thinking Geographically : Space, Theory and Contemporary Human Geography*, London : Continuum
Sack, R. D., 1997, *Homo Geographicus*, The Johns Hopkins University Press

I 동아시아

고광석, 2002,『중화요리에 담긴 중국』, 매일경제신문사
김경은, 2012,『한 · 중 · 일 밥상 문화』, 이가서
김기봉, 2006,『역사를 통한 동아시아 공동체 만들기』, 푸른역사
김용운, 2010,『어린이 외교관 일본에 가다』, 뜨인돌어린이
김현숙, 2008,『지구마을 어린이 리포트』, 한겨레아이들
Darrel Hess, 2011,『McKnight의 자연지리학』, 시그마프레스
동아시아공동체연구회, 2008,『동아시아 공동체와 한국의 미래』, 이매진
량러, 2009,『메이드 인 차이나의 진실』, 비즈니스맵
로랑스 캉텐, 2005,『눈의 나라에 사는 유목민 독빠』, 아이세움
로버트 케이스, 2008,『자연재해를 넘어선 경제 대국 일본』, 주니어김영사
르몽드 디플로마티크, 2008,『르몽드 세계사』, 휴머니스트
느린 버나드, 2008,『위험한 행성 지구』, 주니어김영사
사라 본지오르니, 2007,『메이드 인 차이나 없이 살아보기』, 엘도라도
심훈, 2012,『일본을 보면 한국이 보인다』, 한울
쓰지하라 야스오, 2002,『음식, 그 상식을 뒤엎는 역사』, 창해
양세욱, 2009,『짜장면뎐』, 프로네시스
와다 하루키, 2013,『동북아시아 영토 문제, 어떻게 해결할 것인가』, 사계절
장보람, 2009,『세계 지리 문명사전 100』, 계림북스
정대세, 2012,『정대세의 눈물』, 르네상스

정두용 외, 2009,『왜 미국, 중국, 일본, 러시아인가?』, 교육과학사

정형, 2009,『일본, 일본인, 일본 문화 : 사진 통계와 함께 읽는』, 다락원

주영하, 2000,『중국, 중국인, 중국음식』, 책세상

초등사회탐구연구회, 2007,『세계의 중심으로 부상하는 아시아 3~6』, 포에버북스

최원식 외, 2008,『제국의 교차로에서 탈제국을 꿈꾼다』, 창작과비평

한국외국어대학교 일본연구소, 2006,『교양으로 읽는 일본 사회와 문화』, 제이앤씨

홍면기, 2006,『영토적 상상력과 통일의 지정학』, 삼성경제연구소

후자오량, 2003,『중국의 경제지리를 읽는다』, 휴머니스트

후자오량, 2005,『중국의 문화지리를 읽는다』, 휴머니스트

구본관, 2010. 5,「일본의 재정 위기, 왜 표면화되지 않나?」, 삼성경제연구소 SERI 경제포커스 제291호

김명준, 2007, 독립 다큐멘터리 "우리 학교"

김윤희, 2013. 2,「시진핑 시대, 빈부격차 덫에 걸렸다」, CHINDIA JOURNAL 78호

김은미, 2007. 7,「일본에서 본 일본 부동산」, 매경이코노미 제1414호

남장근, 2007. 5,「일본 소재산업 경쟁력의 원천과 시사점」, e-Kiet 산업경제정보 제344호

모종혁, 2010, "해외 리포트-중국 환경 재앙 ①~③", 오마이뉴스

박현숙, 2008. 8,「계엄 베이징」, 한겨레21 제722호

세계전략포럼, 2010,「G20 체제, 한국 미래 전략」

세계전략포럼, 2011,「경제 권력의 대이동, 새로운 현실에서의 새로운 전략」

센다이 시 지진방재 어드바이저실 (http://www.city.sendai.jp)

신경진, 2009. 3. 16, "중국 소수민족 이야기", 중앙일보

윤순재, 2011. 2,「전환기(1990-2010) 몽골의 교육 정책에 끼친 한국 교육의 영향」, 몽골 울란바타르대학교 연구보고서

이규태 · 구광범, 2011,「중국의 소수민족 정책 변화와 정책적 함의」, 경제인문사회연구회

이배근, 2003,「고라니의 형태, 생태 및 DNA 분류학적 특징」, 충북대학교대학원 생물학과 동물학 전공 박사학위 논문

인천대학교 중국학연구소(www.uics.or.kr), UICS 칼럼, 2008~2009

조홍섭, 2013. 9. 25,「한반도는 빙하기 야생동물의 피난처였다」, 한겨레신문

주원 외, 2009. 12,「동북아 역내 교역 변화의 특징과 시사점」, 현대경제연구원 VIP REPORT 통권 426호

최형국, 2005, "푸른깨비의 몽골 문화 답사기 ①~⑩", 오마이뉴스

최형국, 2006, "푸른깨비의 2006년 몽골 포토 문화 답사기 ①~⑧", 오마이뉴스

하종대, 2009. 3,「중국 경제 '태풍의 눈' 농민공」, 신동아 통권 594호

홍성범,「중국의 수자원 문제와 과학기술 개발 전략-미래비전 2050」, 과학기술정책연구원 STEPI ISSUES & POLICY 2010-19

KBS 다큐멘터리, 2010, "동아시아 생명 대탐사 아무르"(5부작)

Ⅱ 동남·남아시아

고홍근 · 최종찬, 2006,『인도 바로보기』, 네모북스

김동욱 · 이혜선, 2004,『동남아 음식 여행』, 김영사

김봉훈, 2006,『인디아 코드 22』, 해냄출판사

김이재, 2012,『펑키 동남아』, 시공사

김종년, 2011,『한 달간의 아름다운 여행』, 상상나무

김형준, 2006,『이야기 인도사』, 청아출판사

나카타니 이와오, 2009,『녹색평론』108호

남상욱, 2000,『인도, 21세기 새로운 강자로 떠오르고 있다』, 일빛

뉴턴코리아, 2001,『뉴턴』10월호 · 12월호, 뉴턴코리아

니혼게이자이 신문사, 2008,『인구가 세계를 바꾼다』, 가나북스

문철우 · 김찬완, 2005,『인디아 쇼크』, 매경출판

박경태, 2008,『소수자와 한국 사회』, 후마니타스

박광섭, 2008,『아세안과 동남아 국가 연구』, 대경

설동훈, 1999,『외국인 노동자와 한국 사회』, 서울대학교출판부

스티븐 P. 아펜젤러 하일러, 2002,『신과의 만남, 인도로 가는 길』, 르네상스

신윤환, 2008,『동남아 문화 산책』, 창비

아쿠아, 2009,『태국 음식에 미치다』, 랜덤하우스

안토니 메이슨, 2012,『세상에 대하여 우리가 더 잘 알아야 할 교양 : 자연재해』, 내인생의책

에드워드 켈러 외, 2007,『자연재해와 방재』, 시그마프레스
오소희, 2009,『욕망이 멈추는 곳, 라오스』, 북하우스
와쓰지 데쓰로우, 1993,『풍토와 인간』, 장승
원융희, 2003,『세계의 음식 이야기』, 백산
유네스코 아시아 · 태평양 국제이해교육원, 2008,『다문화 사회의 이해』, 동녘
이광수, 2008,『인도 진출 20인의 도전』, 산지니
이선진, 2011,『중국의 부상과 동남아의 대응』, 동북아역사재단
이영미, 2004,『향신료』, 김영사
이원복, 2002,『신의 나라 인간 나라』, 두산동아
이장규 외, 2004,『19단의 비밀, 다음은 인도다』, 생각의나무
이지상, 2000,『슬픈 인도』, 북하우스
일본 뉴턴프레스, 1994,『뉴턴 하이라이트-지오그래픽 아시아Ⅰ·Ⅱ』, 계몽사
일본 뉴턴프레스, 2008,『뉴턴 하이라이트-날씨와 기상』, 뉴턴코리아
전국역사교사모임, 2005,『살아 있는 세계사 교과서1 · 2』, 휴머니스트
제임스 루어, 2006,『지구』, 사이언스북스
조너선 닐, 2004,『미국의 베트남 전쟁 : 미국은 어떻게 베트남에서 패배했는가』, 책갈피
타챠나 알리쉬, 2009,『자연재해』, 혜원
한비야, 2007,『바람의 딸 걸어서 지구 세 바퀴 반 3』, 푸른숲
한홍구, 2003,『대한민국史 2』, 한겨레신문사

고경태, 2005. 2,「베트남, 박정희의 로또 복권」, 한겨레21 제546호
미국 국가정보위원회(NIC), 2004,『2020년 프로젝트 보고서』
삼성경제연구소, 2004,「급부상하는 인도 IT 산업의 잠재력」, 삼성경제연구소 CEO Information
삼성경제연구소, 2006,「인도 경제를 해부한다」, 삼성경제연구소 · KOTRA
조흥국, 2004, "조흥국 교수의 동남아 들여다보기", 부산일보
주인도대사관, 2006,『인도 통상 · 투자 진출 안내서』
최호림, 2010,「동남아시아의 이주 노동과 지역 거버넌스」,『동남아시아 연구』 20권 2호
최홍, 2010. 5,「다문화 사회 정착과 이민 정책」, 삼성경제연구소 CEO Information 제756호
BBC 다큐멘터리, 2007, "인도 이야기"(6부작)
KBS 다큐멘터리, 2006, "역동의 아시아, 황금 대륙을 가다"(6부작)

Ⅲ 서남 · 중앙아시아

김성곤, 2002,『김성곤의 영화 기행』, 효형출판사
김성호, 2009,『검은 눈물 석유』, 미래아이
김용석, 2011,『카스피해 자원 부국 아제르바이잔』, 애드코아
김재명, 2006,『나는 평화를 기원하지 않는다』, 지형출판사
남현호, 2012,『부활을 꿈꾸는 러시아』, 다우
대니얼 예긴, 2013,『2030 에너지 전쟁』, 올
레오나르도 마우게리, 2008,『당신이 몰랐으면 하는 석유의 진실』, 가람기획
류모세, 2010,『이슬람 바로 보기』, 두란노
르몽드 디플로마티크, 2010,『르몽드 세계사 2』, 휴머니스트
리처드 하인버그, 2006,『파티는 끝났다 : 석유 시대의 종말과 현대 문명의 미래』, 시공사
무타구치 요시로, 2009,『상식으로 꼭 알아야 할 중동의 역사』, 삼양미디어
발레리 마르셀, 2010,『떠오르는 국영 석유 기업』, 에버리치홀딩스
빌터 M. 바이스, 2007,『이슬람교 : 한눈에 보는 이슬람교의 세계』, 예경
안 르페브르 발레이디에, 2011,『석유의 종말』, 현실문화
앤서니 샘슨, 2000,『석유를 지배하는 자들은 누구인가』, 책갈피
윌리엄 엥달, 2007,『석유 지정학이 파헤친 20세기 세계사의 진실』, 길
윤성학, 2008,『러시아 에너지가 대한민국을 바꾼다』, 뿌쉬낀하우스
이규철 · 이성수, 2007,『이슬람 아랍 중동』, 부산외국어대학교출판부
이브 토라발, 2002,『이슬람교』, 창해
이장규, 2006,『카스피해 에너지 전쟁』, 올림

이재호, 2013, 『에너지 정치경제학』, 석탑출판
이희수, 2003, 『이슬람 문화』, 살림
이희수, 2011, 『이슬람』, 청아출판사
임은모, 2009, 『탄소 제로 도시 마스다르의 도전』, 이담북스
조녀선 블룸, 2003, 『이슬람 미술』, 한길아트
질 루슬로, 2008, 『석유 : 석유를 대체할 에너지는 없는가』, 웅진지식하우스
최영길, 2011, 『사우디아라비아 : 이슬람교가 태어난 석유 왕국』, 그레이트북스
최영길, 2012, 『나의 이슬람 문화 체험기』, 한길사
타임 안사리, 2011, 『상식으로 꼭 알아야 할 이슬람』, 뿌리와이파리

권오성, 한겨레, 2008, "부시 각본대로?…4대 석유사 이라크 복귀"
김규식, 매일경제, 2010. 3. 7, "마스다르, 전기車 타고 도심 이동…탄소 없는 그린시티죠"
김종일, 파이낸셜뉴스, 2004. 9. 20, "러 新 에너지 패권주의-한국 , 美社 등과 컨소시엄 유리"
김홍재, 파이낸셜뉴스, 2006, "글로벌 에너지 자원 현장을 찾아-석유 메이저社 카자흐스탄 '검은 보물' 선점 경쟁"
류이근, 한겨레, 2008. 8. 18, "서방 에너지 동맥경화 공포 러-그루지야 전쟁으로 증폭"
박민희, 한겨레, 2007, "레바논전은 터키-이스라엘 송유관 때문?"
에너지경제신문(http://eenews.co.kr/sub/search_list.asp?keyword=카스피해)
외교통상부 뉴스(http://mofat.news.go.kr/warp/webapp/news/vie)
이기철, 서울신문, 2008. 8. 19, "러, 에너지로 서방 숨통 죄나"
이양수, 중앙일보, 2005. 12. 5, "뉴 오일로드를 가다-21세기 에너지 신대륙 카스피해"
이정은 · 장택동 · 김영식, 동아일보, 2008. 5. 24, "'검은 노다지 벌써 바닥 보이나' 지구촌 불안"
장익준, 오마이뉴스, 2006, "할리우드 영화로 본 레바논, 알고 보니 이스라엘이었네"
정혁훈, 매일경제, 2007. 12. 17, "석유공사 '석유 100년간 고갈 없다'"
중앙일보 이코노미스트, 2005. 12. 5, "'파이프라인의 정치경제학' 송유관이 세계 패권을 바꾼다"
중앙일보 이코노미스트, 2005. 12. 5, "에너지 전쟁, 뉴 오일로드를 보자"
차승회(강원대학교 지질학과), 2009, 「20세기 후반 이후 석유 매장량 고갈에 대한 국제적 논의와 향후 석유 매장량 고갈 가능성에 대한 전망」
최준석, 조선일보, 2007, "석유 메이저 '이라크 유전 잔치'시작됐다"
한국외국어대학교 외국 종합연구소, PNS뉴스(http://www.russiainkorea.com/PNS_News/KSH_C_20000106.htm)
한운식, 아시아투데이, 2008, "미국의 대(對) 중동 정책, 결국은 석유"
황보연, 한겨레, 2008, "석유 · 가스 수송망 놓인 요충지"

Ⅳ 오세아니아

김순성 , 2011, 『룰루랄라 사회와 탐구』, 청년사
김영 , 2013, 『재미있는 세계 지리 이야기』, 가나출판사
반조 클라크, 2004, 『대지를 지키는 사람들 』, 오래된 미래
양승윤 , 1998, 『오세아니아』, 한국외국어대학교출판부
오기노 요이치, 2004, 『이야기가 있는 세계 지도』, 푸른길
유시민, 1999, 『유시민과 함께 읽는 뉴질랜드 문화 이야기』, 푸른나무
일자 샤프, 2005, 『큐리어스-호주』, 휘슬러
정명숙, 2011, 『역지사지 세계 문화-오스트레일리아』, 그레이트북스
조화룡, 2005, 『뉴질랜드 지리 이야기』, 한울
주강현, 2008, 『적도의 침묵』, 김영사
주경철, 2002, 『대항해 시대 해상 팽창과 근대 세계의 형성』, 서울대학교출판부
편집부, 1994, 『오세아니아 외』, 계몽사
피터 오틀리, 2005, 『큐리어스-뉴질랜드』, 휘슬러
하마시타 다케시 외, 2003, 『바다의 아시아 1~6』, 다리미디어

뉴질랜드관광청(www.newzealand.com/korea)
호주관광청(http://www.australia.com)
SBS 다큐멘터리, 2011, "최후의 바다 태평양"(4부작)

게티이미지/멀티비츠 14 바닷가 발자국 | 16 부산 감천 마을 | 18 마사이족 | 20 한식 상차림 | 22 아프리카 어린이 광부 | 36 세계 지도 퍼즐 맞추기 | 42-43 나담 축제에서의 말타기 경주 | 44-45 후지산과 신칸센 | 52 기름에 볶고 튀기는 북방의 음식 문화 | 53 중국의 전통 음식 유조(요티아오) | 55 다양한 종류의 낭 | 55 야크 버터를 넣어 만든 수유차 | 56 몽골의 전통 가옥 게르 | 57 나담 축제에서 경마를 하는 어린이 | 61 운젠 화산 폭발 피해 현장을 보존한 재해 기념관 | 65 '세계의 공장' 중국 | 73 나고야의 고층 건물과 나고야 성 | 75 일본에서 개발한 로봇 '아시모' | 82 티베트의 포탈라 궁 | 89 오키노토리에서 일장기를 흔들고 있는 도쿄 도지사 | 91 북방 영토 반환 요구 서명 운동 | 96 소황제 세대 | 118 네팔의 전통 사원 | 119 히말라야를 넘는 야크 | 121 인도네시아를 강타한 지진 해일(쓰나미) 피해 | 123 인도네시아 가와이젠 화산에서의 유황 채취 | 124 인도 바라나시 풍경 | 124 바라나시에서 목욕하는 여인 | 125 사람들 사이를 돌아다니는 소 | 129 찻잎을 따는 스리랑카의 여성들 | 131 밝게 웃고 있는 부탄의 어린이들 | 134 인도네시아 보로부두르 사원 | 139 사람들이 넘쳐나는 인도의 거리 | 147 차이나타운 너머로 보이는 싱가포르의 빌딩들 | 149 동남아시아 국가의 젖줄, 메콩 강 | 154 입학 설명회에서 상담을 받고 있는 다문화 가족들 | 169 첫 취항한 대한 항공 화물기를 축하하는 우즈베키스탄 민속 공연단 | 172 사막의 마른 하천, 와디 | 174 생명의 샘, 오아시스 | 175 생명의 나무, 대추야자 | 176 건조 지대에서 지하수를 유도하는 카나트 | 180 흙집 위에 솟은 '바람 탑' 바드기르 | 182 유목민들의 천막집, 유르트 | 189 카바 신전을 도는 무슬림들 | 191 시리아의 다마스쿠스 | 192 사우디아라비아 메카의 대모스크 | 195 아스트롤라베 | 195 아즈하르 대학교의 대모스크 | 204 두바이의 호텔 '버즈알아랍' | 205 세계 최대 규모의 인공 섬 '팜아일랜드' | 208 미국의 국기를 태우는 이라크 학생들 | 208 저항 세력의 공격으로 불타는 바스라 항의 송유관 | 214-215 오스트레일리아의 울루루 생태 관광 | 218-219 뉴질랜드의 양떼 목장 | 220 그레이트오션로드 | 224 와이오타푸 지열 지대 | 226 해안 사구에서 샌드 보드 타기 | 228 아웃백 생태 관광 프로그램 | 228 '지구의 배꼽' 울루루 | 230 울루루 앞에 서 있는 애버리지니 | 231 디저리두를 연주하는 애버리지니 | 232 마오리족의 전통 음식, 항이 | 232 마오리족의 집단 퍼포먼스, 하카 | 232 마오리식 인사법, 홍이 | 234 시위하는 애버리지니 | 236 뉴질랜드의 청정한 자연에서 방목하는 양떼들 | 242 오스트레일리아의 한 대학 풍경 | 249 앨버트로스의 똥으로 만들어진 나라, 나우루 | 249 코코넛 과육을 말리는 피지 섬의 코프라 농장 | 250 팔라우 '남자의 집'의 벽화 | 250 전투에 나서기 전 의식을 치르는 피지 섬의 전사들 | 252 키리바시의 크리스마스 | 252 바닷물의 유입으로 죽어 가는 어린 바나나 나무 **셔터스톡** 24 걸어가는 사람들 | 35 지구본 | 39 나침반 | 40-41 상하이 동방명주탑 | 50 라면 | 50 차오미엔 | 50 우동 | 50 소바 | 51 하얼빈의 빙등제 | 54 티베트의 야크 | 68 선전 경제특구 | 68 상하이 푸둥 지구 | 72 도카이도 신칸센 | 72 오사카 우메다 지구의 마천루들 | 73 일본의 수도, 도쿄의 전경 | 106-107 인도의 황금사원 앞에 서 있는 시크교도 | 108-109 베트남의 계단식 논 | 110-111 타이 방콕의 수상 시장 | 117 미얀마 인레 호수에 사는 인따족 | 118 네팔 국기 | 128 타지마할 | 132 술탄 압둘 사마드 빌딩 | 134 캄보디아의 앙코르와트 사원 | 136 과일을 팔고 있는 베트남 여성 | 137 왓시엥통 사원 | 144 호치민 시의 아침 풍경 | 158-159 이란의 고대 도시 야즈드 | 160-161 아부다비의 셰이크 자예드 모스크 | 162-163 카바 신전에서 기도를 올리는 무슬림들 | 165 레기스탄 광장 | 171 룹알할리 사막 | 173 키르기스탄의 초원 | 175 신기루 | 181 검은색 옷을 즐겨 입는 베두인족 | 182 사막의 베두인들 | 183 사막의 배, 낙타 | 183 낙타 고기로 만든 스테이크 | 183 낙타 젖을 짜는 모습 | 183 낙타 가죽으로 만든 신발 | 185 미국 데스밸리의 선상지 | 185 데스밸리의 레이스트랙 플라야 | 186 술탄 아흐메드 모스크 | 191 야즈드 전경 | 191 이란의 야즈드 | 191 우즈베키스탄의 사마르칸트 | 191 예멘의 사나 | 192 성 소피아 성당 | 193 이슬람의 대표적 현악기 우드 | 204 두바이의 실내 스키장 '스키두바이' | 216-217 그레이트배리어리프와 하트 리프 | 223 아웃백 풍경 | 225 밀퍼드사운드 | 226 바닷속에서 스노클링 즐기기 | 229 그레이트배리어리프 | 229 프란츠요제프 빙하 탐험 | 229 마운트쿡 국립공원 | 229 야생동물의 낙원, 오타고 반도 | 234 뉴질랜드 국가 문장 | 235 애버리지니들이 새긴 물고기 암각화 | 236 양털로 만든 부츠 | 237 오스트레일리아 목장 풍경 | 239 메탄가스의 주범, 양떼들 | 244 하늘에서 내려다본 남태평양 군도 **연합뉴스** 61 일본 반핵 시위 | 75 백댄서와 춤추는 휴머노이드 로봇 | 84 중국 · 타이완의 경제 협력 기본 협정(ECFA) 체결 | 85 타이완에서 벌어진 경제 협력 기본 협정 반대 시위 | 87 중국의 왕자루이와 북한의 김정은 | 88 울고 있는 정대세 선수 | 97 사막화되는 중국 | 103 제5차 한 · 중 · 일 정상 회의 | 131 부탄의 국왕 결혼식 | 145 한국의 필리핀 이주 노동자 | 146 '세계의 공장'으로 부상하는 베트남 | 150 아세안+3 정상회의 | 152 다문화 가정 어린이들로 구성된 레인보우 합창단 | 155 큰절을 배우는 다문화 가정 아이들 | 156 베트남전의 참상을 세계에 알린 호스트 파스의 사진 | 221 오스트레일리아에서 한여름의 크리스마스를 즐기는 사람들 **위키피디아** 26 에라토스테네스의 세계 지도 | 26 프톨레마이오스 세계 지도 | 28 발트제뮐러 세계 지도(1507) | 28 티오 지도 | 30 메르카토르 세계 지도(1569) | 30 메르카토르 도법에 의한 세계 지도 | 30 페터스 도법에 의한 세계 지도 | 32 천하도 | 32 알 이드리시 세계 지도(1154) | 68 중국 경제의 중심 도시, 톈진 | 100 후텐마 미군 기지 | 102 평택 제2함대 사령부로 옮겨진 천안함 | 123 피

나투보 화산에 형성된 칼데라 호ㅣ137 루앙프라방 승려들의 아침 탁발 행렬ㅣ138 인도의 첫 화성 탐사선 망갈리안ㅣ138 인도의 대표적 IT 기업 인포시스 건물ㅣ166-167 대상들의 숙소 카라반사라이ㅣ179 아랄해의 면적 변화ㅣ185 이집트의 버섯바위ㅣ185 모로코의 사구 에르그셰비ㅣ185 네게브 사막의 와디ㅣ190 터키 이스탄불의 그랑바자르ㅣ192 아라베스크 타일ㅣ192 라파엘로의 〈아테네 학당〉에 그려진 아베로에스ㅣ193 기타의 전신, 류트ㅣ194 눈의 해부학ㅣ195 수업을 하는 아리스토텔레스ㅣ197 키르기스스탄의 돼지고기 요리 샤슐릭ㅣ223 앨리스스프링스 방송통신학교ㅣ241 오스트레일리아의 멜버른ㅣ246 남태평양 토켈라우 제도의 아타푸 환초ㅣ251 비키니 섬에서 일어난 수중 핵실험 장면 **두피디아** 232 오스트레일리아 선주민인 왈피리족의 생활 공간 **토픽포토** 70 중국의 빈부 격차ㅣ127 아잔타 석굴ㅣ128 터번을 쓴 시크교도ㅣ177 요르단의 관개 농업ㅣ198 이슬람 여성들의 화려한 히잡 패션ㅣ246 누벨칼레도니(뉴칼레도니아)의 보초 **한겨레** 67 하늘길을 달리는 칭짱 철도 **서울대학교 규장각** 32 혼일강리역대국도지도(1402) **로이터통신** 200 법원 앞에서 벌금으로 낼 수표를 들고 서 있는 이슬람 여성 **김석용** 105 경부 고속도로에 설치된 아시안 하이웨이 표지판 **박정애** 226 협곡에서 번지 점프 도전하기 **두산중공업** 177 한국 기업이 건설한 사우디아라비아의 담수화 설비 시설 **오스트레일리아 국립박물관** 231 부메랑을 들고 서 있는 애버리지니 **폴리네시아 문화센터** 250 관광객을 위한 춤으로 변질된 하와이의 훌라 춤 **msnbc** 80 소수 민족과 한족의 풀리지 않는 갈등 **기타** 51 선전 시의 꽃시장 풍경_http://bbs.szhome.com/commentdetail.aspx?id=32227850&page=4ㅣ61 도호쿠 대지진의 여파로 폭발한 후쿠시마 제1원전_http://clicktoenlarge.wordpress.com/2011/06/11/fukushimas-european-fallout/ㅣ81 워싱턴 중국 대사관 앞에 모여 시위하는 티베트 사람들_http://www.rfa15.org/rfas-tibetan-service/ㅣ123 인도네시아 발리 섬의 계단식 논_http://www.kieka.me/bali/ㅣ142 사티시 다완 우주 센터_http://www.coloradokannada.com/indian_achievements.htmㅣ146 아시아 무역·교통·금융의 중심지 싱가포르_http://www.quangninh.gov.vn/vi-VN/huyenthi/huyencoto/Trang/Tin%20chi%20ti%E1%BA%BFt.aspx?newsid=640&dt=2012-07-26&cid=4ㅣ203 폐허가 된 바스라의 도서관 풍경_http://blog.naver.com/PostView.nhn?blogId=stork&logNo=70025846335&redirect=Dlog&widgetTypeCall=trueㅣ207 사우디아라비아의 석유 정제소_http://www.salam-investment.com/gasandoil/ㅣ212 브리티시페트롤륨 기름 유출 사태_http://business-ethics.com/2012/11/15/1958-bp-agrees-to-plead-guilty-to-crimes-in-gulf-oil-spill/ㅣ223 왕립 항공 의료 서비스_http://www.flyingdoctor.org.au/SPContent.aspx?PageID=14&Iteㅣ238 뉴질랜드의 유기농 포도 재배 농장_http://earthwine.wordpress.com/2012/02/16/seresin-estate-new-zealand-michael-seresin/